安徽省质量工程教材建设项目

生物信息学实验简明教程

韩毛振　刘晓晖　郭伟◎主编
张雁　彭迪　赵斌◎副主编

中国环境出版集团·北京

图书在版编目（CIP）数据

生物信息学实验简明教程 / 韩毛振，刘晓晖，郭伟主编；张雁，彭迪，赵斌副主编 . -- 北京：中国环境出版集团，2024.9. -- ISBN 978-7-5111-5989-2

Ⅰ . Q811.4-33

中国国家版本馆 CIP 数据核字第 20245GQ493 号

责任编辑 田　怡　张　佳
封面设计 庄　琦

出版发行 中国环境出版集团
（100062　北京市东城区广渠门内大街 16 号）
网　　址：http：//www.cesp.com.cn
电子邮箱：bjgl@cesp.com.cn
联系电话：010-67112765（编辑管理部）
010-67112736（第六分社）
发行热线：010-67125803，010-67113405（传真）

印　　刷 北京中科印刷有限公司
经　　销 各地新华书店
版　　次 2024 年 9 月第 1 版
印　　次 2024 年 9 月第 1 次印刷
开　　本 787×1092　1/16
印　　张 17
字　　数 330 千字
定　　价 68.00 元

编委会

前言

PREFACE

随着生物科学和计算机等学科的迅猛发展，生物信息学作为一门新兴的交叉学科，已经成为当前这个数据驱动时代下的生物学、医学、农学和环境科学研究的一个重要分支，它融合了生物学、数学、计算机科学、信息科学和生物统计学等多门学科，为解析复杂的生物数据、临床数据和环境数据等提供了强大的工具和方法。当前，生物信息学的各种网站资源、数据库资源、核酸和蛋白质的序列分析、引物设计、系统进化分析、高通量测序数据的处理和生物网络的构建，以及各种类型的生物学软件和数据库的应用，已经成为科研从业人员必备的基本技能。但是，生物信息学是一个多学科融合的以数据分析为本质的学科，研究人员面对大量不同平台的生物信息学软件、数据库和编程语言等常常无所适从。此外，研究人员在学习生物信息学前所需要掌握的理论知识和相关编程基础又不尽相同，可能还没开始学习就已放弃。尽管目前国内外已有不少优秀的生物信息学相关的教材与专著，但由于作者擅长的专业领域的差异，这些教材和专著多以理论或算法研究等为主，对于一些数据的实例分析介绍不多，特别是缺少对组学数据分析的软件和主流分析方法的介绍。本书编写的目的就是帮助不同专业背景的教师、学生以及自学人员能更好、更快地理解和掌握生物信息学的理论和实践，让读者不仅能够快速地掌握软件的使用和数据的分析，更能学会思考和解决科研问题。

2019 年夏，编者入职安徽医科大学生命科学学院，在一线承担《生物信息学》及其实验课的教学工作，同时对进入实验室的本科生和研究生进行培养，包括但不限于生物信息学的基本知识、Linux 的基本操作、微生物组学数据的处理等。在这个过程中编者深切地感受到学生对生物信息学及其实践的极大兴趣和学习时的手足无措。在随后的科研合作中，编者感受到非生物专业背景的科研工作者和相关人员对生物相关知识和生物信息处理数据的迫切需求。在中国海洋大学环境科学与工程学院刘晓晖副教授的倡议下和安徽医科大学生命科学学院及其生物信息学系的支持下，编者决定编写这本《生物信息学实验简明教程》。编者邀请了长期从事生物信息学教学和分析工作的一线人员共同编写本书。

全书共包括十九个精心设计的实验，内容涵盖生物信息学资源和文献的检索、Linux 系统的使用、生物数据库的利用和数据的获取、生物信息学环境的搭建和工具的安装、Python 和 R 语言的编程基础及绘图、序列比对的在线和本地化分析、系统发育分析及可视化、单菌基因组学、核酸和蛋白质序列分析、基因和蛋白的功能注释、蛋白质结构预测与可视化、16S rRNA 扩增子数据分析、短序列读长和长序列读长的宏基因组数据分析、转录组学、宏病毒组学、单细胞组学和生物网络构建等。更为重要的是，为了适应不同的读者，相应实验内容又分为 Windows 和 Linux/Unix 系统下的实现方式，并配合详细的步骤说明和大量的示例代码，可以让读者通过实践操作来加深对这些内容的理解，更快地实现不同类型数据的分析。

本书的编写得到了安徽省教育厅 2023 年度高等学校质量工程项目（省级教材建设项目，2023jcjs041），安徽省高校中青年教师培养行动的优秀青年教师培育重点项目（YQZD2024006），安徽省卓越人才培养项目（2019zyrc017），生物技术国家一流专业建设点项目，山东省高等学校“青创团队计划”团队项目（No. 2023KJ034），山东省泰山学者青年专家项目（No. tsqn202312094），安徽医科大学、安徽医科大学生命科学学院的大力支持，以及各编写人员及实验室成员的大力支持与配合，在此一并表示衷心的感谢。

本书提供了一个全面系统的学习资源（相关材料的链接：https：//pan.baidu.com/s/163DemOpRzBm1Vu9I7SDFEg，提取码：bi35），可以快速上手生物信息学的教学和研究，可供生物信息学、生物学、农学、医学、计算机科学等相关专业的本科生、研究生以及从事生物信息学研究的人员使用。

由于生物信息学发展迅速，软件更新频繁，加之编者水平有限，本书尚有许多不足及疏漏之处，敬请同行及专家、读者批评指正，来函请发至邮箱 hanmz@ahmu.edu.cn。

编 者

2024 年 9 月

安徽 合肥

目 录

CONTENTS

实验一	生物信息网站资源和文献检索技术	001
实验二	Linux 系统入门与操作	021
实验三	生物信息数据库资源和数据获取	041
实验四	生物信息学环境搭建和工具安装	059
实验五	Python 基础语法与简单使用	074
实验六	R 语言基础语法与简单绘图	084
实验七	序列比对的在线分析和本地化分析	097
实验八	系统发育树的构建与可视化	107
实验九	单菌基因组序列拼接与基因预测	120
实验十	核酸序列和蛋白质序列分析	130
实验十一	基因和蛋白质的功能注释	145
实验十二	蛋白质结构预测与可视化	156
实验十三	16S rRNA 扩增子数据分析	170
实验十四	短序列读长的宏基因组数据分析	188
实验十五	长序列读长的宏基因组数据分析	200
实验十六	转录组数据分析	214
实验十七	宏病毒组数据分析	224
实验十八	单细胞组学数据分析	235
实验十九	生物网络的构建	248

实验一

生物信息网站资源和文献检索技术

随着互联网的快速发展，世界变成了一个庞大的信息空间，一方面带给我们极丰富的信息资源，另一方面信息的过度集聚和信息资源的参差不齐，极大地增加了人们有效获取信息和知识的难度。生物和医学等相关专业的学习和其科学研究也极依赖于互联网资源和海量的文献，快速有效地进行资源检索、文献检索、数据获取和数据处理已成为这些专业的本科生和研究生进行学习和科研活动的一种必备能力。本实验主要以生物医学为专业背景和服务宗旨，依托于现代计算机科学技术，通过介绍生物信息网站资源和文献检索技术精选的生物信息网站和文献检索的方法进行多层次的展示，使相关人员能够及时、快速、精准、有效地获取自己相关研究方向的科学信息，帮助有生物医学专业背景的相关人员了解最新的实验方法、技术进展和最新的科研成果。生物信息网站资源和文献检索技术需要每个人在平时的学习和科研活动中积极使用，通过多频次使用和学习，达到运用自如。总之，生物信息网站资源和文献检索技术在生物医学专业中扮演着重要的角色，生物学家和医疗从业人员以及其他研究人员应充分利用这些资源推动相关领域的研究和发展。

实验原理

利用互联网工具检索国内外生物信息学相关网站和资源，如NGDC、NCBI、EMBL-EBI、MG-RAST、KEGG、TCGA等网站，获得相关数据和检索研究论文，进行相关数据和文献的下载。

实验目的

本实验旨在通过指导学生对一些国内外生物信息学相关网站和资源进行学习，使其能够熟练掌握生物信息学中常用网站的使用，了解生物信息学中常见的数据格式，培养学生利用互联网技术在国内外相关生物信息学资源网站上获取生物信息学数据和下载相关数据文献的能力。

设备与软件

配置 Windows 系统的个人电脑、网络、网络浏览器。

实验内容与步骤

内容一 生物信息网站资源

示例一 国家基因组科学数据中心（网址为 https：//bigd.big.ac.cn）

国家基因组科学数据中心（National Genomics Data Center，NGDC）是我国最重要的生物信息学研究机构之一。NGDC 是中国科学院和国家自然科学基金委员会共同支持的综合性科研机构，致力于为科研人员提供生物信息学数据和工具。NGDC 面向我国人口健康和社会可持续发展的重大战略需求，建立生命与大健康数据汇交存储、安全管理、开放共享与整合挖掘研究体系，研发大数据前沿交叉转化应用的新方法和新技术，建成支撑我国生命科学发展、国际领先的基因组科学数据中心，可提供的资源包括基因组数据、转录组数据、表观遗传学数据、分子数据等。这些资源可用于基因组学研究、生物多样性研究、医学研究等领域的数据分析和挖掘。NGDC 已成为广大用户不可或缺的资源网站之一。下文将简要介绍该网站及其两个资源应用。

1. 打开 NGDC 网站

在浏览器中输入网址 https：//ngdc.cncb.ac.cn，进入 NGDC 主页，如图 1-1 所

图 1-1 国家基因组科学数据中心网站首页

示。网站中包括 NGDC 的相关介绍、搜索栏、数据提交功能、科技计划项目数据汇交功能、人类遗传资源信息管理备份功能、序列搜索比对功能、新冠病毒信息库和众多热门资源，包括生物工具软件（BioCode）、生物项目库（BioProject）、生物样本库（BioSample）、生物信息在线分析平台（BIT）、组学原始数据归档库（GSA）、生命科学文献库（OpenLB）等。网站的底部包括会议、科研动态和新闻动态等信息，可方便广大科研工作者了解 NGDC 的更新和进展情况等。

2. NGDC 的 BioCode 使用示范

生物工具软件是生物信息分析人员较为感兴趣的功能，通过该部分功能的使用，用户可较为方便地了解和获得相应的处理工具或脚本等。截至 2024 年 1 月 19 日，BioCode 已有的工具（Tools）7 276 个。用户还可在右上角点击 Register 进行注册使用（图 1-2）。用户点击 Most Popular Tools 下的第一个工具 McAN，便可进入 McAN 的详细介绍页面（图 1-3），通过这个页面的详细介绍，用户可以很快了解相关信息，包括工具介绍、开发者及其单位、编写语言、使用说明和下载等。

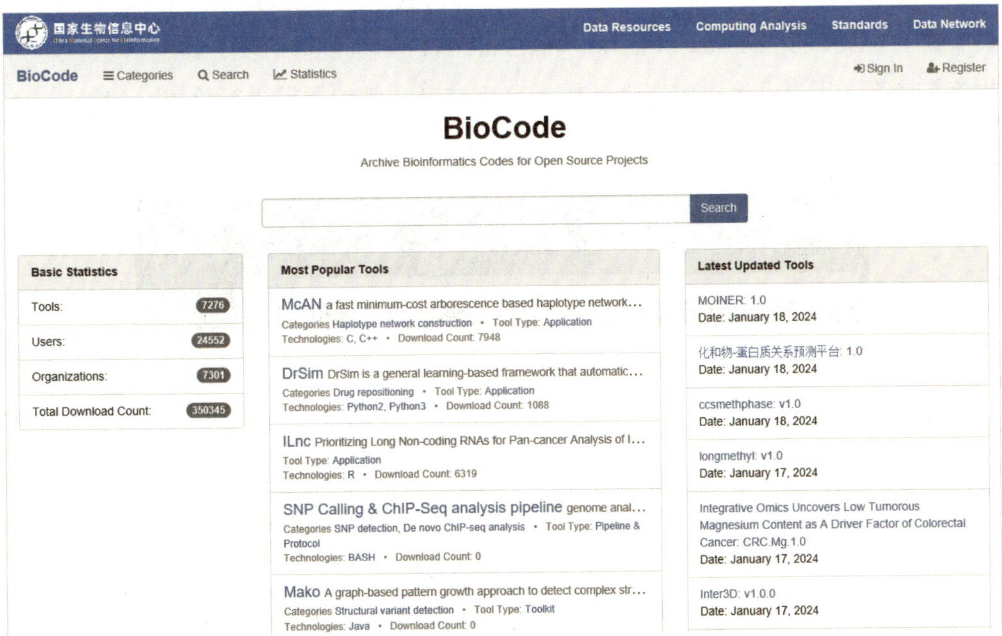

图 1-2　NGDC 网站中 BioCode 的页面展示

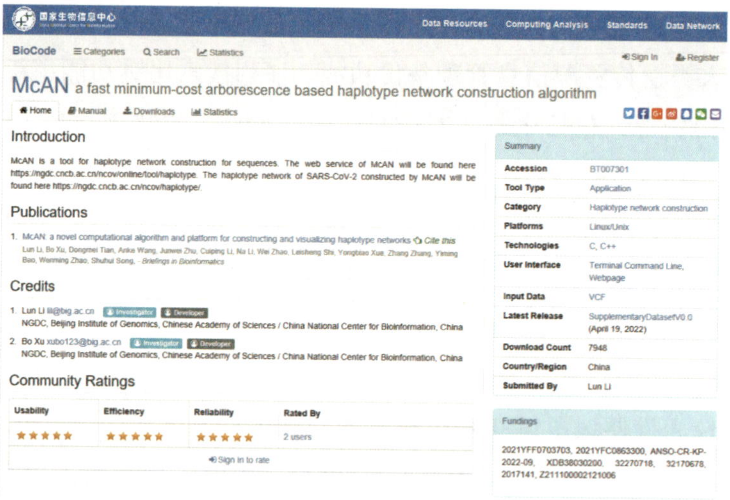

图 1-3　McAN 软件详细的页面介绍

3. NGDC 的 OpenLB 使用示范

在进行科学研究时，快速、有效地获取的论文是科研人员的必备能力，NGDC 网站中的 OpenLB 功能提供了检索论文的能力。打开 OpenLB 的页面（网址为 https://ngdc.cncb.ac.cn/openlb/home），用户可以看到其收录了 36 981 638 篇文献，这些文献来源于 NCBI 的 PubMed、bioRxiv 和 medRxiv，类型包括摘要、作者信息、期刊、参考文献等。用户可输入感兴趣的作者名字或者文献的题目进行检索，如输入 Rob Knight（著名的微生物组学研究者）进行检索，返回页面如图 1-4 所示。返回的结果

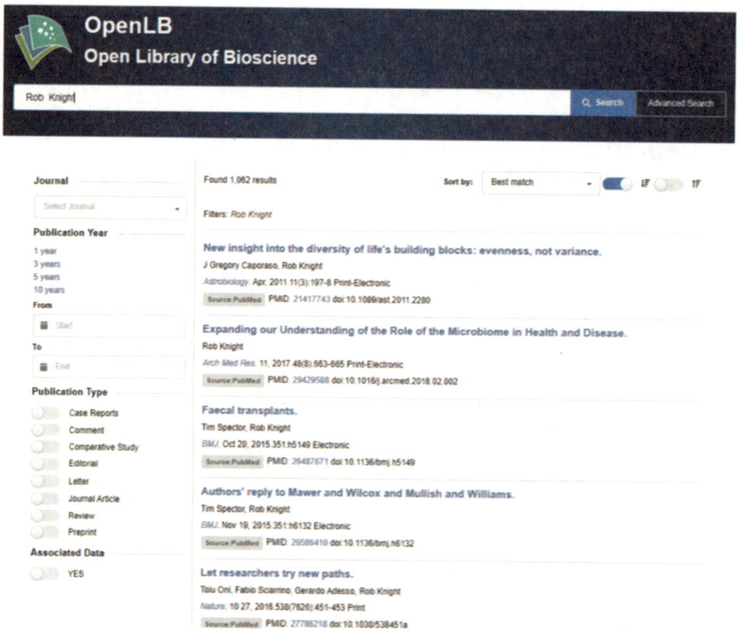

图 1-4　OpenLB 页面检索 Rob Knight 的返回结果

中共有 1 062 个结果，用户可以清晰地看到文献的题目、署名作者、期刊等相关信息。用户可以点击感兴趣的文章，以便进一步进行探索，直至获得感兴趣的论文等。

示例二　美国国家生物技术信息中心（网址为 https：//www.ncbi.nlm.nih.gov）

美国国家生物技术信息中心（National Center for Biotechnology Information，NCBI）是世界上最大的生物信息学数据库和资源之一，致力于为全球生物学研究人员提供最广泛的生物信息学工具和数据库，以促进生物科学的发展。NCBI 提供的资源包括基因组测序数据、蛋白质序列、基因表达数据、医学文献数据等。全球的研究人员可以免费利用这些资源进行生物信息学分析、基因组学研究和生物医学研究。当前，NCBI 已成为全球生物和医学等研究领域的科研人员所必需的资源网站。下文简要介绍 NCBI 主页及其重要应用。

1. 打开 NCBI 网站

在浏览器中输入网址 https：//www.ncbi.nlm.nih.gov，进入 NCBI 主页，如图 1-5 所示。网站的左侧包括 NCBI 的资源列表和相应的快捷进入方式；右侧上方是 NCBI 网站中热门资源列表和快捷进入方式；右侧下方是 NCBI 的新闻和博客，用户可快速获得数据库更新和工具迭代的通告等信息；中间的检索框是 NCBI 网站中进行快速检索的部分，在这里用户可根据自己的需要进行检索，获取文献、基因、蛋白质、书籍、数据等；中间下方是 NCBI 的简单介绍以及提交数据和下载数据的快捷方式、学习、分析等工具，可方便用户快速操作。

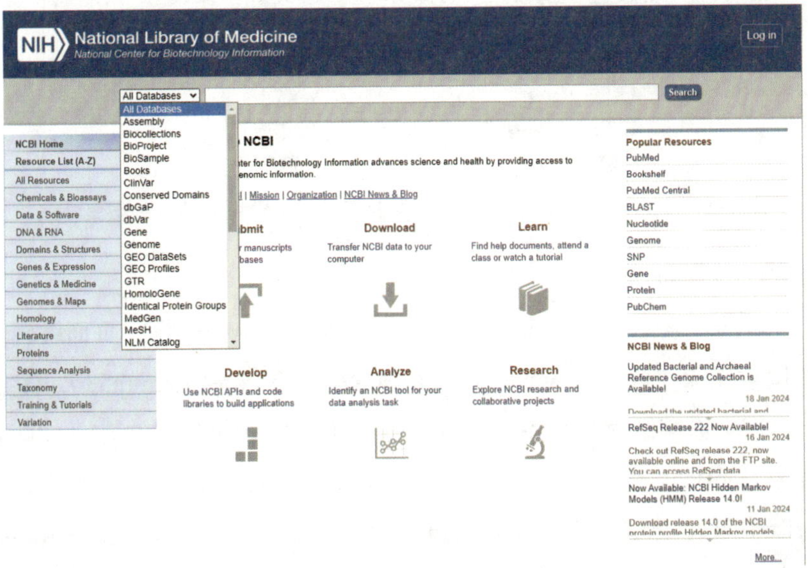

图 1-5　NCBI 网站首页

2. NCBI 中实现全数据库检索

NCBI 的重要功能就是依据其多种多样的数据库资源快速为用户提供较为全面的信息。例如，在 NCBI 的首页检索栏中输入 p53（一种人体抑癌基因），用户直接选择默认参数进行检索（此时检索数据库为 All databases），检索结果如图 1-6 所示。用户可直观得到文献（Literature）、基因（Genes）、蛋白质（Proteins）、基因组（Genomes）、临床（Clinical）、化学（PubChem）六大部分以及子条目的结果，用户可以继续关注和深入探索自己感兴趣的部分，如结果中有 118 738 篇文献是包含 p53 的，有 35 766 条记录 p53 的基因结果，有相关的 SRA 数据 22 560 条。

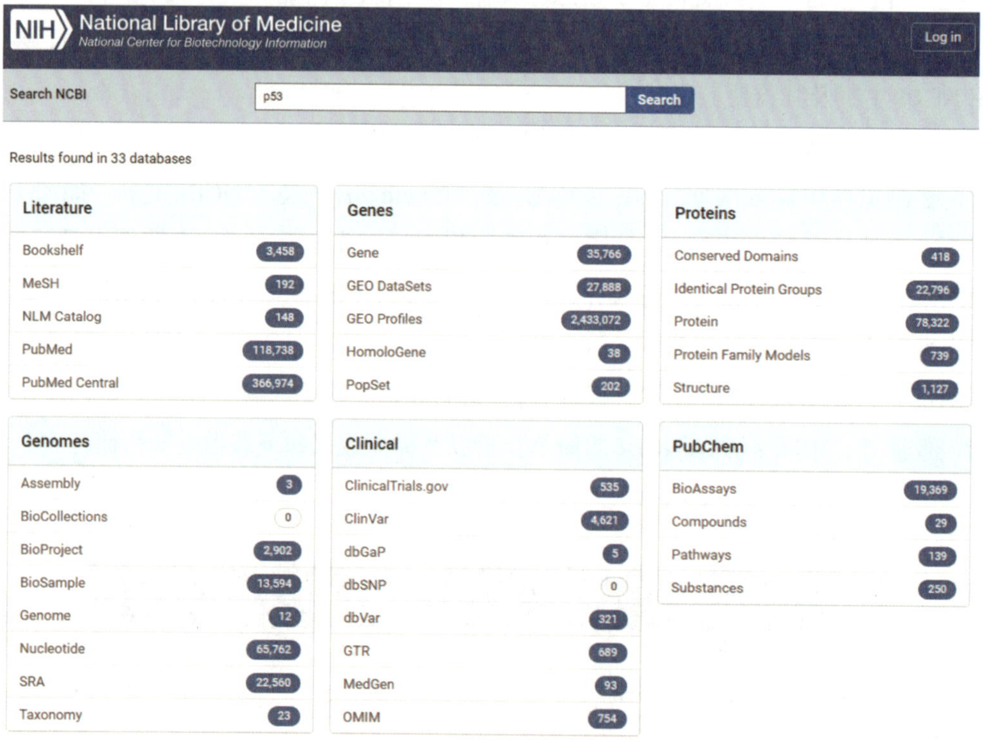

图 1-6　NCBI 网站中使用 p53 作为关键词进行全数据库检索的结果展示

3. 认识 GeneBank 格式

在上一步的检索结果中继续点击“Nucleotide”这个关键词，页面跳转到 p53 核酸数据库检索结果（https://www.ncbi.nlm.nih.gov/nuccore/?term=p53），任意点击其中一个条目，页面继续跳转，用户可以看到关于特定 p53 基因的介绍，页面所展现的内容就为 GenBank 格式（图 1-7），其中包括序列的登录号（Accession number）、定义（Definition）、来源（Source）、期刊名称（Journal）、作者信息（Authors）、特征介绍（Features）、基因序列（Origin）等。

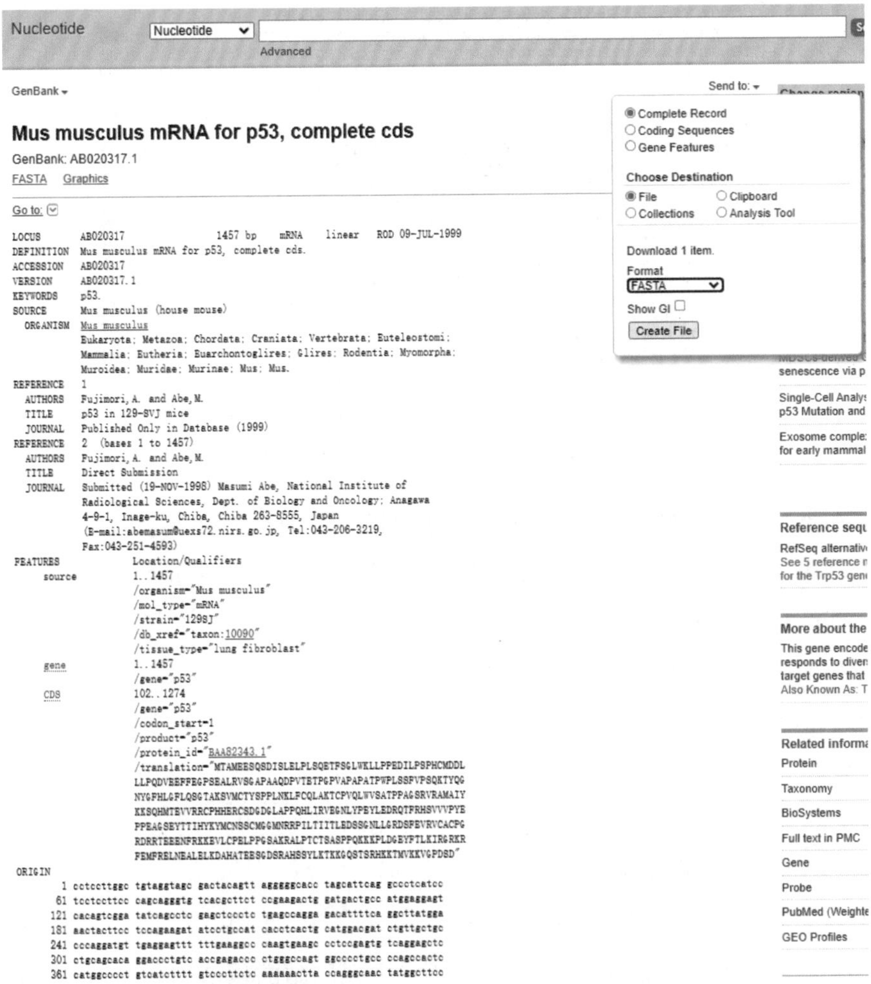

图 1-7　登录号为 AB020317.1 的 p53 基因的 GenBank 格式

4. 认识 FASTA 格式

在生物信息学中，FASTA 格式是一种用于记录核酸序列或者蛋白质序列的文本格式，其中核苷酸和氨基酸均以单个字母编码的形式呈现，同时允许在序列之前定义名称和编写注释。该格式最初由 FASTA 软件包定义，现在 FASTA 格式已成为生物信息学领域的一项标准。其简明的格式降低了序列操控和分析的难度，当前无论是数据库还是查询序列，或是各种生物的基因组序列文件也都用 FASTA 格式进行存储。FASTA 格式文件中的每个序列信息由两个部分组成，第一行（也被称为描述行，“Header”）是由一个大于号（“>”）打头的任意文字说明，主要为标记序列用，信息简明扼要，可包括序列的登录号、物种信息、序列长度等；从第二行开始直到下一个“>”出现的内容是序列本身（序列行，“Sequence”），标准核苷酸符号或者氨基酸单字母符号，一般一行不超过 80 个字符（通常为 60 个字符，图 1-8）。

```
>AB020317.1 Mus musculus mRNA for p53, complete cds
CCTCCTTGGCTGTAGGTAGCGACTACAGTTAGGGGGCACCTAGCATTCAGGCCCTCATCCTCCTCCTTCC
CAGCAGGGTGTCACGCTTCTCCGAAGACTGGATGACTGCCATGGAGGAGTCACAGTCGGATATCAGCCTC
GAGCTCCCTCTGAGCCAGGAGACATTTTCAGGCTTATGGAAACTACTTCCTCCAGAAGATATCCTGCCAT
CACCTCACTGCATGGACGATCTGTTGCTGCCCCAGGATGTTGAGGAGTTTTTTGAAGGCCCAAGTGAAGC
CCTCCGAGTGTCAGGAGCTCCTGCAGCACAGGACCCTGTCACCGAGACCCCTGGGCCAGTGGCCCCTGCC
CCAGCCACTCCATGGCCCCTGTCATCTTTTGTCCCTTCTCAAAAAACTTACCAGGGCAACTATGGCTTCC
ACCTGGGCTTCCTGCAGTCTGGGACAGCCAAGTCTGTTATGTGCACGTACTCTCCTCCCCTCAATAAGCT
ATTCTGCCAGCTGGCGAAGACGTGCCCTGTGCAGTTGTGGGTCAGCGCCACACCTCCAGCTGGGAGCCGT
GTCCGCGCCATGGCCATCTACAAGAAGTCACAGCACATGACGGAGGTCGTGAGACGCTGCCCCCACCATG
AGCGCTGCTCCGATGGTGATGGCCTGGCTCCTCCCCAGCATCTTATCCGGGTGGAAGGAAATTTGTATCC
CGAGTATCTGGAAGACAGGCAGACTTTTCGCCACAGCGTGGTGGTACCTTATGAGCCACCCGAGGCCGGC
TCTGAGTATACCACCATCCACTACAAGTACATGTGTAATAGCTCCTGCATGGGGGGCATGAACCGCCGAC
CTATCCTTACCATCATCACACTGGAAGACTCCAGTGGGAACCTTCTGGGACGGGACAGCTTTGAGGTTCG
TGTTTGTGCCTGCCCTGGGAGAGACCGCCGTACAGAAGAAGAAAATTTCCGCAAAAAGGAAGTCCTTTGC
CCTGAACTGCCCCCAGGGAGCGCAAAGAGAGCGCTGCCCACCTGCACAAGCGCCTCTCCCCCGCAAAAGA
AAAAACCACTTGATGGAGAGTATTTCACCCTCAAGATCCGCGGGCGTAAACGCTTCGAGATGTTCCGGGA
GCTGAATGAGGCCTTAGAGTTAAAGGATGCCCATGCTACAGAGGAGTCTGGAGACAGCAGGGCTCACTCC
AGCTACCTGAAGACCAAGAAGGGCCAGTCTACTTCCCGCCATAAAAAAACAATGGTCAAGAAAGTGGGGC
CTGACTCAGACTGACTGCCTCTGCATCCCGTCCCCATCACCAGCCTCCCCCTCTCCTTGCTGTCTTATGA
CTTCAGGGCTGAGACACAATCCCAGATTCCACTCANACTGACTGCCTCTGCATCCCGTCCCCATCACCAG
CCTCCCCNNCTCCTTGCTGTCTTATGACTTCAGGGNTGAGACANAATCCNAGATCCA
```

图 1-8　FASTA 格式序列

示例三　欧洲生物信息学研究所（网址为 https：//www.ebi.ac.uk/）

欧洲生物信息学研究所-欧洲分子生物学实验室（European Bioinformatics Institute-European Molecular Biology Laboratory，EMBL-EBI）是欧洲生物信息学领域的重要机构之一。EBI 是全球最大的生物信息数据中心之一，其提供广泛的生物信息学资源和数据库，包括基因组序列数据库、蛋白质序列和结构数据库、基因表达、遗传变异数据库等。研究人员可以利用这些数据库和工具进行基因组学和蛋白质研究，以及生物信息学分析等任务。下文简要介绍该网站及其应用。

1. 打开 EMBL-EBI 网站

在浏览器中输入网址 https：//www.ebi.ac.uk/，进入 EBI 主页，如图 1-9 所示。EMBL-EBI 网站的布局和 NCBI 有很大的不同。在网站的顶部映入眼帘的是搜索栏，在这里用户可以检索基因、蛋白质、化学物质等。EBI 的数据库也较为多样，包括基因组和宏基因组（Genomes & metagenomes）、核酸序列数据库（Nucleotide sequences）、蛋白质序列数据库（Protein sequences）、基因表达数据库（Gene expression）等。EMBL-EBI 也提供很多快捷方式以方便用户快速进行数据获取（Find data resources）、提交数据（Submit data）、了解 EMBL-EBI 的研究小组（Explore our research）、训练课程（Train with us）等。其中，后两个部分是 EMBL-EBI 与其他资源型网站最不一样的功能，它们为用户提供了相关培训的信息，用户可以按照自己感兴趣的内容选择相应的课程并在规定的时间内进行学习；用户也可以通过了解 EMBL-EBI 研究小组的内容进行博士申请和博士后训练，甚至成为他们研究组的一员。在首页的下方，EMBL-EBI 展示了未来的培训计划和成员招募的相关信息，用户可快速地获取自己感兴趣的内容。在网站的底部还有 EMBL-EBI 的简短介绍。

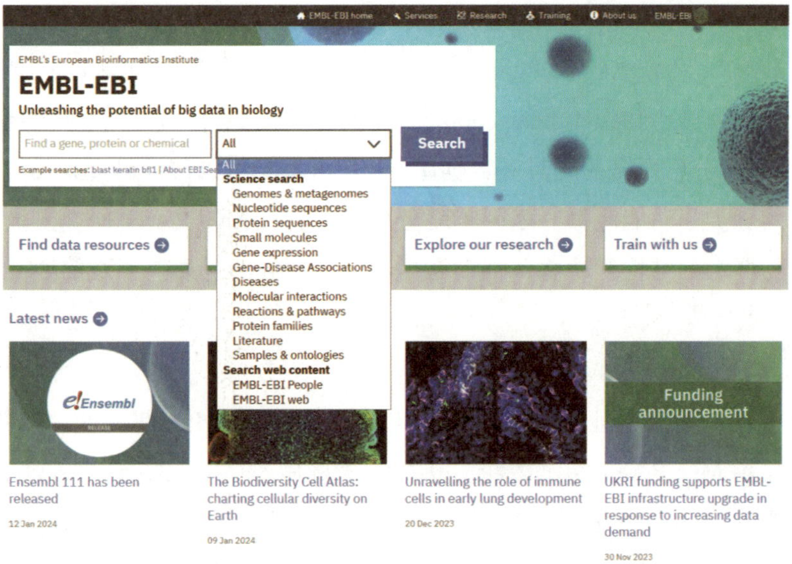

图 1-9　欧洲生物信息学研究所 EMBL-EBI 网站首页

2. 使用 EMBL-EBI 网站检索炎症性肠病（IBD）项目相关的肠道菌群数据

在 EMBL-EBI 的网站首页搜索栏中输入“IBD gut metagenome”，以其作为关键词，使用全部数据库进行检索，检索结果如图 1-10 所示。结果中包括 Genomes & metagenomes（3）、Nucleotide sequences（7 066）、Gene expression（2）、Reactions & pathways（3）、Protein families（18）、Protein expression data（3）、Literature（140）、Samples & ontologies（1 743）。在网站中间部分是对每一结果的展示，用户可选择自己感兴趣的内容进一步查找，快速、有效地得到关于肠道菌群在 IBD 中的作用和研究方向。

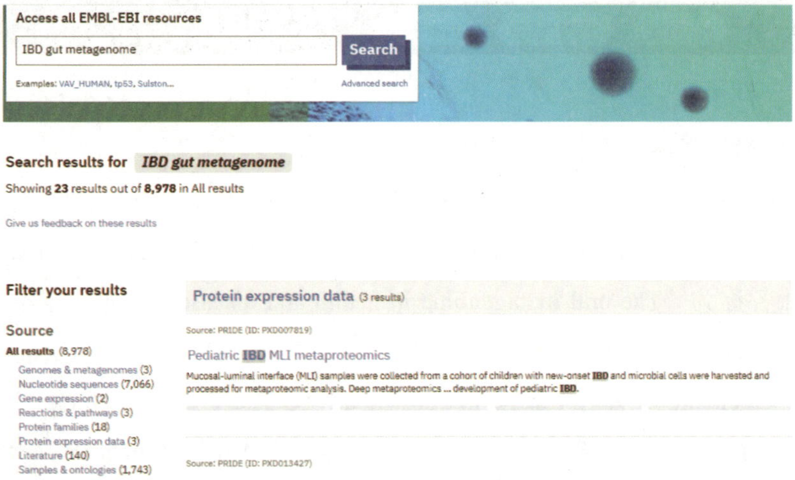

图 1-10　EMBL-EBI 网站中使用关键词“IBD gut metagenome”进行检索的结果

示例四　MG-RAST（网址为 https：//mg-rast.org）

MG-RAST（Metagenomic Rapid Annotations using Subsystems Technology）是一个用于分析和注释微生物组（metagenome）数据的在线平台。它提供了大规模的微生物组 DNA 序列分析所需的工具和数据库。MG-RAST 可以帮助研究人员进行微生物组学数据的分类、功能注释、基因丰度分析等。通过 MG-RAST 研究人员可以深入了解微生物群落的结构和功能，推动微生物组学研究的进展。下文简要介绍该网站及其数据下载等应用。

1. 打开 MG-RAST 网站

在浏览器中输入网址 https：//mg-rast.org，进入 MG-RAST 主页，如图 1-11 所示。结果显示 MG-RAST 宏基因组分析服务器的版本为 4.0.3，512 962 个宏基因组样本包含 2.287×10^{12} 条序列，为 40 511 个用户处理了 343 Tb 的数据。网页右上角为用户注册和登录按钮；网站中央为检索栏，下方有数据上传（upload）、数据下载（download）和数据分析（analyze）按钮。

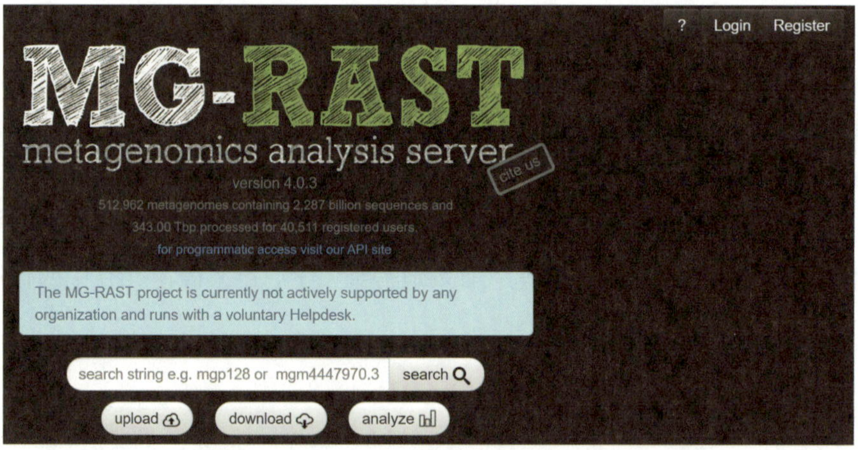

图 1-11　MG-RAST 网站展示

2. 使用 MG-RAST 网站检索数据

在 MG-RAST 网站的搜索栏中进行数据的检索，以 mgp128 为例进行搜索，结果如图 1-12 所示。检索结果显示 mgp128 创建于 2010 年 3 月 25 日（created date）；研究项目名称为“The oral metagenome in health and disease”；项目样本包含 8 个（dataset，metagenome name）；测序类型为鸟枪法宏基因组测序（sequence type：shotgun metagenome），并有下载按钮（download，⟱）；样本类型（biome）为与人相关的样本；样本来自的国家（country）为西班牙；具体位置（location）为 Valencia。在结果的右侧有“Advanced Search”部分，用户可进一步进行相关搜索。

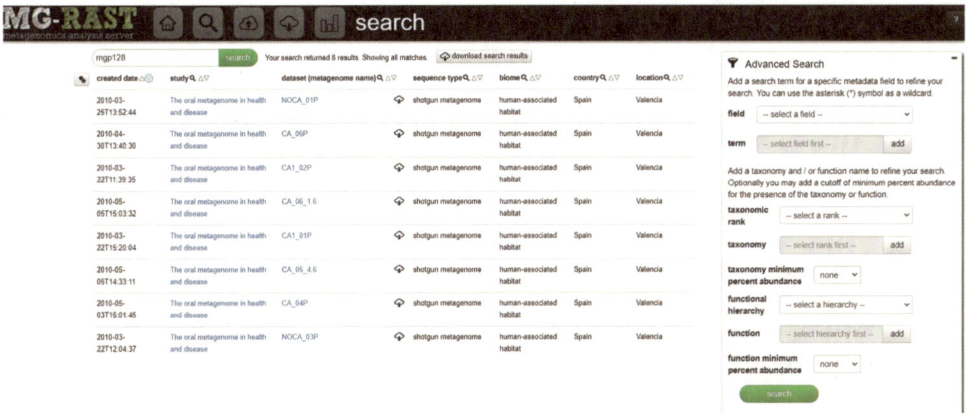

图 1-12　在 MG-RAST 网站中以 mgp128 为例进行数据搜索

3. 使用 MG-RAST 网站进行数据分析

在 MG-RAST 网站点击分析按钮“[analysis icon]”，进入 MG-RAST 的分析界面。这里以 MG-RAST 提供的示例文件进行分析，在下拉框中选择“0.2mm_MG”数据，选择的数据库为“RefSeq”，数据加载之后便可进行分析，如图 1-13 所示。对于具体的分析内容，可根据右侧的“Analysis”中的内容进行选择。

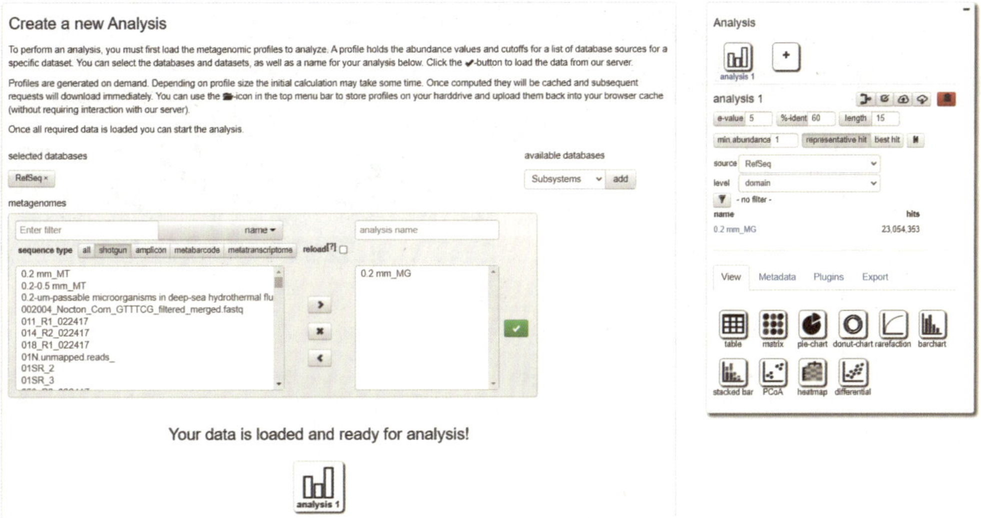

图 1-13　MG-RAST 网站的数据分析功能演示

示例五　癌症基因组图谱计划（网址为 https：//portal.gdc.cancer.gov）

癌症基因组图谱计划（The Cancer Genome Atlas Program，TCGA）是一个国际性的癌症基因组计划，旨在通过对多个癌症类型的基因组数据进行系统性研究，从而提供治疗癌症的新方法。TCGA 提供了各种类型癌症的基因组、转录组、表观遗传学、临床数据等资源。研究人员可以利用 TCGA 的数据库和工具进行癌症基因组学的研究和分析。TCGA 的目标是通过基因组学的方法来揭示癌症的发病机制，为癌症治疗提供更准确和个体化的策略。TCGA 是癌症组学研究的重要资源型网站，下文简要介绍该网站的功能。

1. TCGA 网站界面

在浏览器中输入网址 https：//portal.gdc.cancer.gov，进入 TCGA 主页，如图 1-14 所示。网站的上方是主页（Home）、项目（Projects）、探索（Exploration）、分析（Analysis）、数据存储（Repository）导航按钮；下方也同样有项目、探索、分析和数据存储 4 个重要的按钮，提示用户可以从这 4 个方面快速使用该网站。网站也有搜索栏，用户可以输入癌症类型、基因等关键词进行搜索。目前网站（data release 39.0，更新日期为 2023 年 12 月 4 日）中共有 79 个项目，癌症发病部位 69 种，病例 44 451 个，文件 986 114，基因 22 534 和突变 2 930 136 种。中间偏右的部分展示了癌症出现的部位和主要部位的病例数目。网站的底部是应用端，包括数据处理端、数据转移工具、数据提交端和文献发表等。

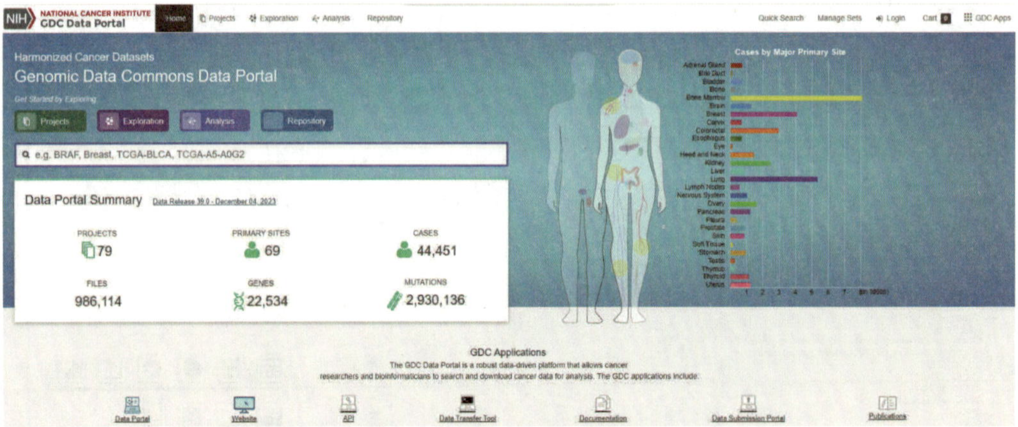

图 1-14　TCGA 网站的主页

2. TCGA 网站搜索功能

在这里以 Breast 作为关键词进行搜索展示。在搜索栏输入关键词“Breast”，网页给出相关提示，如 CMI-MBC、TCGA-BRCA、CMI-ASC、CPTAC-2、TCGA-DLBC。这里假设用户关心的是第一个 CMI-MBC 这个 Project 的检索结果，确认选择，返回检索结果，如图 1-15 所示。检索结果中包含病例信息、文件信息、数据分析类型、实验信息等。用户可依据这个结果进行进一步检索。

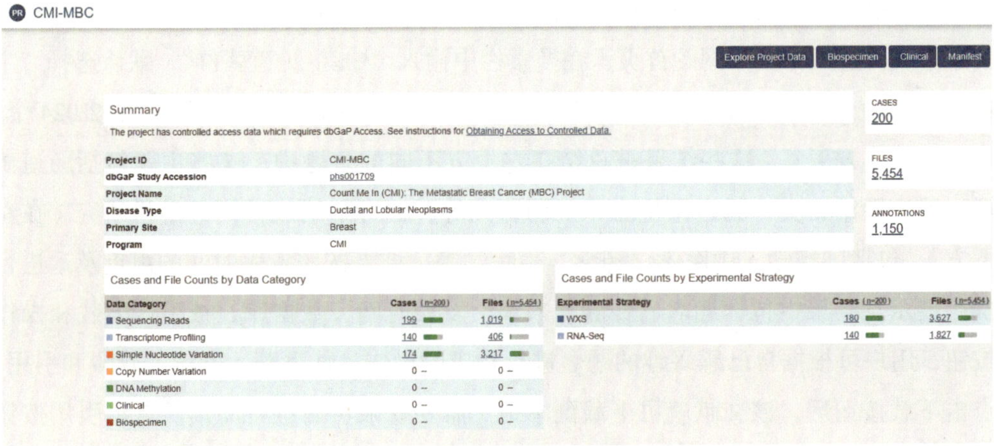

图 1-15　TCGA 网站的检索功能示范

内容二　文献检索技术

示例一　中国知网（网址为 https：//www.cnki.net）

中国知网是当前国内进行中文学术资料，包括国内期刊发表的论文、会议论文、硕士和博士的毕业论文等检索和下载的权威网站（图 1-16），其网址为 https：//www.cnki.net。用户可通过主题、关键词、篇名、全文、作者、第一作者、通讯作者、作者单位、基金、摘要、分类号等数据库，提供用户关心的关键词进行检索。

图 1-16　中国知网的首页

在这里，假定用户关心的科研方向是“中药 肠道菌群”，进行相关文献的检索和文献下载。进入中国知网的首页，在搜索栏中输入“中药 肠道菌群”，默认选择“主题”进行检索，检索结果如图 1-17 所示。检索结果中提供学术期刊结果 2 024 个，学位论文 2 259 个，这些结果被总结在左上方不同的主题中，这些主题包括肠道菌群、溃疡性结肠炎、肠道微生态、机制研究等；也可归纳成不同的学科研究（在左下方），包括肿瘤学、中医学、药学、生物学等。结果按照发表时间的由近及远进行倒序展示。结果中包含题名、作者、来源、发表时间、数据库、被引、下载和操作按钮，用户可根据自己感兴趣的题名进行相应的操作，如下载、阅读、收藏和引用。点击下载按钮后，该文献就可下载到本地（需要权限）后进行阅读。点击引用按钮可选择不同的引用方式，包括 Endnote、NoteExpress 等软件的格式，方便用户导入和引用。中国知网的中文文献检索和下载简单易学、易用，但对于英文文献的检索和下载则存在很大局限。

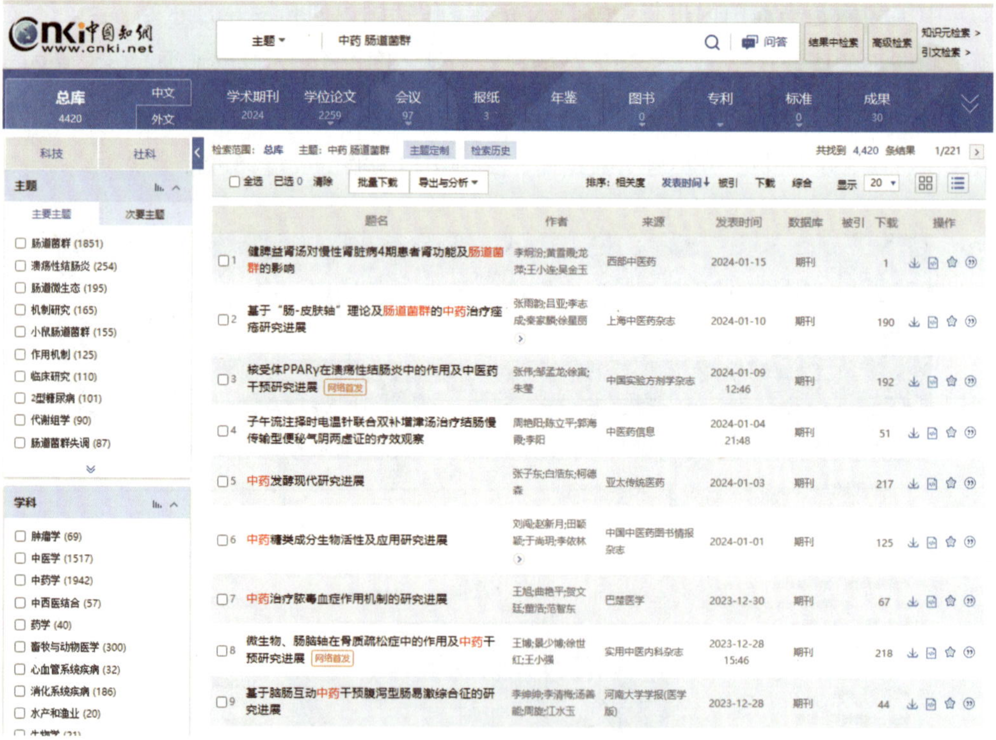

图 1-17 在中国知网中使用“中药 肠道菌群”作为关键词进行文献检索和下载

示例二 NCBI 网站中使用 PubMed 进行文献检索与下载

前文已经讲到 NCBI 网站是较为重要的资源型网站，其中 PubMed 是其重要的文献检索数据库。PubMed 是一个提供生物医学方面的论文及摘要免费搜寻的数据库，它的数据库来源主要是 MEDLINE，主要包括医学及其他与医学相关领域的学科文献。PubMed 具有收录范围更广、界面更友好、文献报道的速度更快等优点受到越来越多的科研工作者的青睐。用户使用 PubMed 可快速检索和下载外文文献，便于用户开展科学研究。下文简要介绍该网站的功能。

1. PubMed 的搜索界面

在浏览器中输入 PubMed 的网址：https：//pubmed.ncbi.nlm.nih.gov，进入 PubMed 的检索界面，如图 1-18 所示，该界面非常简洁、明了。

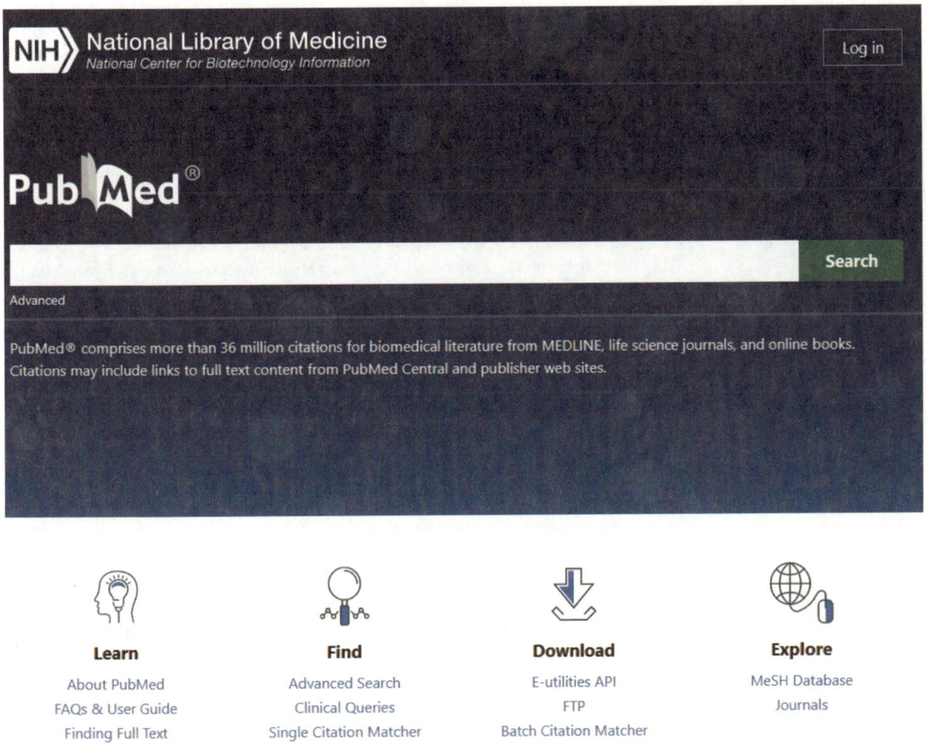

图 1-18　PubMed 的检索界面

2. PubMed 的检索示范

PubMed 的检索方式主要包括基本检索、高级检索、主题词检索、期刊检索、临床检索等多种检索方式，其核心的检索技术是自动语词匹配。PubMed 可根据用户输入的关键词进行快速匹配。如在搜索栏中输入“Rob Knight”，然后进行检索，网页跳转到新的页面（图 1-19）。用户可了解在 2003—2023 年 Rob Knight 的发文情况（左上方的柱状图结果）；所发表文章的类型（左下方），包括书籍、临床实验、荟萃分析、随机对照试验、综述等；网页其余部分展示的是返回的 832 条结果中的文献作者信息、期刊信息、发表日期、DOI 号等信息。当然，如果用户已有感兴趣的文献的题目，则可直接在 PubMed 的检索栏中直接进行搜索，以便快速检索获取文献的信息。此外，用户也可以使用自己感兴趣的关键词在 PubMed 中检索，获取近年来特定领域的发文量、研究热点和重点。需要指出的是，文献检索是从事科学研究的人员必备的技能，用户需要多使用 PubMed 这样的网站，才能在文献检索方面如鱼得水。

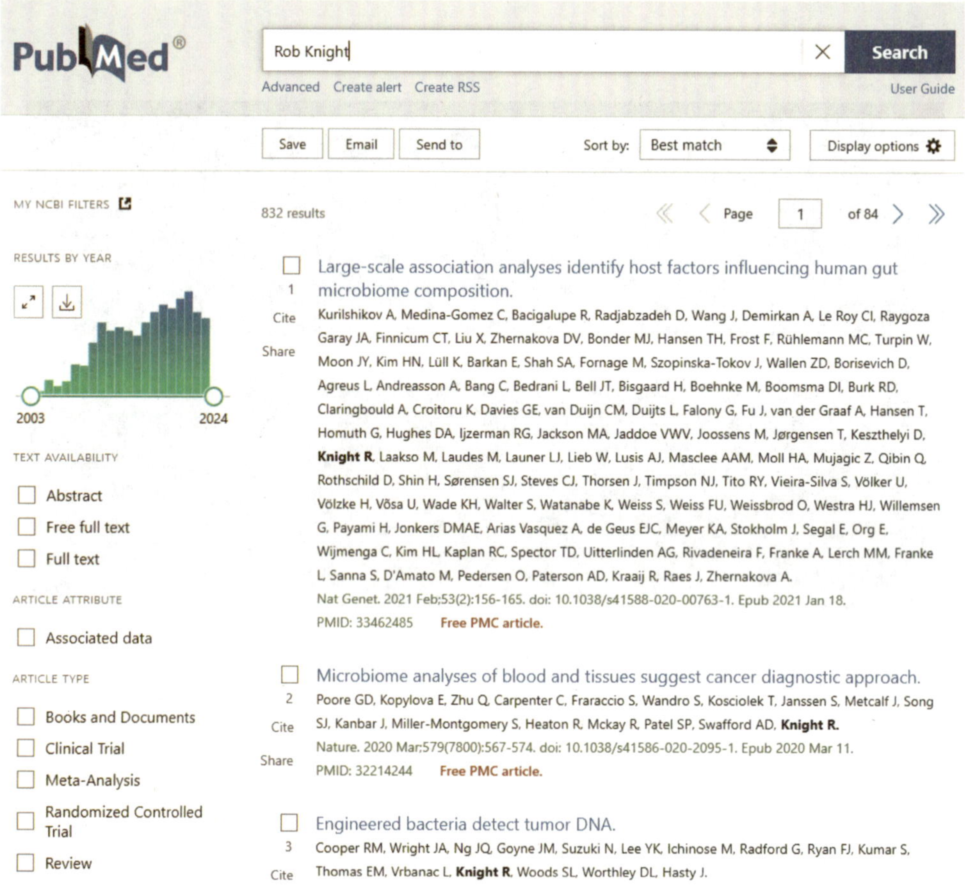

图 1-19　在 PubMed 中输入关键词“Rob Knight”返回的检索结果

3. PubMed 中文献下载和引用示范

在检索结果的基础上，用户可根据文献的题目（title）进一步选择感兴趣的条目，点击获取该条目的详细信息，如图 1-20 所示。页面展示的是 PMID 号为 32214244 的文献结果，包括发表期刊的信息、发表日期、页码、DOI 号、文章题目、作者、单位信息、摘要等重要信息。在页面的右上方有全文获取链接（FULL TEXT LINKS），用户若看到“FREE”按钮，则表明这篇文章可免费下载，点击跳转，按照指引即可获得全文（图 1-21）。在右中部分，可看到“Cite”按钮，点击即可出现该篇文章的引用信息，用户可选择对应的软件格式（Format）。一般情况下，选择默认设置即可，点击中间的 Download.nbib，下载保存到本地，使用 Endnote 软件（文献管理工具）打开导入即可在文中引用了。

图 1-20 在 PubMed 中选择 PMID 号为 32214244 的文献返回的详细信息

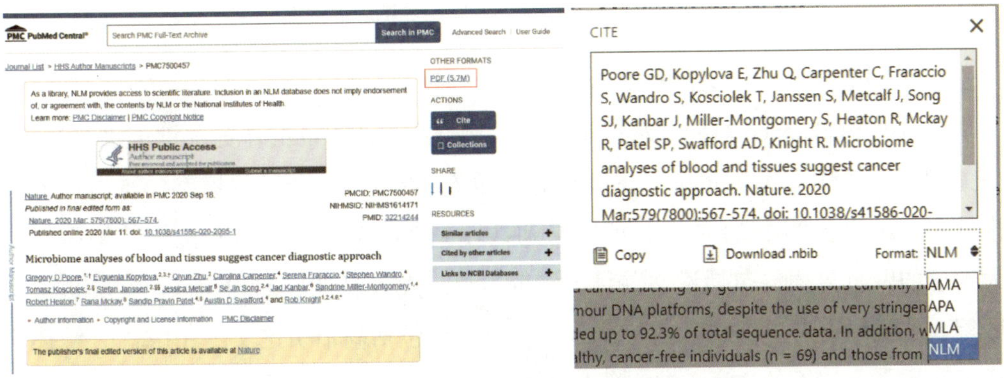

图 1-21 PubMed 中文献的下载和引用示范

示例三 Web of Science 的文献检索

在生物医学相关领域的科研活动中，快速检索和有效追踪用户感兴趣研究领域的最新进展，不仅可以帮助用户了解研究领域的最新进展，也可以为科研工作人员提供寻找研究思路的突破口。所以如何快速、有效且全面地进行文献检索是科研人员所必须掌握的技能。在文献检索时，涵盖文献最多、最全面的数据库是 Web of Science。因此，掌握 Web of Science 的检索技巧可为用户的科研提供助力。下文进行简要介绍。

1. Web of Science 的搜索界面

在浏览器中输入 Web of Science 的网址：https：//www.webofscience.com/wos，进入 Web of Science 的主界面，如图 1-22 所示。检索内容可包括文档（DOCUMENTS）和研究人员（RESEARCHERS）两种。文档的检索模式中可依据文档的主题（Topic）、题目（Title）、作者（Author）等信息进行检索。用户可根据用户感兴趣的科研人员名字进行检索。Web of Science 用到的数据库包括 All databases、Web of Science Core Collection 和 MEDLINE 等。

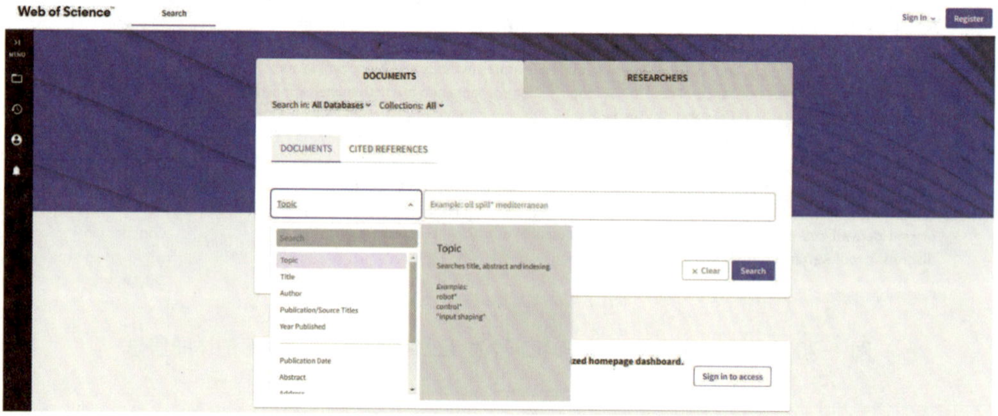

图 1-22　Web of Science 网站首页界面展示

2. Web of Science 的文献检索示范

在 Web of Science 的检索示范中，本示例选择 Rob Knigh 作为关键词进行演示。在关键词检索中选择 Author，在搜索框中输入“Knight Rob”关键字，点击进入搜索即可，结果如图 1-23 所示，可以看到共搜到 987 个结果，这些文献结果占据了大部分的网页界面，包括论文题目、作者信息、发表日期、期刊和该论文的被引次数等。左侧中有对这些文章的快速分类。第一种包括高倍引论文（101 篇）、综述文章（89 篇）和 OA 的文章（798 篇）。第二种是文章发表的年份，如 2023 年发表文章 84 篇和 2022 年发表文章 74 篇。第三种是文章的具体类型，包括 Article（817 篇）、Abstract（92 篇）和会议论文（90 篇）等。

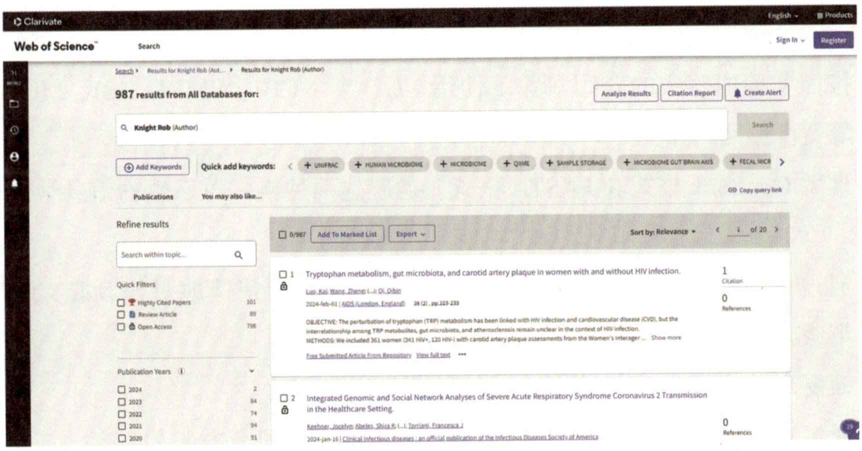

图 1-23　Web of Science 中使用“Knight Rob”这个关键字的搜索结果界面

3. Web of Science 的文献下载和引用示范

在上一步的检索结果中，我们可看到网页中每篇文献题目的前方有个锁的图形“🔒”，这代表该篇文献是否可获取。选择点击其中带锁形状的文献，进入该篇论文的详细界面，如图 1-24 所示。包括该篇论文的出版信息（Full Text at Publisher，其链接的界面可跳转到该篇论文的出版社出版该论文的具体界面，可下载和引用）、全文链接（Full Text Links，点击可进入下载页面）、导出按钮（Export，包括论文引用的格式、Excel 等）等信息。紧接着，下方是该篇论文的题目、作者、出版日期、文档类型、摘要、作者信息、分类、基金、期刊的信息（包括 ISSN 信息、出版社信息、影响因子、研究领域等）。网页的右上方则提供了该篇文章的引用信息，包括引用次数，引用这篇文章的相关信息等。这些都对用户更好地了解论文有帮助。

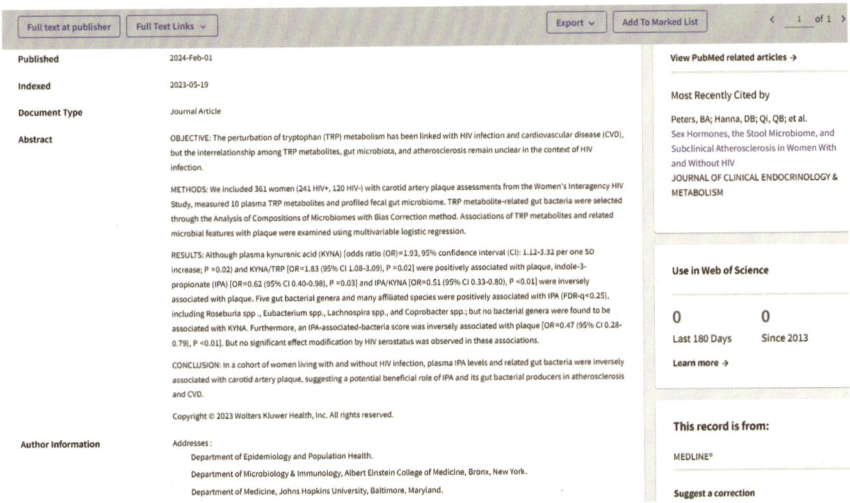

图 1-24　Web of Science 中文献的下载和引用示例界面

练习与作业

1. 按照实验内容中的介绍，熟练使用 NGDC、NCBI、EMBL-EBI、MG-RAST、TCGA 等资源型网站。

2. 理解 GenBank 格式和 FASTA 格式，通晓这两种格式对于生物信息学分析的重要性。

3. 通过自己感兴趣的科研人员名字或发表的文章，快速地对作者或文献进行检索，并下载到本地。

4. 简要列举其他重要的生物信息学网站资源并分享。

5. 通过文献检索快速获得自己感兴趣的研究领域的研究方向和内容。

实验二

Linux 系统入门与操作

Linux 系统是一种自由和开放源代码的类 Unix 操作系统。它由芬兰计算机科学家 Linus Torvalds 在 1991 年首次发布，现在已被广泛用于服务器、网络、嵌入式系统、移动设备等各种计算环境中。Linux 系统的核心组件包括内核、Shell、文件系统和实用程序等。其中，内核是 Linux 系统的核心，负责管理系统的硬件和软件资源，提供各种系统服务。Shell 是一个命令行界面，用户可以通过它来与内核进行交互，执行各种命令和程序。文件系统则用于组织和管理系统中的文件和目录，而实用程序则提供了各种常用的工具和软件。Linux 系统具有以下优点：开源性、稳定性、高性能、安全性、跨平台性、可定制性、丰富的软件资源、良好的社区支持等。当前 Linux 系统已成为一个高效、稳定、安全的操作系统，广泛应用于服务器、云计算、大数据等领域。随着不断发展和完善，Linux 系统已经成为全球范围内最受欢迎的操作系统之一。

实验原理

Linux 服务器可以理解为一个装有 Linux 系统的超级计算机，它拥有文件管理、数据库管理和应用程序管理的功能，以及计算能力相对强大的 CPU、更强大的存储能力和较大的内存资源。通过 Windows 系统的电脑可以登录 Linux 服务器，对其进行远程操控，进而完成各种复杂的计算和生物信息学分析。

实验目的

本实验旨在通过对 Linux 系统的安装、SSH 登录服务器软件的安装和学习、常用的 Linux 命令的学习和使用，使学生能够熟练掌握 Linux 系统的基本原理，能够熟练掌握 Linux 的命令和对 Linux 服务器的管理，进而为后面进行各种生物信息学分析奠定基础。

设备与软件

配置 Windows 系统的个人电脑、网络、网络浏览器、Linux 服务器、Linux 操作系统、SSH 登录工具 Xshell/Xftp 软件、SSH 登录工具 MobaXterm。

实验内容与步骤

内容一 生物信息服务器 Linux 系统的安装

示例一 Ubuntu 系统的安装

Ubuntu 作为 Linux 发行版本中的后起之秀，在很短的时间内迅速成为 Linux 初学者到实验室用计算机 / 服务器都适合使用的发行版，被广泛使用。因此，本示例以 Ubuntu 系统的下载安装为例进行讲解。

1. Ubuntu 系统的下载

Ubuntu 系统的下载可通过其官网（https：//cn.ubuntu.com）、国内的镜像网站（如清华大学开源软件镜像网站 https：//mirrors.tuna.tsinghua.edu.cn 或阿里的镜像网站 https：//mirrors.aliyun.com/ubuntu）进行下载。Ubuntu 系统分为桌面版、服务器版、云上 Ubuntu、Ubuntu 风味版和 Ubuntu loT 版。建议大家直接下载 Ubuntu 服务器版，当前版本为 22.04.4，即 Ubuntu Server 22.04.4 LTS（代号为 Jammy Jellyfish，果酱水母。图 2-1）。

图 2-1 Ubuntu 服务器版下载网页演示

2. 使用 U 盘创建 Ubuntu 服务器系统安装媒介

与 Windows 系统的安装类似，用户可以使用 U 盘进行 Ubuntu 系统的安装。这就需要下载 U 盘制作工具（这里以 Universal USB Installer 为例，也可以使用 Rufus）以创建 Ubuntu 安装 U 盘，这步操作与 Windows 系统下的大白菜等软件类似。具体操作步骤如图 2-2 所示。

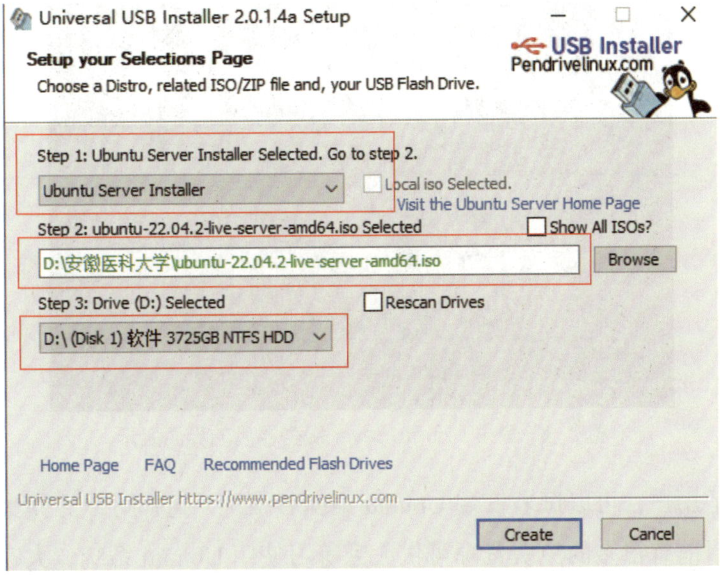

图 2-2　使用 Universal USB Installer 创建 Ubuntu 服务器版本系统的 U 盘安装工具

3. 安装 Ubuntu 系统

打开需要安装 Ubuntu 服务器版本系统的电脑 / 服务器，选择从 U 盘启动。对于不同品牌的电脑进入 Boot Menu 的按键是不一样的，在这里是 F12。用户请自己根据电脑的品牌进行查询启动。

稍等之后会出来一个“欢迎（Welcome）”面板，用户可在左侧选中需要安装的语言，建议选择 English，然后点击右下角“继续（Continue）”按钮。紧接着会出现需要检查准备情况的弹框，要求确保磁盘空间足够，无须连接网络，直接点击“继续（Continue）”按钮。接下来需要询问安装分区。在这一步中，用户可以直接选择第二个选项（清除整个磁盘并安装 Ubuntu）。如果用户需要自己创建分区，可选择最后一个选项以进一步创建、调整分区。接下来出来的磁盘分区情况，free space 就是我们开始删除的用以安装 Ubuntu 系统的卷。

完成上述操作，还需注意最后一栏安装启动引导器的设备，一般设置默认就行。选择时区也较为简单，如选择 Shanghai。

创建计算机名和用户密码时，用户可以给自己的计算机 / 服务器起一个名字，如计算节点可起 cpu01，存储节点可起 storage01，这个计算机名可用在后面的通信中。创建用户名时，用户不需要将用户名创建成 root（因为 Ubuntu 本身就会有 root 用户，在这里不需要重复创建），可以设置自己喜欢的账号，并随之创建一个密码，用户需要熟记账号和密码。

至此完成了 Ubuntu 服务器版本系统的安装，重启安装之后进行登录如图 2-3 所示。

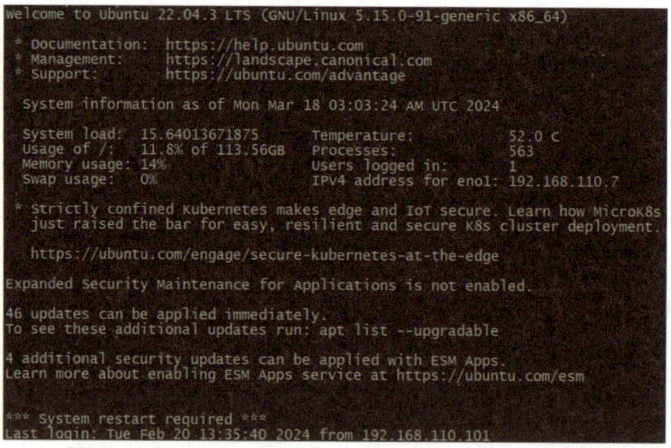

图 2-3　登录 Ubuntu Sever 服务器后的界面展示

对于新手用户，可以试着安装 Ubuntu 桌面版系统，这样可以方便大家学习和使用。当然，目前有很多的免费资源可供大家练习使用 Ubuntu 系统，大家可以自行查找使用。

示例二　VMware 虚拟机实现双系统

Ubuntu 系统的安装，也可通过 VMware 进行虚拟机安装，从而实现 Windows 系统下的双系统，方便大家对 Ubuntu 系统的学习和使用，但这个虚拟机是否可以进行大规模的计算主要取决于分配给 Ubuntu 系统的资源。

1. VMware 的下载

VMware 的官方网址为 https：//www.vmware.com/cn.html，打开后，选择“产品”可以查看所有产品。在搜索框中输入“Workstation Pro”并搜索。点击“下载试用版”，根据自己的电脑系统，选择“Workstation 17 Pro for Windows”，选择“Download Now”开始下载（图 2-4）。

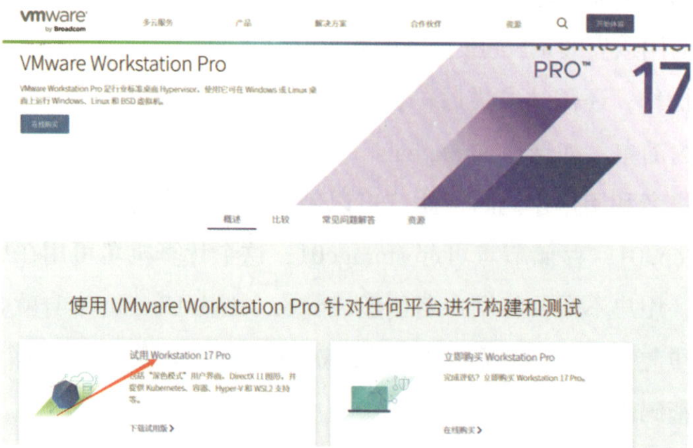

图 2-4　适用 Windows 系统的 Workstation 17 Pro 软件的下载和安装

2. VMware 的安装

点击下载后得到“Workstation 17 Pro for Windows”的安装文件（后缀名为 .exe）进行安装，安装时选择合适的安装路径即可，其他选择默认即可完成 VMare 的安装，打开后如图 2-5 所示。

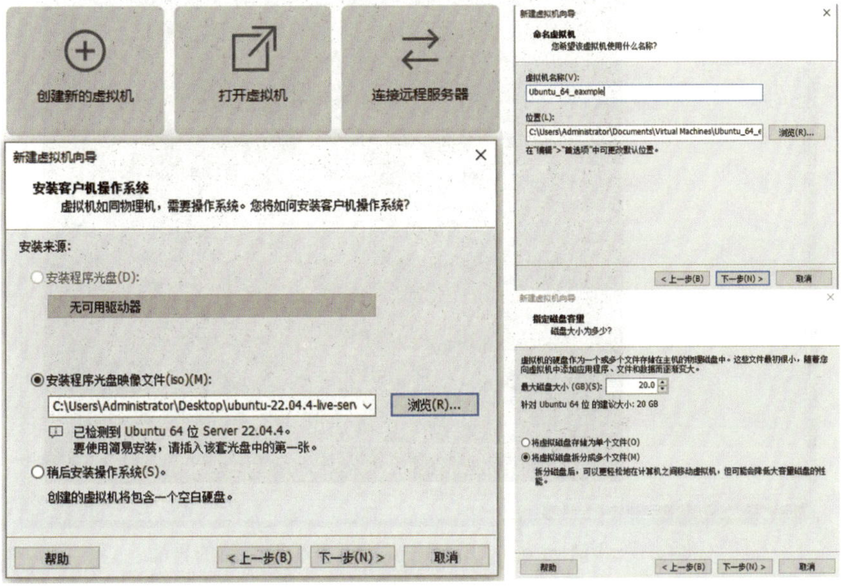

图 2-5　VMware 的下载安装及 Ubuntu 系统的安装演示

3. VMware 中安装 Ubuntu 系统

打开 VMware 软件，选择创建新的虚拟机，找到“Ubuntu Server 22.04.4 LTS”系统文件（.iso 为后缀名）进行安装。分配给 Ubuntu 硬件用户可进行设置，安装过程如图 2-5 和图 2-6 所示。

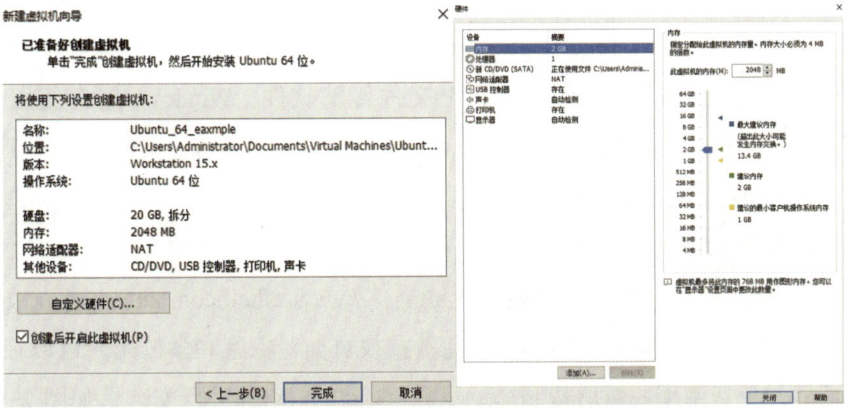

图 2-6　VMware 中 Ubuntu 系统安装过程中硬件的设定

安装 Ubuntu 系统之后进行重启，输入登录账号和密码即可进入 Ubuntu 服务器中，如图 2-7 所示。

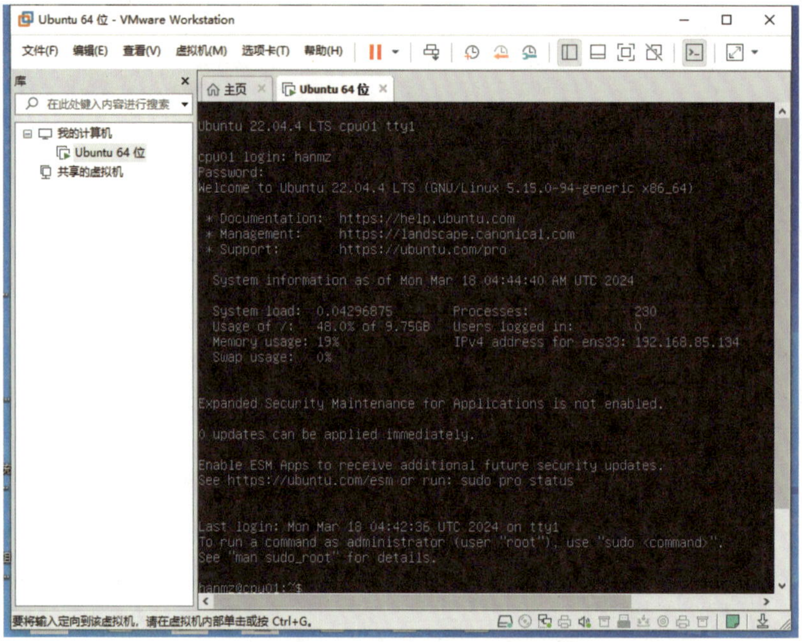

图 2-7　VMware 中 Ubuntu 安装后开机登录后的界面

内容二　生物信息服务器的登录

内容一，讲解了两种方法实现 Ubuntu 服务器版的系统安装，接下来介绍安装后服务器的登录和使用。目前，实现服务器登录和文件传输的软件有很多，我们主要讲解 Xshell/Xftp 和 MobaXterm 这两款软件。

示例一　Xshell 和 Xftp 实现服务器的登录和文件的传输

Xshell 是一款功能强大的终端模拟器，可用于远程访问和管理服务器。它支持多种协议，如 SSH1/SSH2、Telnet、Rlogin、Serial 等。

Xftp 是一个功能强大的 SFTP、FTP 文件传输软件。Windows 用户使用 Xftp 可安全地在 UNIX/Linux 服务器和 Windows 系统（本地）之间传输文件。本示例将介绍 Xshell 和 Xftp 的基本使用方法。

1. Xshell 和 Xftp 的下载和安装

从官网下载 Xshell 和 Xftp 安装包（https：//www.xshell.com/zh/xshell），如图 2-8 所示。Xshell 的使用需要有授权，点击免费授权页面，家庭和学校用户可以在获得免费许可证后，免费使用。然后按照提示下载 Xshell 和 Xftp 进行安装，如图 2-9 所示。安装完成后，启动 Xshell 和 Xftp。

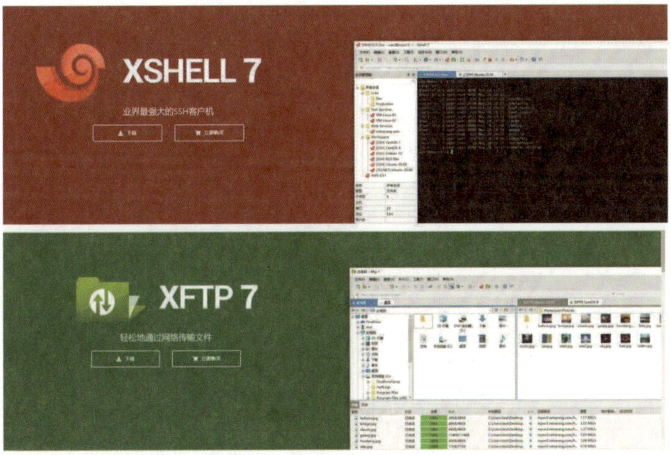

图 2-8　Xshell 和 Xftp 的官方页面

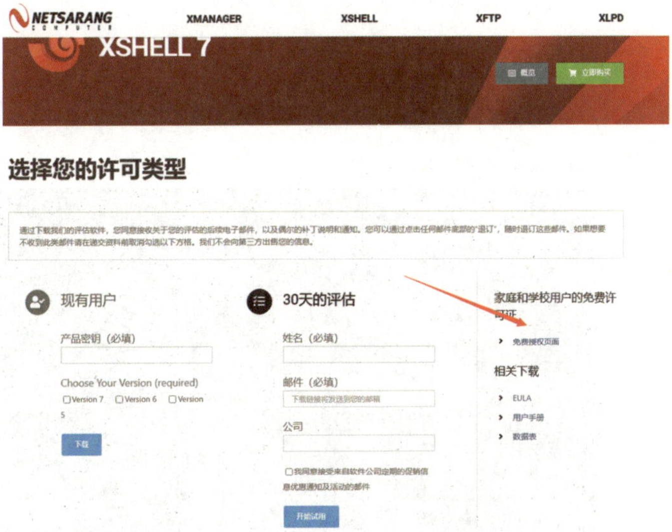

图 2-9　Xshell 的下载界面

2. Xshell 和 Xftp 的简要使用介绍

双击打开 Xshell，点击“新建”，新建会话，界面如图 2-10 所示。在弹出的新建会话窗口，可以设置便于识记的名称代表需连接的服务器，在主机（H）后的输入框中填入要连接的服务器的 IP 地址（一般可从服务器管理员处获得），端口号一般为 22，如图 2-11 所示。

图 2-10　打开 XShell 后的界面展示

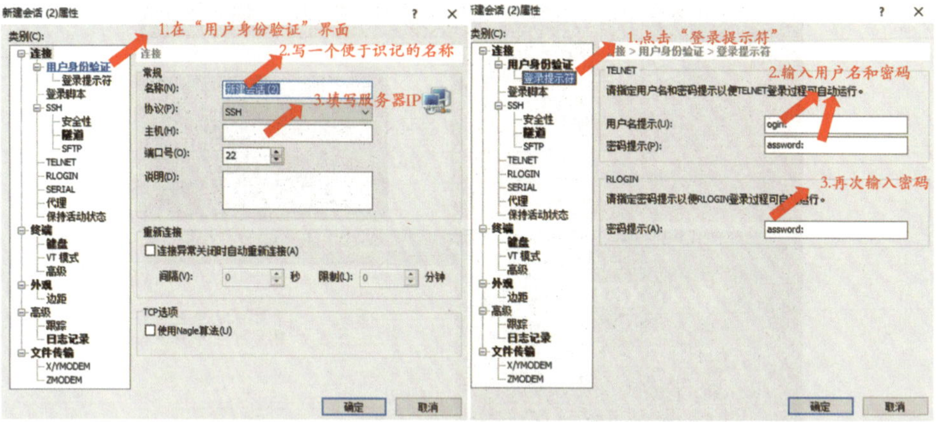

图 2-11　使用 Xshell 连接服务器时的设置演示

点击确定按钮，就可以通过 Xshell 成功连接服务器，如图 2-12 所示。

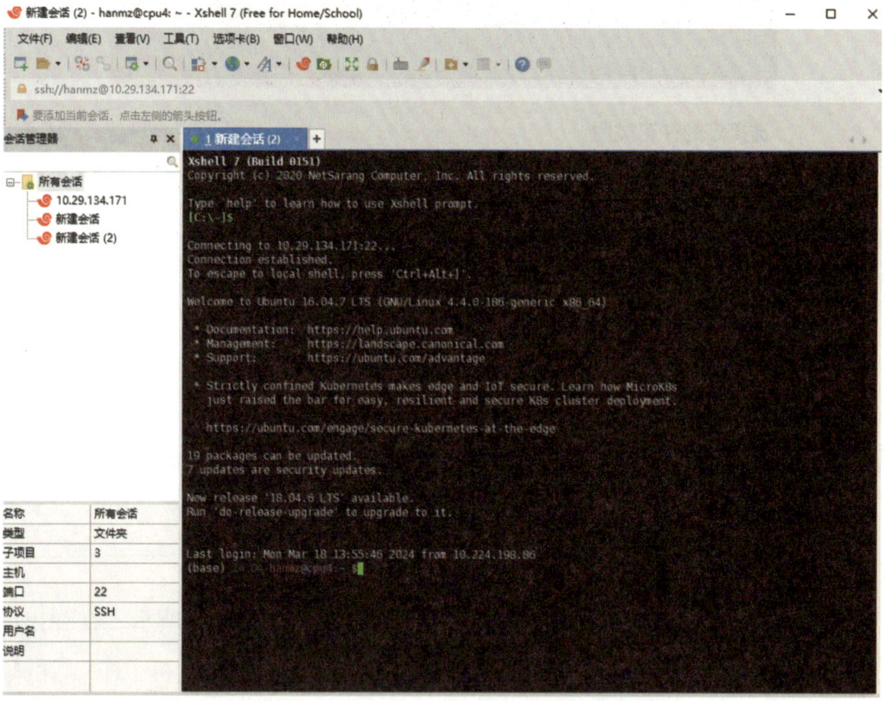

图 2-12　使用 Xshell 登录服务器后的界面展示

用户连接服务器后，在 Xshell 软件的顶端，可以看见 Xftp 的图标“ ”。用户点击 Xftp 图标后，跳转到 Xftp 的界面，即可进行本地和服务器间文件的上传和下载，如图 2-13 所示。左侧是 Windows 的目录（本地电脑的文件目录），右侧是 Linux 系统的目录（服务器的文件目录）。在需要传输的文件目录下，双击或者选中拖动文件就可以完成文件的传输。

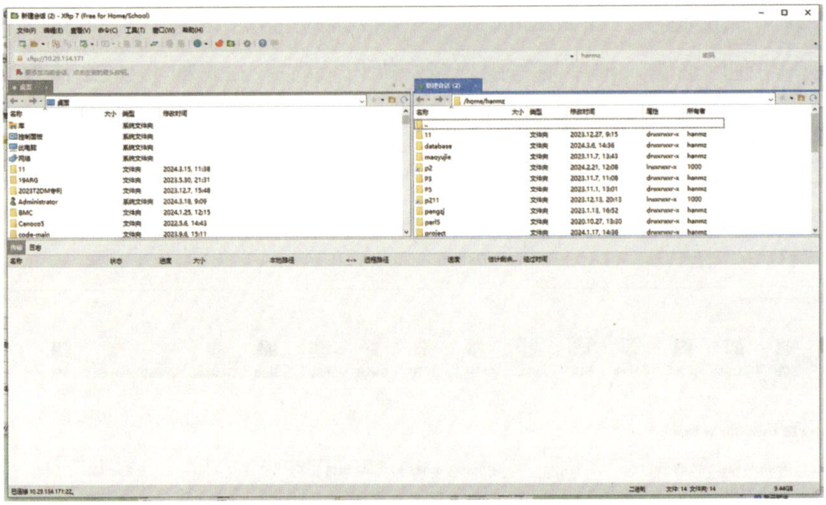

图 2-13　使用 Xftp 实现本地和服务器间文件的上传和下载

示例二　MobaXterm 实现服务器的登录和文件传输

MobaXterm 又名 MobaXVT，是一款远程控制工具，支持创建 SSH、Telnet、Rsh、Xdmc、RDP、VNC、FTP、SFTP、串口（Serial COM）、本地 Shell、Mosh 等超多连接功能。MobaXterm 提供了人性化的操作界面，支持与主流操作系统的连接以进行控制和管理操作，功能十分强大。用户可登录其官网（https：//mobaxterm.mobatek.net）进行下载，当前版本为 v24.0，下载压缩包后解压，点击 .exe 进行安装，此处不对安装过程进行详述，打开软件后界面如图 2-14 所示。

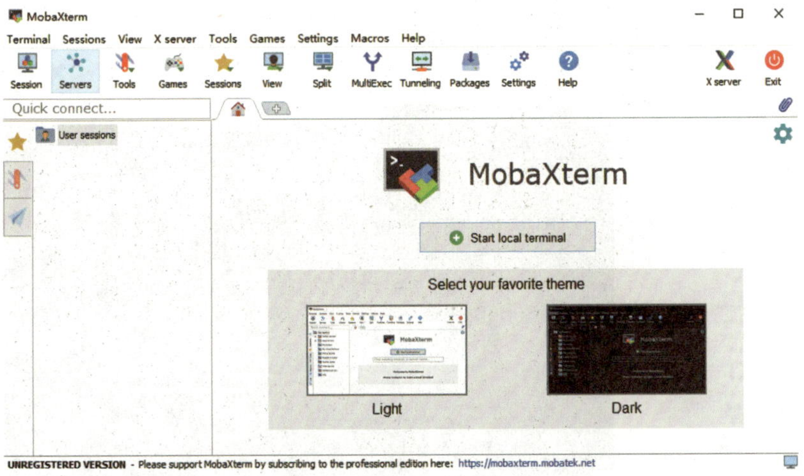

图 2-14　MobaXterm 的使用界面

1. 使用 MobaXterm 登录服务器

点击菜单栏中的“Session”，弹出“Session settings”对话框。再点击 SSH 即

可跳出登录界面的选项。在 Remote host 中输入服务器的 IP 地址；点击勾选 Specify username，并在后面输入框中填写用户名；端口依然是 22（如不是 22 请填写正确端口，图 2-15），点击“OK”即可进入密码输入界面。在输入密码时，用户需要将输入法调整为英文，直接输入后按回车键进入即可（图 2-16）。第一次登录成功后会提示保存密码，一般选择同意，就可以连接到服务器了。

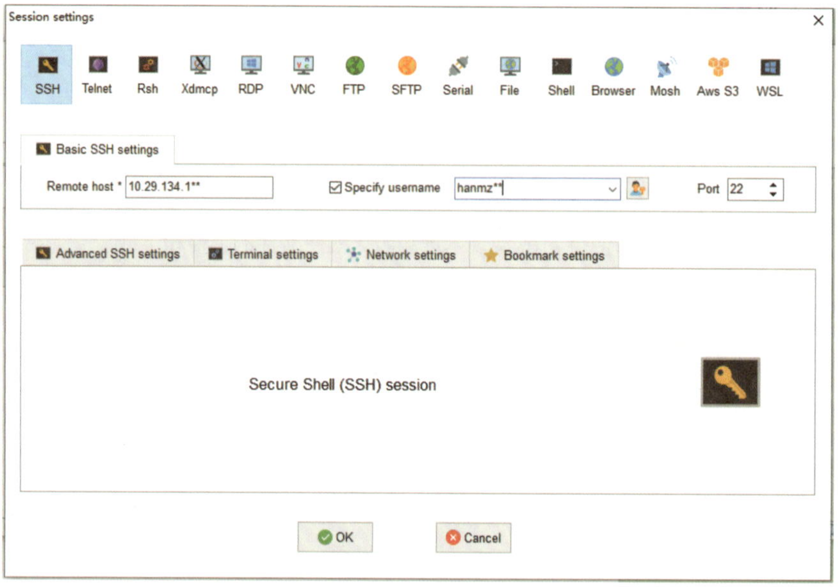

图 2-15　使用 MobaXterm 登录服务器时的设置界面

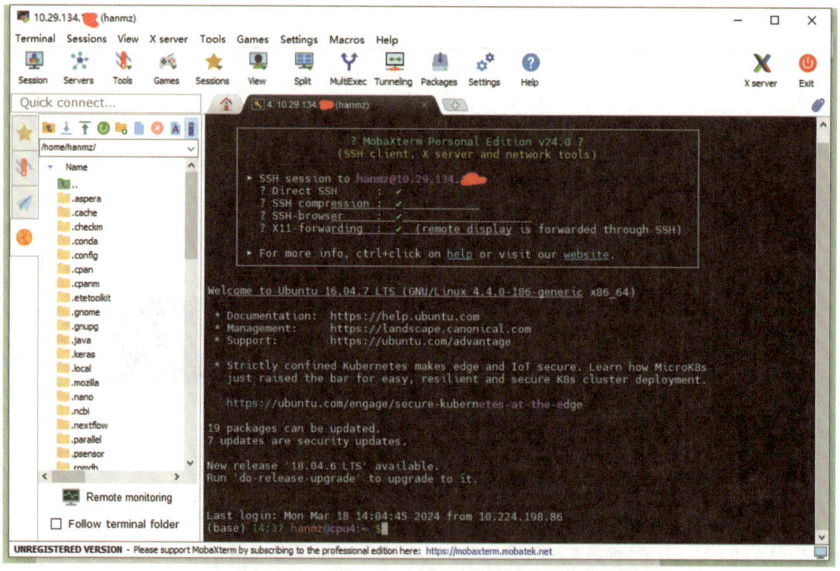

图 2-16　使用 MobaXterm 登录服务器后的界面

2. 使用 MobaXterm 进行服务器和本地文件的上传和下载

成功登录服务器后，可见登录后的界面主要分为两块，左边是主机的文件，右边是终端。勾选左下角的“Follow terminal folder”可以让两者的工作路径保持一致。创建一个 session 之后，就可以在左侧的 session 标签里留下它的信息，下次需要连接的时候直接双击即可。用户可看到 MobaXterm 软件的左侧有一些文件夹的图标，这些图标就是用户目录下的文件。用户点击顶端的上传“⭱”和下载“⭳”按钮就可实现文件的上传和下载（图 2-16），简言之，文件传输和下载可以采用直接拖拽的方式，或者采用鼠标右键选择相应功能。所以说 MobaXterm 是一款用户友好的软件，安装一次即可实现登录、管理服务器和文件的上传和下载。

内容三 Linux 系统常用命令

Linux 命令是在命令行上运行的程序或应用程序。Linux 中的命令解释器是 BashShell，它在操作系统的最外层，是负责用户程序与内核进行交互操作的一种接口，将用户输入的命令翻译给操作系统，并将相应的处理结果输出给屏幕。当我们使用远程工具登录服务器后，系统会返回给我们一个默认的 Shell 终端，我们可以在这个界面输入各种命令，使服务器按照我们的要求去完成相应的任务。所以掌握 Linux 系统常用的命令就是掌握和服务器交流的方法。这些 Linux 命令可实现对 Linux 系统的大部分管理，如文件 / 文件夹管理、权限管理、用户管理、磁盘管理、网络管理、软件管理等。此处我们进行简单的介绍，对于 Linux 常用命令的掌握，需要用户反复练习和使用，熟能生巧。

示例一 文件 / 文件夹管理

1. 查看目录内容（ls）

```
$ ls   #列出当前目录中的文件和子目录。
$ ls -l   #列出当前目录中的文件和子目录，并显示详细信息。
$ ls -s   #列出当前目录中的文件和子目录，并显示文件大小。
$ ls -t   #列出当前目录中的文件和子目录，并按时间排序。
$ ls -S   #列出当前目录中的文件和子目录，并按文件大小排序。
$ ls -a   #列出当前目录中的文件和子目录，并显示隐藏文件。
$ ls -alt   #也可这样使用。
```

2. 查看当前路径（pwd）

```
$ pwd   #print working directory，打印工作目录，它以绝对路径的方式显示当前目录的
        完整路径。
```

需要明确绝对路径和相对路径的含义。绝对路径就是从根目录（/）开始，一直到当前文件的路径，对于一个文件 / 文件夹而言，绝对路径只能有一个。相对路径也称当前路径，其并不是唯一的，相对位置不同，写法也不同，如 ./lib/sudo/ 或 ./../lib/sudo/ 等。绝对路径和相对路径需要用户熟练掌握。“~”代表用户的主目录，“..”代表上一层目录，“.”代表当前目录。

3. 更改目录（cd）

```
$ cd   # 切换到用户主目录。
$ cd /path/to/directory   # 切换到指定目录。
$ cd ..   # 切换到上级目录。
$cd /   # 切换到根目录。
```

4. 创建新文件夹（mkdir）

```
$ mkdir foldername   # 创建单个文件夹。
$ mkdir /path/to/foldername   # 在指定路径下创建文件夹。
$ mkdir –p /path/to/parent/foldername   # 创建多个文件夹。
$ mkdir –m 755 foldername   # 创建文件夹并设置权限。
$ mkdir folder1 folder2 folder3   # 创建多个文件夹。
```

5. 删除文件与文件夹（rm）

```
$ rm file   # 删除名为 "file" 的文件。
$ rm –rf dirname   # 删除名为 "dirname" 的文件夹。
$ rm –rf *   # 删除当前目录下的所有文件和文件夹，包括隐藏文件，且无法恢复。慎
             用!!!
```

6. 移动或重命名文件和文件夹（mv）

```
$ mv source destination   # 将名为 "source" 的文件或文件夹移动到名为 "destination" 的
                            目标位置。如果目标位置已经存在同名的文件或文件夹，mv
                            命令则会覆盖它。
$ mv oldname newname   # 将名为 "oldname" 的文件 / 文件夹重命名为 "newname"。
```

7. 复制文件和文件夹（cp）

```
$ cp file1 file2   # 将名为 "file1" 的文件复制到名为 "file2" 的目标文件。如果目标文件
                     已经存在，它将被覆盖。
```

```
$ cp file1 directory  # 将名为 "file1" 的文件复制到名为 "directory" 的目标目录中。如果
                      目标目录中已经存在同名的文件，它将被覆盖。
$ cp file1 file2 file3 directory  # 将多个文件（file1、file2、file3）复制到名为 "directory"
                      的目标文件夹中。如果目标文件夹中已经存在同名的文
                      件，它们将被覆盖。
$ cp -r source directory  # 将复制名为 "source" 的文件夹及其下的所有文件和子目录到
                      名为 "directory" 的目标文件夹中。如果目标目录已经存在同名
                      的文件或子目录，它们将被覆盖。
$ cp -f source destination  # 强制复制文件，即使目标文件已存在。
$ cp -v source destination  # 显示复制过程中的详细信息。
```

8. 编辑文件（vi/vim）

（1）打开文件

```
$ vi file  # 如果文件不存在，vi 将创建一个新文件；如果文件已存在，vi 将打开该
           文件。
```

（2）切换模式

vi 有两种模式：命令模式和编辑模式。在命令模式下，可以执行各种命令，如移动光标、复制粘贴等。在编辑模式下，可以输入和编辑文本。按下 i 键可以进入编辑模式，按下 Esc 键可以返回命令模式。

（3）保存和退出

```
:q  # 退出文件。
:wq  # 保存并退出文件。
:q!  # 强制退出文件，不保存修改。
```

（4）光标移动

```
# 在命令模式下，可以使用以下命令移动光标：
h：向左移动一个字符。
j：向下移动一行。
k：向上移动一行。
```

```
l：向右移动一个字符。
0：移动到行首。
$：移动到行尾。
G：移动到文件末尾。
gg：移动到文件开头。
```

（5）查找和替换

vi 支持基本的查找和替换操作。在命令模式下，可以使用以下命令进行查找和替换。

```
/pattern：# 查找与模式匹配的字符串。输入“/hello”，按 Enter 键，光标移至第一个出
        现“hello”的位置。
n：# 重复上一次的查找操作。例如，输入“n”然后按 Enter 键将光标移至下一个出现
   “hello”的位置。
:s/old/new/g：# 将当前行的“old”替换为“new”。
```

9. 文件权限（chmod）

Linux 系统中对文件调用的权限分为三级：文件所有者（Owner）、用户组（Group）、其他用户（Other Users）。只有文件所有者和 Linux 系统的超级用户才有可以修改文件或者目录的权限。每级权限是使用绝对模式（八进制数字模式），符号模式指定文件的权限，其中 r 为 4（可读）、w 为 2（可写）、x 为 1（可执行）。

在 Linux 系统中对于文件或者目录权限的命令为 chmod，英文全拼：change mode，是控制用户对文件权限的命令。

```
$ chmod ugo+r file   # 将文件 file 设为所有人皆可读取。
$ chmod u+x 11.py    # 将 11.py 文件拥有者增加可执行权限。
$ chmod abc file     #a、b、c 各为一个数字，分别表示 User、Group 及 Other 的权限。
                     r=4，w=2，x=1。
$ chmod 777 file     # 将文件 file 设为所有人皆可读、可写、可执行。
$ chmod a+r file     # 给 file 的所有用户增加读权限。
$ chmod a-x file     # 删除 file 的所有用户的执行权限。
```

示例二 文件搜索和过滤

1. 查找文件和目录（find）

（1）查找文件

```
$ find /path/to/search –name "file"  # 搜索指定路径（/path/to/search）下名为 "file" 的文件。使用通配符（*）来匹配多个文件名。
```

（2）查找目录

```
$ find /path/to/search –type d  # 搜索指定路径（/path/to/search）下的所有目录。
```

（3）根据文件类型查找

```
$ find /path/to/search –type f  # 查找普通文件。
$ find /path/to/search –type l  # 查找符号链接。
$ find /path/to/search –type  # 查找目录。
$ find /path/to/search –type b  # 查找块设备文件。
$ find /path/to/search –type c  # 查找字符设备文件。
$ find /path/to/search –type p  # 查找先进先出文件。
$ find /path/to/search –type s  # 查找套接字（socket）。
```

（4）根据文件权限查找

```
$ find /path/to/search –perm 755  # 查找权限为 755 的文件和目录。
```

（5）根据时间查找

```
$ find /path/to/search –atime n  # 查找最后访问时间超过 n 天的文件和目录。
$ find /path/to/search –mtime n  # 查找最后修改时间超过 n 天的文件和目录。
$ find /path/to/search –ctime n  # 查找最后元数据更改时间超过 n 天的文件和目录。
```

2. 使用条件匹配搜索文本（grep）

（1）搜索文件中的文本

```
$ grep " 字符串 " file  # 将搜索指定文件（file）中包含的字符串，并将匹配的行打印到终端上。
```

（2）使用正则表达式搜索

```
$ grep "^[0–9]" file  # 例如，要搜索以数字开头的行，并将它们打印出来。
```

（3）忽略大小写

```
$ grep –i " 字符串 " file   # 不区分大小写地搜索字符串，并将匹配的行打印出来。
```

（4）显示匹配行的行号

```
$ grep –n " 字符串 " file   # 不区分大小写地搜索字符串，并将匹配的行号打印出来。
```

（5）只显示匹配的文件名

```
$ grep –l " 字符串 "*   # 搜索当前目录下所有文件中包含的字符串，并只显示包含匹配
                        文本的文件名。
```

（6）递归搜索

```
$ grep –r " 字符串 " /path/to/directory/   # 使用 –r 或 –R 选项可以进行递归搜索，搜索指
                                           定目录及其子目录下的所有文件。
```

（7）反向匹配

```
$ grep –v " 字符串 " filename   # 使用 –v 选项可以显示不包含匹配文本的行。
```

3. 条件扫描和处理语言（awk）

（1）基本语法格式

```
$ awk 'pattern {action}' file   #pattern 是一个可选的模式，用于匹配和处理文本；action
                                是要执行的操作；file 是要处理的文件名。
```

（2）默认域分隔符

awk 默认使用空格作为域分隔符，将每行文本分成不同的域。可以使用 –F 选项来指定其他的域分隔符。

（3）打印文本

```
$ awk '{ print $1 }' file   # 用 print 语句打印指定域的内容。例如，打印文件 file 中每一
                            行的第一个元素。
* $0 表示当前行的完整内容。
* $1 表示当前行的第一个元素。
* $NF 表示当前行的最后一个元素。
* NR 表示当前处理的行号。
```

（4）条件匹配

```
$ awk '/pattern/ {action}' file  # 匹配文件 file 中包含模式 pattern 的行，并执行相应的操作。
```

4. 过滤和转换文本（sed）

```
$ sed 's/old/new/g' file.txt  # 替换文件“file.txt”中所有出现的“old”为“new”。
$ sed 'd' file.txt  # 删除文件“file.txt”中所有匹配的行。
$ sed 'a\text to insert' file.txt  # 在新的一行中插入文本“text to insert”。
$ sed 'c\new line of text' file.txt  # 用新的一行“new line of text”替换文件“file.txt”中所有匹配的行。
$ sed –n 'p' file.txt  # 打印文件“file.txt”中所有匹配的行。
```

5. 过滤和转换文本（sort）

（1）默认排序

```
$ sort file  # 按照升序对文件“file”中的行进行排序。默认排序方式是按照字符编码值进行比较。
```

（2）按照数字排序

```
$ sort –n file  # 按照数字大小对文件“file”中的行进行排序。
```

（3）逆序排序

```
$ sort –r file  # 按照降序对文件“file”中的行进行排序。
```

（4）按照列排序

```
$ sort –k n file  # 使用“–k”选项可以指定按照第 n 列进行排序。
$ sort –k n1 n2 file  # 使用“–k”选项可以指定按照第 n1 列和第 n2 列进行排序。
```

（5）忽略空格和制表符

```
$ sort –t ':' file  # 按照冒号作为分隔符对文件“file”中的行进行排序。
```

（6）去除重复行

```
$ sort –u file  # 保留文件“file”中的唯一行，并删除重复行。
```

示例三　存储和提取文件

1. 压缩文件（gzip）

```
$ gzip file   # 压缩名为 "file" 的文件，保存到名为 "file.gz" 的压缩文件，不保留原始文件。
$ gzip -c file > file.gz   # 压缩名为 "file" 的文件，保存到名为 "file.gz" 的文件中，同
                           时保留原始文件。
$ gzip file1 file2 ... fileN   # 分别压缩 file1、file2、…、fileN，并生成相应的 .gz 压缩文件。
$ gzip -r dir   # 递归压缩目录中的每个文件，并在每个文件的文件名后添加 ".gz" 扩展名。
```

2. 解压缩文件（gunzip）

```
$ gunzip file.gz   # 解压缩名为 "file.gz" 的 gzip 压缩文件，并将解压后的内容输出到标
                   准输出。
$ gunzip -v file.gz # 显示 "file.gz" 的解压缩过程的详细信息，包括压缩前后的文件大
                    小、压缩比等。
```

3. 打包和压缩文件（zip）

```
$ zip filename file1 file2 ... fileN   # 压缩 "file1" "file2" 等文件，将其添加到 "filename.
                                       zip" 的压缩文件中。
$ zip filename dir/   # 递归地压缩名为 "dir" 的目录，将它们添加到 "filename.zip" 的压
                      缩文件中。
```

4. 提取和解压缩文件（unzip）

```
$ unzip file.zip   # 解压缩 "file.zip" 的压缩文件，并将解压后的内容输出到当前目录下。
$ unzip file.zip -d dir   # 解压缩 "file.zip" 的压缩文件，并将解压后的内容输出到名为
                          "dir" 的目录下。
$ unzip -v file.zip   # 显示 "file.zip" 的解压缩过程的详细信息，包括文件的名称、大小、
                      压缩比等。
$ unzip file.zip filename   # 解压名为 "filename" 的文件，并将其保存到当前目录下。
```

示例四　进程管理

1. 报告当前进程（ps）

```
$ ps -A   # 显示所有进程。
$ ps -u <用户名>   # 显示指定用户的进程。
$ ps -e --forest   # 显示进程树状结构。
```

```
$ ps e   # 显示进程的环境变量。
$ ps -f  # 显示进程的详细信息。
```

2. 显示实时进程（top）

在 Linux 中，top 命令是一个常用的性能分析工具，用于实时显示系统中各个进程的资源占用状况。以下是 top 命令的基本用法和常见选项：

（1）启动 top 命令：在终端中输入“top”命令，然后按 Enter 键即可启动 top 命令。

（2）显示系统整体状态：在 top 命令的界面中，可以看到系统整体状态概览，包括 CPU 使用率、内存使用情况、进程数等信息。

（3）动态查看进程状态：在 top 命令的界面中，进程列表会不断更新，以反映当前的系统状态。默认情况下，进程列表会按照 CPU 使用率进行排序。

（4）交互式操作：在 top 命令的界面中，可以使用各种交互式命令来操作进程。例如，按“k”键可以终止一个进程，按“r”键可以重新指定一个进程的优先级等。

（5）退出 top 命令：退出 top 命令，可以按“q”键。

（6）常用交互式命令：除了默认的交互式命令外，还可以使用其他命令操作进程。例如，按“P”键可以按照 CPU 使用率排序进程列表，按“M”键可以按照内存使用排序进程列表等。

查看特定用户的进程：在 top 命令的界面中，按“u”键可以输入用户名，然后按 Enter 键即可查看该用户拥有的进程。

显示隐藏进程：在 top 命令的界面中，按“h”键可以显示隐藏进程。

显示完整命令行：在 top 命令的界面中，按“c”键可以显示完整命令行。

3. 进程控制（kill、pkill）

终止进程：要使用 kill 命令终止一个进程，需要先获取进程的 PID（进程 ID）。可以使用 ps 命令或 top 命令来查找进程的 PID。然后，在终端中输入以下命令。

```
$ kill <PID>    #kill 命令终止进程 PID。
$ kill -9 <PID>   # 强制终止进程。
```

也可以使用 pkill 命令。

```
$ pkill -9 process   # 终止所有与“process”相关的进程。
$ pkill -u username   # 终止用户 username 的所有进程。
```

4. 挂到后台（nohup）

在 Linux 服务器中，nohup 命令用于在退出账户 / 关闭终端之后继续运行相应的进程。nohup 命令会将命令的输出重定向到当前目录下的“nohup.out”文件中。如果当前目录的 nohup.out 文件不可写，输出重定向到“$HOME/nohup.out”文件中。

```
$ nohup ＜命令＞ &  #提交命令到后台运行。
$ nohup command ＞ my.file 2＞&1 &  #提交作业到后台运行，并将输出重定向到
                                     my.file 的文件中。
```

练习与作业

1. 熟练掌握 Linux 系统的安装。
2. 熟练掌握 Xshell/Xftp 或 Mobaterm 软件的使用并实现登录服务器。
3. 了解还有其他哪些 SSH 登录软件可实现服务器的登录。
4. 理解绝对路径和相对路径的含义，并能灵活应用。
5. 掌握 Linux 系统中对文件 / 文件夹处理的命令。
6. 熟练掌握 Linux 常用命令。
7. 理解文件权限的概念，并能熟练地进行修改。
8. 熟练掌握 nohup 命令。
9. 列举其他 Linux 命令，并熟记其含义。

实验三

生物信息数据库资源和数据获取

生物信息数据库是存储和管理生物学数据的集合，其中包含了从不同生物学领域中获取的大量生物分子信息，如基因组序列、蛋白质序列、核酸序列、代谢途径信息等。这些数据库通过结构化的方式组织、存储和提供对这些生物学数据的检索和查询功能。主要的生物信息数据库包括核酸序列数据库、蛋白质序列数据库、蛋白质结构数据库、基因组数据库、代谢途径数据库等。生物信息数据库的主要目的是为科研人员提供一个方便且可靠的平台，以便他们能够存储、共享、检索和分析生物学数据，助力科学研究。这些数据库在生物信息学研究、基因组学、蛋白质组学、药物设计等领域中发挥着重要的作用。

实验原理

利用互联网工具检索和学习生物信息学分析中常见的核酸和蛋白质数据库，了解这些数据库的结构和使用方式，并将这些数据库进行下载保存到本地电脑或者提供生物信息学分析的服务器中；利用网络下载工具获取不同形式的序列数据或者组学数据，并进行保存。

实验目的

本实验旨在通过对一系列常用的生物信息学数据的学习和使用，让学生理解数据库的结构和组成，熟练掌握常见数据库的下载和使用；通过在不同资源型网站中进行序列数据的检索，掌握序列数据的下载方式，提高学生生物信息的分析技能。

设备与软件

配置 Windows 系统的个人电脑、Ubuntu 服务器、网络、网络浏览器、SSH 登录工具 MobaXterm。

实验内容与步骤

内容一 生物信息数据库

示例一 核酸数据库（NT 数据库）

当前，全球的核酸数据库包括 GenBank 数据库和 NT 数据库（Nucleotide Sequence Database）。在实验一中我们介绍 NCBI 时就对 GenBank 格式和数据库进行了简要说明，实验三将重点放在 NT 数据库上。NT 数据库是由 NCBI 维护的核酸非冗余数据库，旨在提供来自各种生物领域的高质量核酸序列。其在构建时通过去除冗余的核酸序列，旨在提供更为清晰、简化的核酸信息，使其更适用于一些特定的生物信息学分析。科研人员在进行系统发育树分析、序列比对和同源性分析时，使用该数据库可获得具有代表性的核酸序列信息。

1. NCBI 网站中 NT 数据库的下载及说明

在浏览器中输入 NCBI 的网址：https：//www.ncbi.nlm.nih.gov，进入 NCBI 的主页。从 NCBI 的 Resource list 中跳到字母 F 处，找到“FTP：BLAST Databases”，点击进入 BLAST 所用 db（数据库）的网站中，继续点击 FASTA 文件夹，进入 NT 数据库的下载界面（网址为 https：//ftp.ncbi.nlm.nih.gov/blast/db/FASTA）。在这里，用户可以看到 NT 数据库、NR 数据库、PDB 数据库和 Swissprot 数据库的序列文件的压缩包（FASTA 格式的文件，以 gz 为结尾，图 3-1）。可以看出 2023 年 7 月 31 日发布的 NT 数据库压缩后大小为 310 G。用户在使用 NT 这些数据库时，需要明确记录数据库的发布日期，这个特别重要。

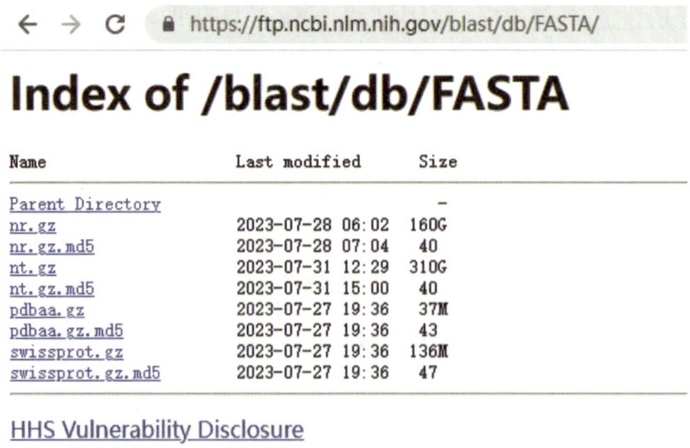

图 3-1 NCBI 网站中 NT 等数据库序列文件的存放展示

另外需要明确的是用户下载序列文件后，通常会需要使用序列比对工具（如 BLAST 或者 Diamond）对其进行数据库本地化的操作，这一步所消耗的时间较长。

为了节省这部分时间，NCBI 的网站中也提供了本地化后的 NT 数据库（当然也包括其他一些数据库，如 NR 数据库）。这些数据库存放的地址为 https：//ftp.ncbi.nlm.nih.gov/blast/db，如图 3-2 所示。在这里，用户可以看到 NT 数据库的更新日期为 2024 年 1 月 17 日，NT 数据库的压缩包包括 126 个（从 0 开始编号的）。

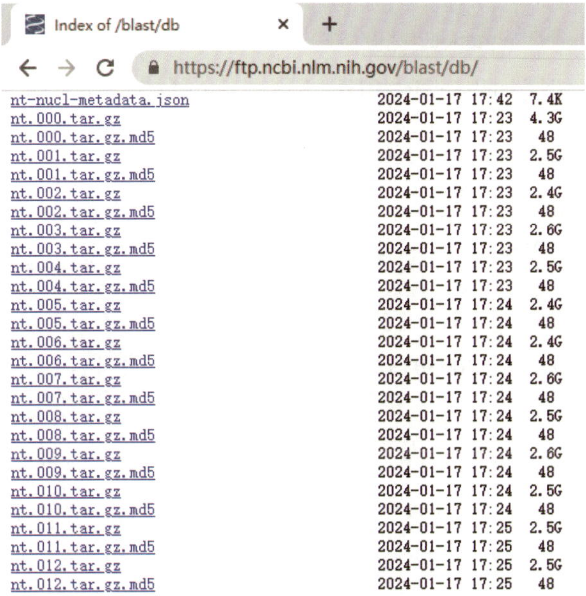

图 3-2　NCBI 网站中 NT 数据库文件的部分展示及下载地址

对于以上两个位置的 NT 数据库，第一个是序列文件；第二个是使用 BLAST 建立索引之后的数据库文件。用户明确了这一点，便可进行相应的操作。简单来说，第一个序列文件用户下载之后需要在本地使用序列比对工具建立索引后，即可使用；第二个文件，压缩包下载完全后解压，即可使用 BLAST 进行比对。

2. NCBI 网站中 NT 数据库的下载

一般来说，序列的比对和搜索都需要在 Unix/Linux 服务器中进行，所以像 NT 这样的数据库最终都会部署在服务器中。通常情况下，数据库的下载（包括 NT 数据库）可以使用 Windows 系统中的下载工具，如迅雷等进行下载，然后再通过像 MobaXterm 这样的工具上传到服务器中，存放的位置一般可为主目录下的 databases 目录（/home/user/databases）。这样的下载方式通常需要点击很多次上传，操作上相对烦琐，所以建议采用第二种下载方式，在 Linux/Unix 服务器中直接下载存放。实例步骤如下。

（1）登录 Ubuntu 服务器

使用 Windows 系统下的 MobaXterm 工具，输入 Ubuntu 服务器的 IP 地址和用户名，登录 Ubuntu 服务器中。在主目录下使用 mkdir 命令创建 databases 文件夹以分别用于存放数据库，操作命令如下。

```
# 切换至用户的主目录下。
$ cd ~
# 创建 databases 目录及其两个子目录 NTsequence20230731 和 NTdatabase20240117。
$ mkdir –p databases/NTsequence20230731
$ mkdir –p databases/NTdatabase20240117
```

（2）下载 NT 数据库的序列文件

在 Ubuntu 服务器中使用 wget 工具下载 NT 数据库的序列文件至（1）中创建的 NTsequence20230731 文件夹中。下载命令如下。

```
# 切换至 NTsequence20230731 文件夹中。
$ cd ~/databases/NTsequence20230731
# 使用 wget 命令进行下载。
$ wget –c https://ftp.ncbi.nlm.nih.gov/blast/db/FASTA/nt.gz    #–c 为断点续传。
# 在上一步中，下载所需的时间依赖于网速，通常时间较长，所以可加上 nohup 命令。
$ nohup wget –c https://ftp.ncbi.nlm.nih.gov/blast/db/FASTA/nt.gz &    # 下载结束后需要进
                                                                        行 md5 值查验。
```

（3）下载 NT 数据库建立索引后的文件（子数据库）

同（2），将 NT 数据库的子数据库下载至 NTdatabase20240117 文件夹中。在这里，我们简单介绍两种下载方式。当然，下载的命令还可以其他形式（包括 Aspera），这里不再一一进行展开。下载命令如下。

```
# 切换至 NTdatabase20240117 文件夹中。
$ cd ~/databases/NTdatabase20240117
# 第一种方法，使用 wget 命令进行下载。
$ nohup wget –c https://ftp.ncbi.nlm.nih.gov/blast/db/nt.*.tar.gz & # 下载结束后需要进行
                                                                     md5 值查验。
# 第二种方法，使用 update_blastdb.pl 进行下载。
$ update_blastdb.pl nt
# 合并后解压。
$ cat nt.*.tar.gz > nt.tar.gz
$ tar –xzvf nt.tar.gz
```

通过以上部分的介绍，用户对NT数据库有了一定的认识，掌握了如何下载NT数据库的序列文件和完整数据库到本地，在后续操作中，就可对下载后的数据库进行相应的操作，从而实现序列间的比对。

示例二 蛋白质数据（NR数据库）

NR数据库（Non-Redundant Protein Sequence Database），即非冗余蛋白质数据库。与NT数据库类似，其构建的目的在于通过整合常用的基因库数据，通过去冗余的方法去除其中重复序列的信息，这样可减少重复数据所带来的干扰，使结果更准确。NR数据具有广泛性、可靠性、不断更新等优点，使其可以满足科研人员的不同需求。当前，NR数据库已成为一款强大的数据库，在生物信息学数据分析中有无与伦比和不可替代的作用。

NR数据库在NCBI中的存放、下载和使用与示例一中的NT数据库类似。在这里我们就不再进行细致的描述了。在本书撰写时，NR序列文件的更新日期为2023年7月28日（图3-1），NR数据库的更新日期为2024年1月15日（图3-3）。

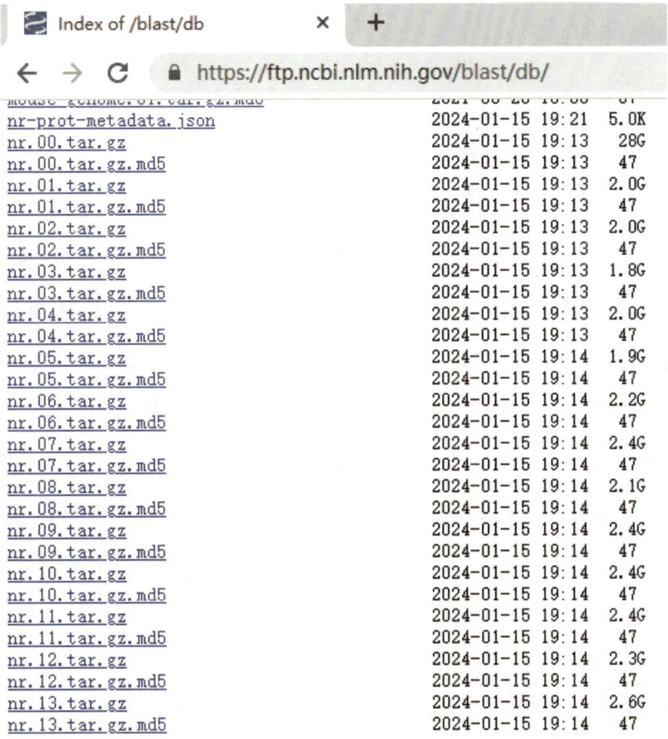

图3-3 NCBI网站中NR数据库文件的部分展示及下载地址

NR数据库下载与NT的数据库下载方式基本一样，此处给出示例，下载数据库到主目录的databases中（/home/user/databases），命令如下。

```
# 创建并切换至 NRsequence20230728 文件夹中。
$ mkdir ~/databases/NRsequence20230728
$ cd ~/databases/NRsequence20230728
# 使用 wget 命令进行下载。
$ nohup wget –c https://ftp.ncbi.nlm.nih.gov/blast/db/FASTA/nr.gz &  # 下载结束后需要进
                                                                      行 md5 值查验。
# 切换至 NRdatabase20240115 文件夹中。
$ cd ~/databases/NRdatabase20240115
# 第一种方法，使用 wget 命令进行下载。
$ nohup wget –c https://ftp.ncbi.nlm.nih.gov/blast/db/nr.*.tar.gz & # 下载结束后需要进行
                                                                   md5 值查验。
# 第二种方法，使用 update_blastdb.pl 进行下载。
$ update_blastdb.pl nr
# 合并后解压。
$ cat nr.*.tar.gz > nr.tar.gz
$ tar –xzvf nr.tar.gz
```

示例三　蛋白质结构数据库（PDB 数据库）

蛋白质结构数据库（Protein Data Bank，PDB）是美国 Brookhaven 实验室于 1971 年建立的大分子结构资料数据库，是全球最主要的收集生物大分子（蛋白质、核酸和糖等）2.5 维（以二维的形式表示三维的数据）结构的数据库。目前，PDB 数据库的维护由结构生物信息学研究合作组织（Research Collaboration for Structural Bioinformatics，RCSB）负责。PDB 数据库以文本文件形式存储分子数据，每个分子用一个独立的文件。用户可在 PDB 的网站（网址为 https：//www.rcsb.org）中进行蛋白质搜索、查看蛋白质的空间结构、下载所需蛋白质的结构文件，进而可以进行蛋白质的同源建模等操作。下文简要介绍 PDB 数据库的使用和 PDB 数据库的下载。

1. PDB 数据库网站使用的简要说明

在浏览器中输入 PDB 数据库的网址：https：//www.rcsb.org，进入 RCSB PDB 的主页（图 3-4）。与大多数数据库资源的网站使用类似，网站的最上方导航按钮，包括搜索（Search）、可视化（Visualize）、分析（Analysis）、下载（Download）等，用户可根据需要进行操作。右上方是搜索栏，可以输入用户感兴趣的关键词，获取感兴趣的分子结构。截至 2024 年 1 月 22 日，PDB 数据库中已收录 214 791 个实验测定的结构文件，1 068 577 个基于 AlphaFold 等计算出来的结构模型。网页的中间部分，将顶部导航按钮进一步友好型可视化。网站的底部是 PDB 数据库的最新信息和特色亮点的展示。

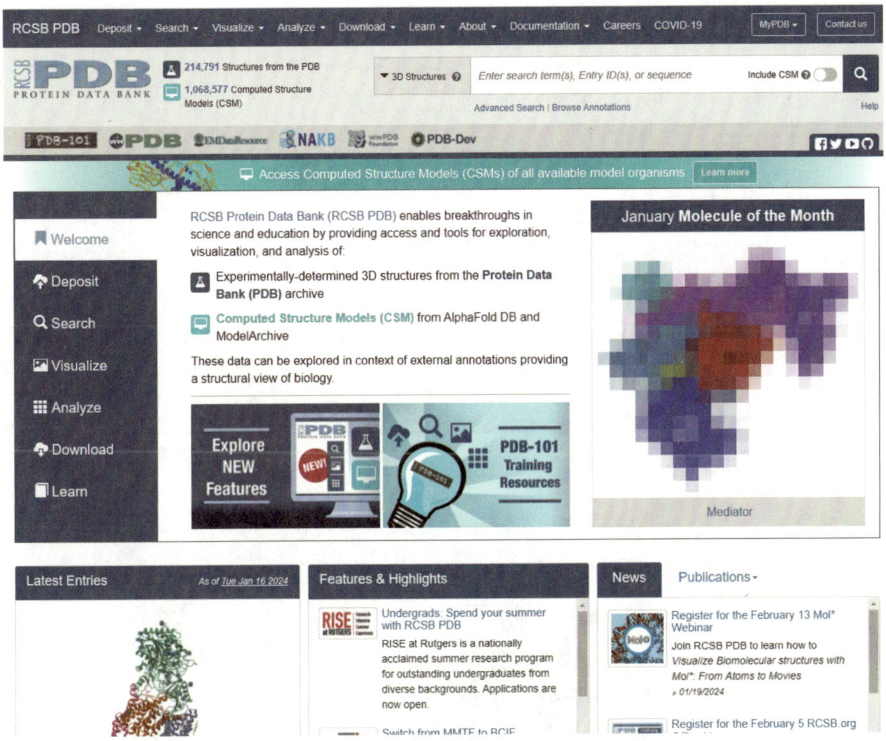

图 3-4　PDB 数据库的网站首页展示

2. PDB 数据库网站的检索功能

PDB 网站的检索功能，在这里使用溶菌酶（Lysozyme）作为关键词进行检索，结果如图 3-5 所示，共返回 5 640 个结构。左侧是结构测定的方法（Structure Determination Methodology）、来源物种的科学命名（Scientific Name of Source Organism）、物种分类（Taxonomy）、实验方法（Experimental Method）、结构分辨率（Refinement Resolution）、蛋白质分类信息（SCOP Classification）等。网站其余部分展示了检索返回的蛋白质的空间结构，包括每个蛋白质的名称（PDB-ID，包括 4 个字符串，可由大写字母 A～Z 和数字 0～9 组成，如 168 L）、解析日期、方法、物种和大分子类型等。在每个检索的结果中都提供了下载文件（Download File）、查看按钮（View File）和 3D 结构展示（Explore in 3D，图 3-6）。

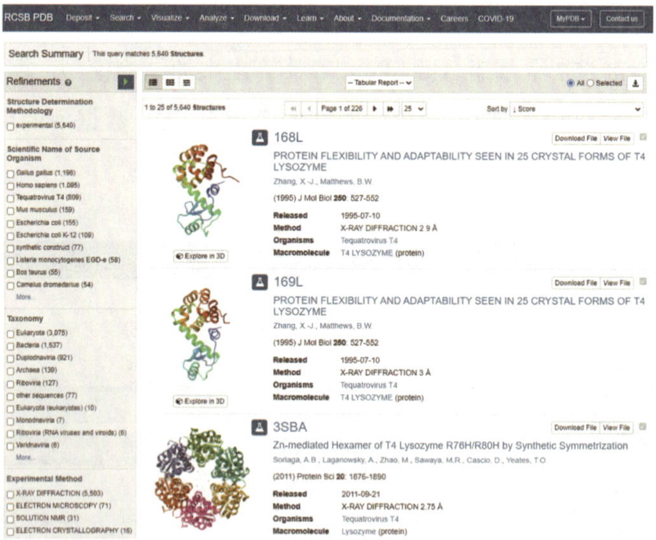

图 3-5　PDB 数据库中用 Lysozyme 作为关键词的检索结果部分展示

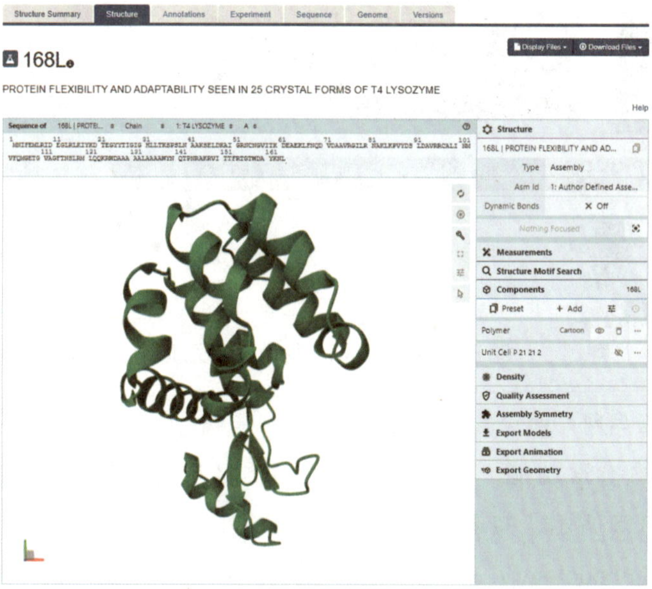

图 3-6　Lysozyme 中的名为 168L 的蛋白质序列和 3D 结构结果展示

3. PDB 数据库中的蛋白质序列下载

PDB 网站的 download 中有对蛋白质结构和序列下载的功能，如蛋白质 PDB 文件的下载（图 3-7，https：//files.rcsb.org/download/4hhb.pdb），蛋白质序列文件的下载（图 3-8，所有登记的蛋白质 https：//files.rcsb.org/pub/pdb/derived_data/pdb_seqres.txt.gz，某一 PDB_ID 的蛋白质序列下载，如 /fasta/entity/4HHB_1/download）。当然在 PDB 的 ftp 服务器中也可下载，地址为 ftp：//ftp.rcsb.org/pub/pdb/derived_data/。在

NT 数据库在 NCBI 存放的位置处，也能进行下载。

PDB entry files

PDB entry files are available in several file formats (PDB, PDBx/mmCIF, XML, BinaryCIF), compressed or uncompressed, and with an option to download a file containing only "header" information (summary data, no coordinates).

File Format	Action	Storage Compression	Example URL
Biological Assembly File in PDB	Download	Uncompressed	https://files.rcsb.org/download/1hh3.pdb1
Biological Assembly File in PDB	Download	Compressed	https://files.rcsb.org/download/1hh3.pdb1.gz
Biological Assembly File in PDBx/mmCIF	Download	Uncompressed	https://files.rcsb.org/download/5a9z-assembly1.cif
Biological Assembly File in PDBx/mmCIF	Download	Compressed	https://files.rcsb.org/download/5a9z-assembly1.cif.gz
PDB	Download	Compressed	https://files.rcsb.org/download/4hhb.pdb.gz
PDB	Download	Uncompressed	https://files.rcsb.org/download/4hhb.pdb
PDBx/BinaryCIF	Download	Compressed	https://models.rcsb.org/4hhb.bcif.gz
PDBx/BinaryCIF	Download	Uncompressed	https://models.rcsb.org/4hhb.bcif
PDBx/mmCIF	Download	Compressed	https://files.rcsb.org/download/4hhb.cif.gz
PDBx/mmCIF	Download	Uncompressed	https://files.rcsb.org/download/4hhb.cif

图 3-7　PDB 数据库网站中蛋白质空间结构的下载方法

Sequence data

Sequence data in FASTA format (full deposited sequence as in SEQRES records).

Please note that the FASTA download service at URL /pdb/download/downloadFastaFiles.do?structureIdList=4hhb&compressionType=uncompressed has been discontinued. Users will need to migrate to the new endpoints below. Note that the output of the new endpoints are per entity (with chain identifiers provided in header) instead of per chain.

FASTA sequences per PDB entry	Download	Uncompressed	/fasta/entry/4HHB/download
FASTA sequence per polymer entity (identified by <pdb_id>_<entity_id>)	Download	Uncompressed	/fasta/entity/4HHB_1/download
FASTA sequence per polymer entity instance (chain) (identified by <pdb_id>.<asym_id> , please note this is the label_asym_id and not the author chain id)	Download	Uncompressed	/fasta/chain/4HHB.A/download
Sequences in FASTA format for all entries in the PDB archive	Download	Compressed	https://files.rcsb.org/pub/pdb/derived_data/pdb_seqres.txt.gz

图 3-8　PDB 数据库网站中蛋白质序列文件的下载方法

示例四　SRA 数据库

SRA 数据库（Sequence Read Archive，SRA）由 NCBI 维护的一个存储高通量测序数据的重要数据库。与其他综合性数据库不同，SRA 专注于存储原始测序数据，包括 Illumina、Ion Torrent、PacBio 等多种平台生成的测序数据和相对应的样本信息。当前，SRA 数据库已成为一个涵盖广泛生物多样性和实验设计的综合性数据库，并为生物信息学研究提供了宝贵的数据资源。科研人员可以利用其中的原始测序数据进行不同层次的分析，包括基因表达分析、基因变异分析等。通过 SRA 数据库，科研人员可以访问和利用原始测序数据，深入了解生物学实验的细节，从而促进生物信息学领域的研究和创新。因此，了解 SRA 数据库并从中进行数据下载的重要性不言而喻。

1. SRA 数据库的访问

在浏览器中输入 SRA 的网址：https：//www.ncbi.nlm.nih.gov/sra，进入 SRA 官

网，如图 3-9 所示。用户可直观地看到搜索栏，可在搜索栏中输入关键词，以进行相关数据搜索。在页面中间可查看 SRA 数据库的帮助文档，帮助用户快速解决关心的事项；工具和软件中，用户可了解和学习 SRA 所提供的工具的使用和下载；右侧是相关资源，在这里用户可看到 BioProject 和 BioSample，便于用户检索和上传数据。

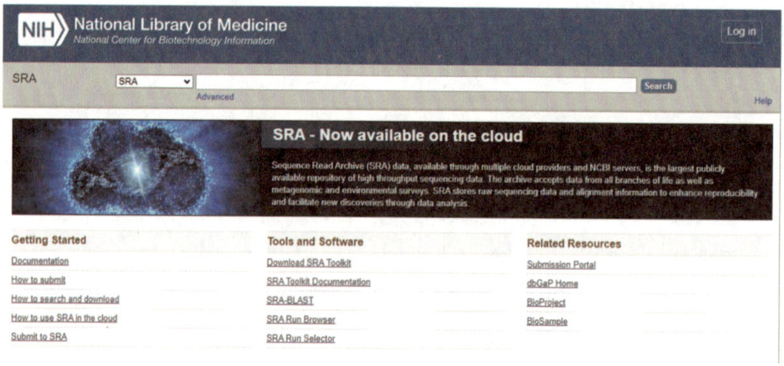

图 3-9　NCBI 中 SRA 数据库网站首页展示

2. SRA 数据库的检索功能

在 SRA 数据库的检索栏中使用“IBD gut metagenome”作为关键词进行检索，返回结果如图 3-10 所示。网页左侧提供 Access（有权限进入的结果）、Source（数据类型，包括 DNA 和 RNA）、Type（类型）、Library Layout（测序文库的类型，单端 single，双端 paired）、Platform（测序平台）、Data in Cloud（云端数据）和 File Type（文件类型，包括 bam、fastq 和 sff 等格式）等。网页中间显示的是每个样本的具体信息，包括测序平台和数据大小等。网页右方则是生态位信息与相关的 BioSample 和 BioProject 等信息，用户可进一步按照需求探索实践。

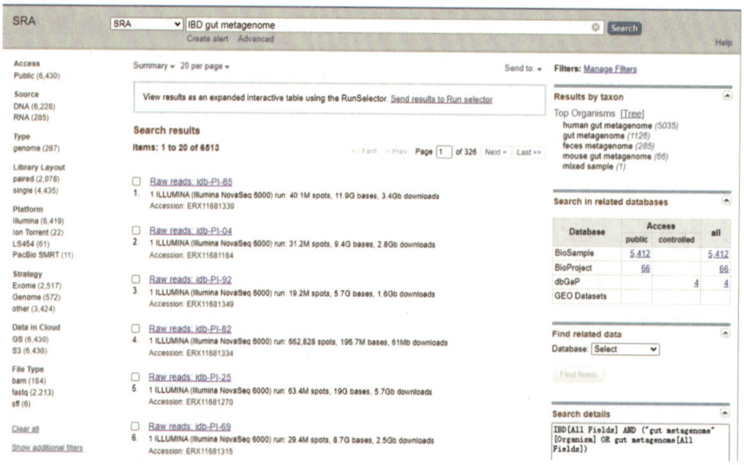

图 3-10　SRA 数据库中以“IBD gut metagenome”作为关键词的检索结果

示例五　抗生素抗性基因数据库（CARD、SARG 和 NCRD 数据库）

抗生素抗性基因（Antibiotic Resistance Gene，ARG）已成为一种新兴环境污染物，由 ARG 引起的抗生素耐药性被认为是当代最重要的挑战之一，成为环境研究领域的热点问题，也是严重的公共卫生问题。近年来随着高通量测序技术的发展和应用，基于测序数据解析微生物群落中的 ARGs 组成已成为环境科学研究中的重要内容。其中，用于鉴定比对解析 ARGs 组成的数据库，也就是 ARGs 数据库的重要性不言而喻。为了准确鉴定出微生物群落中的 ARGs 组成，科研人员构建出不同的 ARGs 数据库，其中包括 ARDB、CARD、SARG 和 NCRD 等。此处简要介绍当前最为重要的抗生素抗性基因数据库的特点和下载方式。

1. CARD 数据库

CARD 数据库（Comprehensive Antibiotic Resistance Database，CARD），是一个综合性的抗生素抗性基因数据库。该数据库包括来自各种微生物的抗性基因、抗生素的不同类别和其宿主微生物的多样性，提供了对抗生素抗性基因的功能注释和分类，对于了解抗生素抗性机制以及耐药性的研究至关重要。

CARD 数据库的访问。在浏览器中输入 CARD 数据库的网址（https://card.mcmaster.ca），进入 CARD 数据库的网站首页，如图 3-11 所示。网站包括 CARD 数据库的相关信息以及功能，用户可根据需要进行下一步操作。

图 3-11　CARD 数据库官方网站首页

CARD 数据库的序列下载。在 CARD 数据库的首页中点击 Download 便可进入 CARD 数据库的下载页面，如图 3-12 所示。用户找到“Download CARD data”这部分，可看到CARD数据库的版本号为3.2.8，数据库中包括的文件格式有JSON、TAB和FASTA格式的文件，发布日期为2023年10月2日，当前版本数据库相较于前一版本数据库改动的说明。点击ACTION下方的DOWNOLAD即可启动该版本CARD数据库的下载。

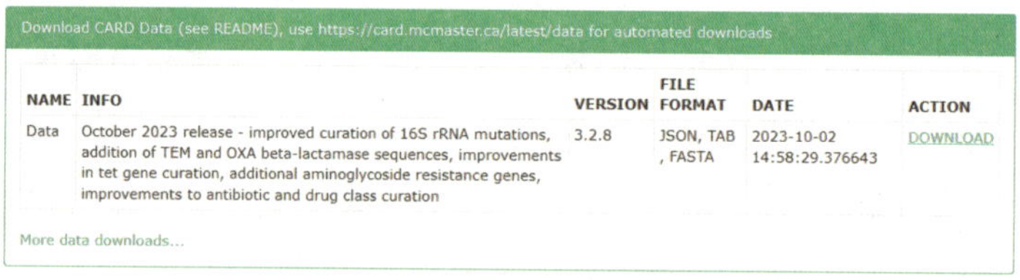
Download CARD Data (see README), use https://card.mcmaster.ca/latest/data for automated downloads

NAME	INFO	VERSION	FILE FORMAT	DATE	ACTION
Data	October 2023 release - improved curation of 16S rRNA mutations, addition of TEM and OXA beta-lactamase sequences, improvements in tet gene curation, additional aminoglycoside resistance genes, improvements to antibiotic and drug class curation	3.2.8	JSON, TAB , FASTA	2023-10-02 14:58:29.376643	DOWNLOAD

More data downloads...

图 3-12　CARD 数据库下载演示

2. SARG 数据库

SARG数据库（the Structured ARG Reference Database，SARG），是基于ARDB和CARD数据库的序列整合而成，由香港大学环境微生物工程及生物技术实验室开发完成，已更新到3.2.1版本，是目前较为完整的抗生素抗性基因数据库。该数据库根据不同基因所抗抗生素的类型和基因的进化关系，将所有抗生素抗性基因分为type和subtype两个层级，其中type为基因所抗的抗生素类型（如四环素抗性基因、磺胺抗性基因等），subtype为具体的抗性基因（如*tet*A、*sul*1等）。

SARG数据库的访问。在浏览器中输入网址：https：//smile.hku.hk/ARGs/Indexing/help，即可进入SARG数据库的官网，如图3-13所示。首页中展示的是关于SARG数据库的介绍、关于SARG数据库的相关发表文章和网站开发维护等声明。

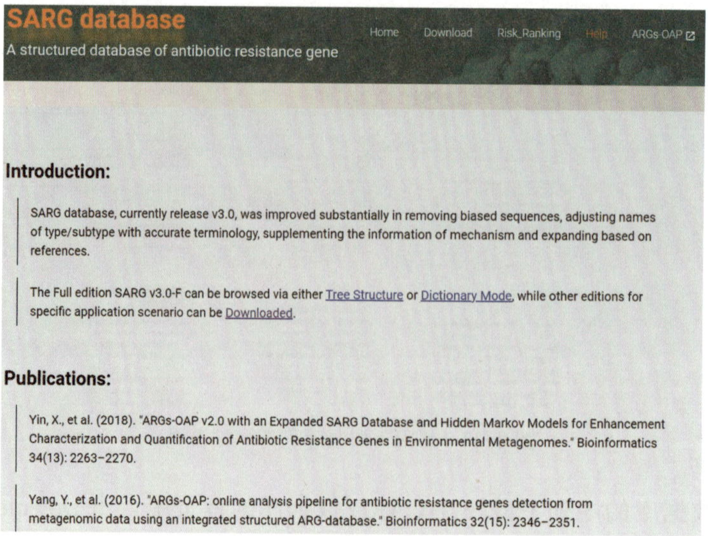

图 3-13　SARG 数据库官方网站首页

SARG 数据库的序列下载。在 SARG 数据库的首页中点击 Download 便可进入 SARG 数据库的下载页面（https：//smile.hku.hk/ARGs/Indexing/download），如图 3-14 所示。此处可以看到 SARG 数据库根据不同的应用目的开发了不同的版本，包括 full database（SARG v3.2.1-F）、长读长版数据库（version for long read annotation，SARG v3.2.1-L）、宏基因组定量版（version for metagenomic quantification，SARG v3.2.1-S）等。

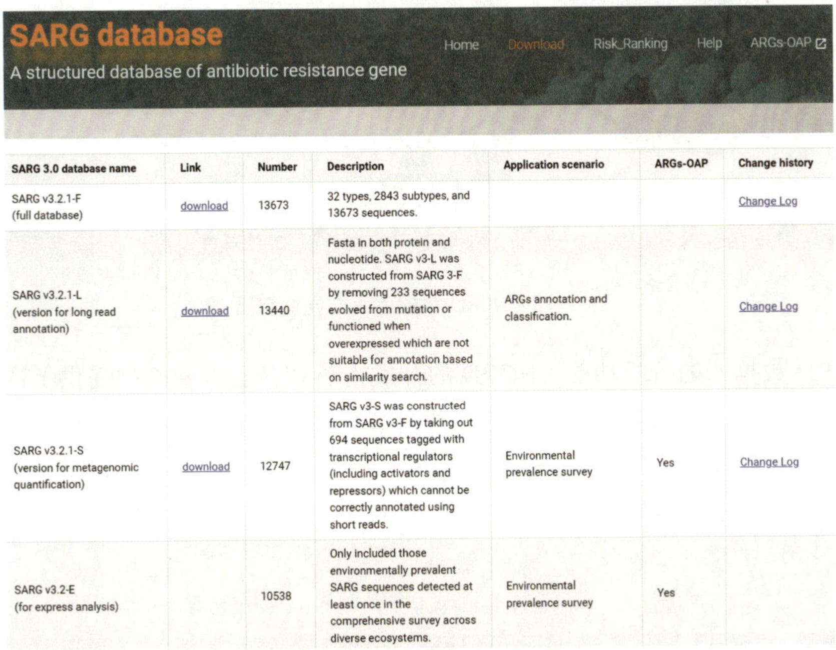

SARG 3.0 database name	Link	Number	Description	Application scenario	ARGs-OAP	Change history
SARG v3.2.1-F (full database)	download	13673	32 types, 2843 subtypes, and 13673 sequences.			Change Log
SARG v3.2.1-L (version for long read annotation)	download	13440	Fasta in both protein and nucleotide. SARG v3-L was constructed from SARG 3-F by removing 233 sequences evolved from mutation or functioned when overexpressed which are not suitable for annotation based on similarity search.	ARGs annotation and classification.		Change Log
SARG v3.2.1-S (version for metagenomic quantification)	download	12747	SARG v3-S was constructed from SARG v3-F by taking out 694 sequences tagged with transcriptional regulators (including activators and repressors) which cannot be correctly annotated using short reads.	Environmental prevalence survey	Yes	Change Log
SARG v3.2-E (for express analysis)		10538	Only included those environmentally prevalent SARG sequences detected at least once in the comprehensive survey across diverse ecosystems.	Environmental prevalence survey	Yes	

图 3-14　SARG 数据库的下载页面

3. NCRD 数据库

NCRD 数据库（a Non-redundant Comprehensive Antibiotic Resistance Genes Database，NCRD），即综合性非冗余的抗性基因数据库，基于 ARDB、CARD 和 SARG 数据库的序列重新构建，并进一步结合 NR 数据库和 PDB 数据库鉴定的潜在的抗生素抗性基因而构建的综合性且非冗余的抗生基因数据库。

NCRD 数据库的访问。在浏览器中输入网址：http：//ncrd.single-cell.cn/index，即可进入 NCRD 数据库的官网，如图 3-15 所示。在首页中，提供了 NCRD 数据库的描述、构建过程、数据库中包含的 ARG 的类型（subtypes）和抗性类型（types），以及下方常用的抗生素抗性基因分析所用的数据库和序列比对工具。

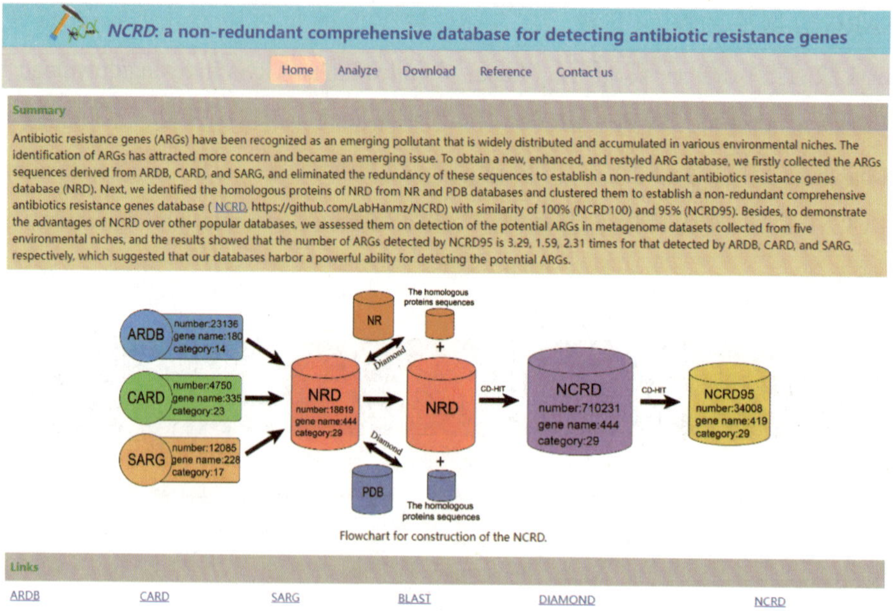

图 3-15　NCRD 数据库官方网站首页

NCRD 数据库的分析功能。NCRD 的开发人员在其官方网站中提供了微生物群落中 ARGs 的鉴定工具，用户可上传宏基因组数据组装后的基因预测文件，核酸序列或者蛋白质序列都可，用户只需选择比对工具和数据库，网站就可根据分析结果进行绘图并提供下载链接（图 3-16）。

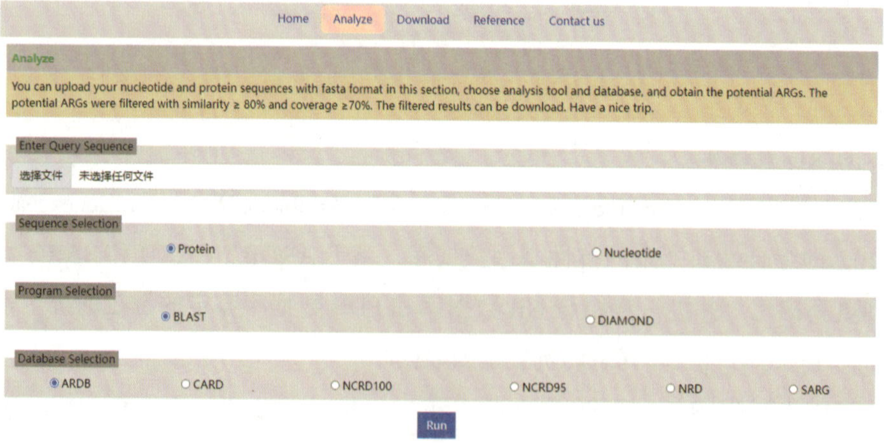

图 3-16　NCRD 数据库网站提供的 ARG 分析功能

NCRD 数据库的下载。在 NCRD 数据库的首页中点击 Download 便可进入下载页面：http：//ncrd.single-cell.cn/download，填写相应的信息，就可获得下载地址，进行下载。

内容二　序列数据下载

示例一　基因和蛋白质序列下载

1. 基因序列下载

（1）打开 NCBI。搜索栏中的数据库选择 Gene 或者 Nucleotide。

（2）以“Avian influenza virus H9 HA”为例，搜索栏内填入“Avian influenza virus H9 HA”，点击“search”。

（3）下载序列。选择第一个条目（item），勾选 1 上方的“小方格”后，点击页面右上角的“Send to”，选择“file”，再将 format 选择为“FASTA”格式，点击“Create file”，将序列下载到指定的文件夹即可完成序列的下载（图 3-17）。

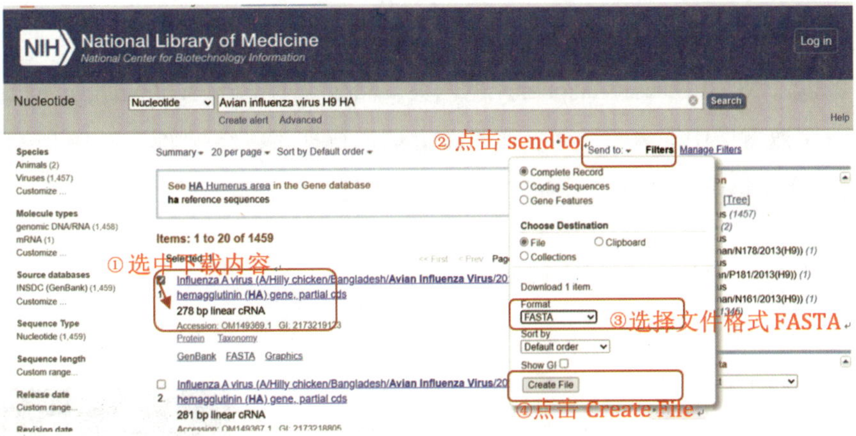

图 3-17　基因序列下载

2. 蛋白序列下载

蛋白质序列的下载可以在 NCBI 中选择 Protein 数据库，也可以在 Uniprot 数据库中下载。前者和基因序列的下载方式类似，此处不再进行介绍，简单介绍下在后者中的下载（图 3-18）。

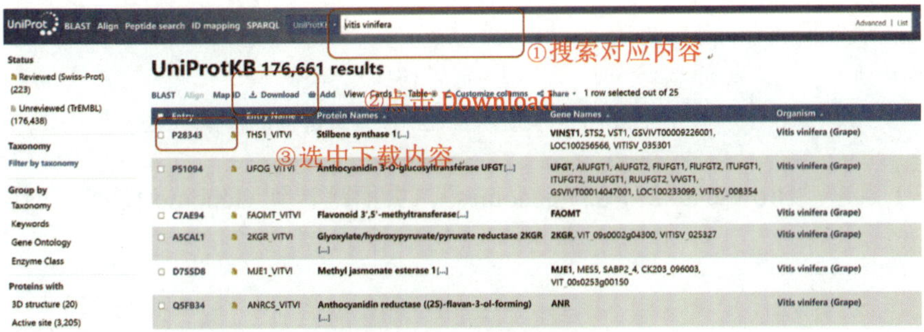

图 3-18　蛋白序列下载

（1）打开 Uniport 网站（https：//www.uniprot.org）。

（2）输入感兴趣的物种名、蛋白质名称或其他关键词进行搜索，以葡萄（拉丁名为 *Vitis vinifera*）为例，在检索栏输入 *Vitis vinifera*，点击搜索。

（3）下载序列。选中要下载的蛋白质，勾选方框后点击 Download，即可完成蛋白质序列的下载。

示例二　基因组序列下载

基因组序列下载是指从公共数据库中获取完整生物体的基因组序列的过程。这些数据库包括 Genome、Ensemble、UCSC Genome Browser 等。基因组的下载对泛基因组数据分析和转录组数据分析等生物信息学分析项目非常重要。NCBI 的 Genome 数据库将于 2024 年 5 月整合到 NCBI Datasets 中，所以以 NCBI Datasets 为例进行大肠杆菌（*E. coli*）基因组的下载演示。

（1）进入 NCBI Datasets taxonomy 的网页，https：//www.ncbi.nlm.nih.gov/datasets。

（2）在搜索栏中输入 *E. coli*，作为关键词进行搜索，结果如图 3-19 所示。结果显示截至 2024 年 1 月 23 日，共有 251 053 个大肠杆菌的基因组。

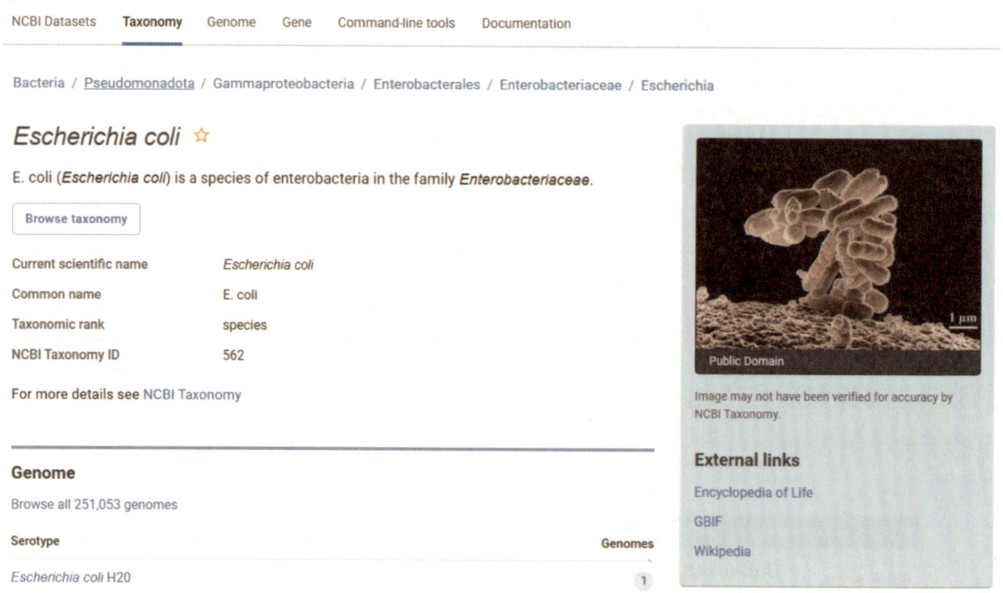

图 3-19　NCBI Datasets 中使用 *E. coli* 作为关键词的检索结果展示

（3）点击“Browse all 251 053 genomes”，页面跳转到 Genome 页面，见图 3-20。

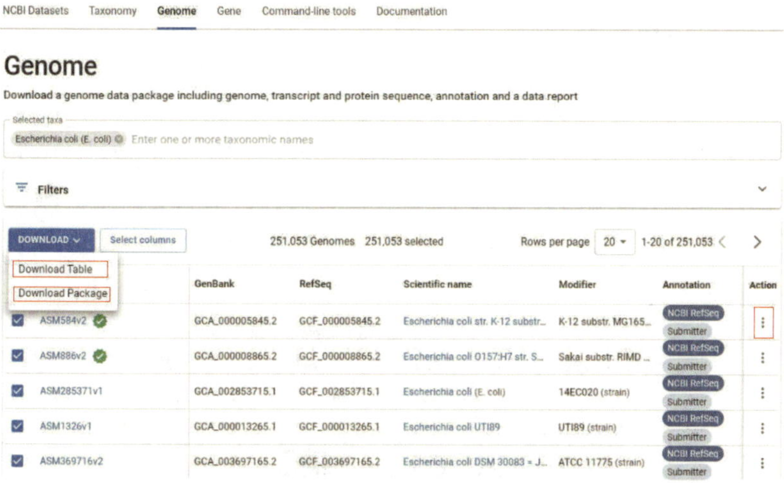

图 3-20 大肠杆菌基因组信息下载页面

（4）用户可以选择感兴趣的 *E. coli* 亚株进行基因组等信息的下载（Action 选项“⋮”），也可全选后点击 Download，下载表格（Table，该表格有菌株下载的相关信息），也可点击 Package 以进一步选择自己指定的内容。

（5）下载序列。选择表格下载，用户可在 Linux 服务器中使用 wget 命令进行下载；选择 Package，用户可直接下载指定的信息。至此，完成 *E. coli* 的基因组下载。

示例三 高通量测序数据下载

高通量测序数据下载是指从公共数据库中下载获取高通量测序（Next Generation Sequencing，NGS）产生的数据的过程。这些数据库可以包括我们之前讲到的 NGDC、SRA、EMBL-EBI 和 MG-RAST。此处以 SRA 数据库为例进行讲解。其中，Windows 系统下 SRA 的下载较简单，获得下载地址后，可以使用迅雷等工具进行下载，在这里不再赘述，主要讲解下 Linux 服务器中使用 SRA Tookit 工具下载高通量测序数据（当然，还存在别的下载方式，可自行探索）。

（1）Conda 安装 SRA Tookit（Conda 环境下一个实验会讲到，目前照做即可）。

```
#conda 安装 sra-tools。
$ conda install sra-tools -y
# 测试安装是否成功，试运行 prefetch。
$ prefetch      ## 返回 prefetch 的使用说明。
```

（2）获得 SRR 序列号，单样本下载。一般情况下，用户可从文献中获得项目的 BioProject 或者 SRP 项目号，也或者 PRJNA 号，这就需要用户到 NCBI 中查询获得对应的 SRR 号，然后下载数据。

```
# 单样本 SRR5631561 下载。
$ prefetch SRR5631561
```

（3）获得 SRR 序列号，多样本下载。当样本大于 1 个时，需要首先创建一个文件（如名为 SRR_samplename.txt），包含需要下载的文件，如 3 个样本，即 SRR561565、SRR561566、SRR561567，见图 3-21。然后再进行下载即可。

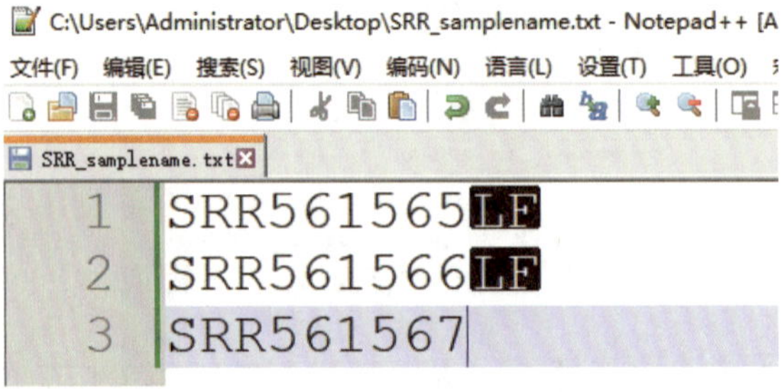

图 3-21　SRR_samplename.txt 文件的样例

```
# 多样本测序数据下载，SRR_samplename.txt。
$ prefetch --option-file SRR_samplename.txt --output-directory ./     # 下载到当前文件夹下。
```

需要明确的是，生物信息学数据库是生物信息学分析中的重要内容，此处只列举了一些编者熟知的数据库。实际上，生物信息学数据库还有多种，需要用户去探索。此外，序列数据的下载方式以及来源也是多种多样的，用户需掌握本次实验中的方法，也可积极探索别的方式。

练习与作业

1. 熟练掌握 NT 数据库、NR 数据库、PDB 数据库和抗生素抗性基因数据库。
2. 熟记 NT 数据库、NR 数据库、PDB 数据库和抗生素抗性基因数据库的网站和下载方式。
3. 掌握 NT 数据库、NR 数据库、PDB 数据库和抗生素抗性基因数据库的结构。
4. 请解释为什么 NCBI 提供了 NT 等数据库的序列文件，又提供本地化后的数据库，并说明其优、缺点？
5. 课后调研核酸数据库、蛋白质数据库还有哪些，并相互分享。
6. 掌握核酸序列和蛋白质序列的下载方法。
7. 掌握高通量测序数据的下载，总结高通量测序数据的下载方法。
8. 下载常见的模式生物的基因组序列。

实验四

生物信息学环境搭建和工具安装

生物信息分析在生命科学和临床医学中扮演着越来越重要的角色。为了快速、有效地进行生物信息分析，就需要在 Unix/Linux 服务器中搭建相关环境并安装合适的生物信息学工具和数据库。生物信息环境搭建的重要性在于它可以提供一个包含生物信息学工具和数据库的完整环境，可让研究人员能够更方便、快捷地进行数据分析。因此生物信息学环境的搭建和工具的安装是进行后续生物信息学分析的基础。全面了解生物信息学环境的搭建和工具安装具有重要的意义。

实验原理

基于常用的 Linux 系统或 Windows 系统，使用 Conda、Bioconda 或者系统源安装工具进行生物信息环境的搭建、数据库下载和生物信息工具的安装，为生物信息学分析提供强大的支持，以便培养学生和研究人员的动手能力和生物信息分析的思维。

实验目的

本实验旨在通过对 Ubuntu 服务器中常见的生物信息工具的安装，培养学生使用 Ubuntu 服务器的能力，熟练掌握生物信息学环境的搭建和相关生物信息分析软件的安装。

设备与软件

Ubuntu 服务器、配置 Windows 系统的个人电脑、SSH 登录工具 MobaXterm、Conda、Docker、Python、R 与 RStudio、BLAST、DADA2、QIIME2 等。

实验内容与步骤

内容一 生物信息环境搭建

建立一个良好的生物信息分析环境对于后续进行生物信息学数据分析具有重要

的作用。在该实验中，通过对5个示例的介绍和操作演示，培养常用生物信息学环境安装的能力。

示例一　用户主目录下的文件夹设置

Ubuntu服务器为每个用户建立了属于自己的目录（又称为主目录，如/home/user），它可为用户提供数据隔离、组织和个性化的好处。用户可以在属于自己的一个独立的工作空间中建立自己分门别类的文件夹，以存储和管理他们的个人文件和配置信息，促进Linux系统的良好运行。

使用Windows系统的MobaXterm工具，输入Ubuntu服务器的IP地址和用户名，登录Ubuntu服务器中。在主目录下使用mkdir命令创建tools、databases和projects这3个文件夹以分别用于存放以后分析中使用到的软件工具、数据库和分析项目，如图4-1所示。

图4-1　用户主目录下的文件夹设置

```
#使用mkdir命令分别创建文件夹。
$ mkdir tools
$ mkdir databases
$ mkdir projects
###或者使用下面的命令。
$ mkdir tools databases projects
```

示例二　Conda环境安装

Conda是一个开源的软件包管理系统和环境管理系统，可用于安装多个版本的软件包及其依赖关系，解决包之间的依赖问题，并可自由切换，以满足不同生物信息分析软件的安装和使用。Conda可以构建不同的环境，同时对各个环境进行保存、加载和运行。目前，Conda包和环境管理器包含在所有的Anaconda和Miniconda中。Anaconda包括100多个常用的Python包，实现其一键式安装。特别的是，当增加了bionconda通道后，生物信息分析的7 925个软件都可以一键安装了，为用户免去了编译时间和解决库文件安装的问题，在生物信息分析中具有重要价值。

1. Conda下载、安装和配置

以Anaconda为例，在Ubuntu服务器中进行Conda环境的安装。在Anaconda的官方网站中（https://www.anaconda.com）可以查询关于Anaconda的相关信息。在下载界面中找到对应平台和版本的 Anaconda 并在 Ubuntu 服务器中下载，并根据提示进行安装（一般选择默认就可以），下载和安装命令如下。

```
#1. 在主目录下执行下载 Anaconda 的命令（此版本为 2023 年 9 月发行）。
$ wget -c https://mirrors.tuna.tsinghua.edu.cn/anaconda/archive/Anaconda3-2023.09-0-
Linux-x86_64.sh
#2. 运行 Anaconda 的安装命令。
$ bash Anaconda3-2023.09-0-Linux-x86_64.sh
# 按照默认设置即可进行安装，conda 最后会执行一个允许自动加载，可以选择同意。
# 如果用户想将 conda 安装到指定目录，那么可在运行 2 之前进行以下设置。
# 将主目录下的 anaconda3 作为 conda 的安装目录，该目录可自行修改。
$ soft=~/ anaconda3
# 设置路径。
$ echo 'export PATH="' ${soft}'/bin:$PATH"' >> ~/.bashrc
# 输出路径。
$ export PATH="${soft}/bin:$PATH"
# 运行。
$ bash Anaconda3-2023.09-0-Linux-x86_64.sh -b -f -p ${soft}
```

2. Conda 基本使用

Ubuntu 服务器的 Conda 环境安装配置好后，需要熟悉 Conda 的基本命令，在这里需要注意的是 channels（源）的添加、Conda 软件或包的安装、Conda 环境的激活和释放等。Conda 环境下 channels 添加和移除的命令如下。

```
###conda 环境 channels 的添加，channels 的添加可增加 conda 在安装包或者软件时的
速度。
## 清华镜像。
$ conda config --add channels https://mirrors.tuna.tsinghua.edu.cn/anaconda/pkgs/free/
$ conda config --add channels https://mirrors.tuna.tsinghua.edu.cn/anaconda/pkgs/main/
## 中科大镜像。
$ conda config --add channels https://mirrors.ustc.edu.cn/anaconda/cloud/conda-forge/
## 移除指定镜像。
$ conda config --remove channels https://mirrors.ustc.edu.cn/
```

Conda 环境下软件或包安装、激活和释放命令如下。

```
###conda 安装软件包，conda install <package name>，如安装 numpy 包。
$ conda install numpy
# 安装指定版本的 numpy 包，如 1.7.2。
$ conda install numpy=1.7.2 -y #-y 表示同意安装，不写的话会弹出提示，需要再次确认。
# 安装 deblur 工具（该工具主要用于扩增子数据分析，https://github.com/biocore/deblur）。
$ conda create -n deblur-env python=3.5 numpy
# 激活 deblur-env 环境。
$ conda activate deblur-env
# 释放 deblur-env 环境。
$ conda deactivate
# 列出 conda 环境中安装的软件包。
$ conda list # conda 所有软件名都是小写。
# 列出 conda 环境中构建安装的软件环境（envs）。
$ conda-env list
```

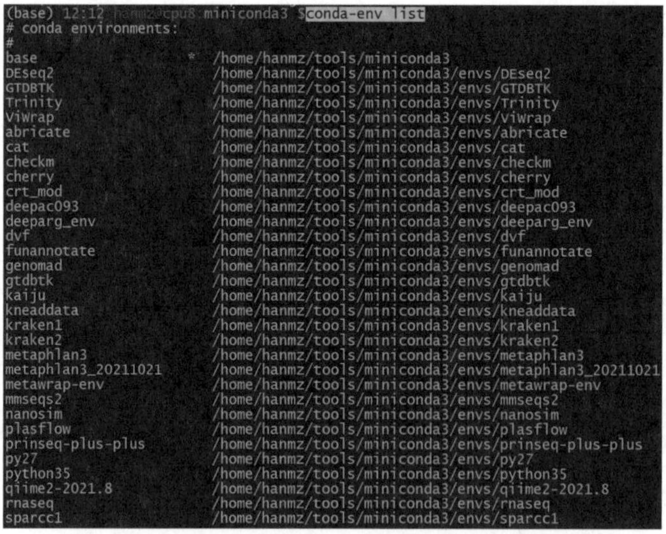

图 4-2　conda 环境下已安装的软件列表查看结果

示例三　Docker 环境安装

Docker 是一个开源的应用容器引擎，它可以让开发者们打包他们的应用以及相应的依赖包到一个轻量级和可移植的容器中，然后发布到 Linux 服务器上。Docker 具有轻巧、快速、响应式部署、扩展等许多优点，可省去软件安装这些烦琐的步骤，直接提供给其他生物信息分析人员使用。下文介绍在 Ubuntu 服务器中安装最新 Docker 环境的安装和测试。

1. Docker 在使用前需要首先验证服务器是否支持该环境，具体以 Ubuntu 服务器为例

```
# 通过 uname –r 命令查看你当前的内核版本。
$ uname –r   # 输出结果为服务器内核版本，如 4.15.0–197–generic
```

2. 下载安装 Docker

Docker 的下载地址为 https：//docs.docker.com/get-docker，根据服务器的操作系统，下载对应版本的 Docker，如图 4-3 所示。

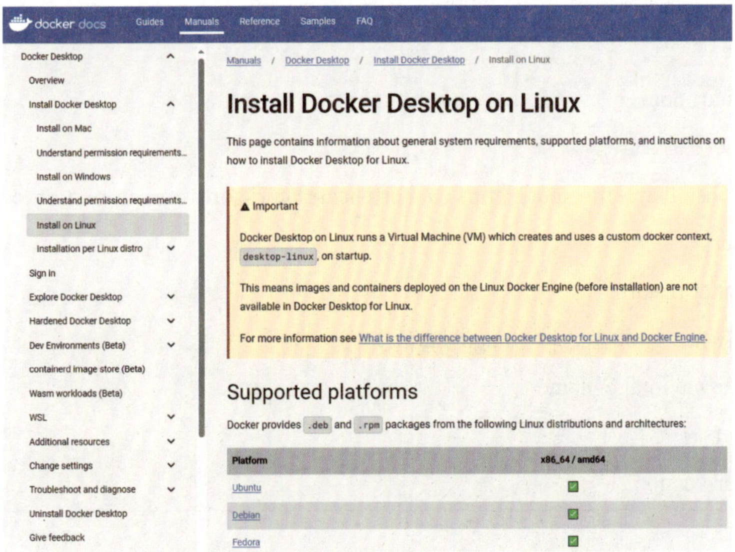

图 4-3 下载对应操作系统的 Docker 软件

3. 卸载已安装的 Docker，命令如下。如果系统中未安装过 Docker 环境，则跳过此步骤

```
#Ubuntu 服务器中使用 root 用户权限卸载已安装的 Docker 环境。
$ sudo apt–get remove docker docker–engine docker.io containerd runc
```

4. Docker 环境的安装，安装与测试命令如下

```
#Ubuntu 服务器中安装 Docker，在终端中执行命令更新 Ubuntu 软件包和已安装软件的版本。
$ sudo apt update sudo apt upgrade
```

```
# 安装 docker 的依赖包或环境。
$ apt-get install ca-certificates curl gnupg lsb-release
# 添加 docker 官方 GPG 密钥。
$ curl -fsSL http://mirrors.aliyun.com/docker-ce/linux/ubuntu/gpg | sudo apt-key add -
# 添加 docker 软件源。
$ sudo add-apt-repository "deb [arch=amd64] http://mirrors.aliyun.com/docker-ce/linux/
ubuntu $（lsb_release -cs）stable"
# 安装 docker。
$ apt-get install docker-ce docker-ce-cli containerd.io
# 配置用户组（可选）。
$ sudo usermod -aG docker $username    注：需要重新登录才能使之更改生效。
# 运行 docker。
$ systemctl start docker
# 安装一些必要的工具。
$ apt-get -y install apt-transport-https ca-certificates curl software-properties-common
# 重启 docker。
$ service docker restart
# 验证是否存在一个镜像（如 image-name）。
$ sudo docker run image-name
# 查看 docker 的版本。
$ sudo docker version
```

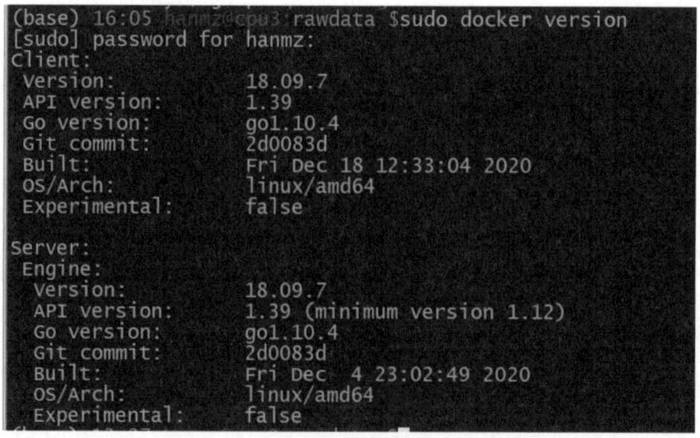

图 4-4　Ubuntu 服务器中安装的 Docker 软件版本

示例四 Python 及其库的安装

生物信息分析过程中会用到各种类型的编程语言，其中就包括 Python。该门语言是一种解释型、面向对象、动态数据类型的高级程序设计语言，具有简单易学、易用、跨平台等特点，在生物信息学的软件设计和脚本编写中被广泛应用。在 Unix/Linux 版本的服务器中，Python 也是预先安装于系统中的。目前 Python 流行的版本主要包括 Python 2.x（如 Python 2.7）和 Python 3.x（如 Python 3.8）等。在某些情况下，生物信息学软件需要的 Python 版本也存在一些差异，因此，对于特定版本的 Python 的安装及其包的安装也需要进一步明确。下文主要介绍 Windows 系统下和 Ubuntu 系统中 Python 的安装。

1. Windows 系统下 Python 的安装

（1）Windows 平台下 Python 安装包的下载

Windows 平台下 Python 安装包的下载地址为：https：//www.python.org/downloads/windows/。选择相应的版本，进入下载界面，如图 4-5 所示，版本 Python 3.12.1 的发布日期为 2023 年 12 月 8 日。

Files

Version	Operating System	Description	MD5 Sum	File Size	GPG	Sigstore
Gzipped source tarball	Source release		51c5c22dcbc698483734dff5c8028606	27053241	SIG	.sigstore
XZ compressed source tarball	Source release		50f827c800483776c8ef86e6a53831fa	20583448	SIG	.sigstore
macOS 64-bit universal2 installer	macOS	for macOS 10.9 and later	eae2d617cbd978a4a6c167924b287572	45377529	SIG	.sigstore
Windows embeddable package (32-bit)	Windows		acc28815c74facc402469e917c8f8433	9849182	SIG	.sigstore
Windows embeddable package (64-bit)	Windows		019788d34af2c60a7be45bf8273e361f	11061655	SIG	.sigstore
Windows embeddable package (ARM64)	Windows		18058aa3c8ccbf3e8fee53386d38c711	10277136	SIG	.sigstore
Windows installer (32 -bit)	Windows		37a89a09138888e6331ec279d68fea8e	25253448	SIG	.sigstore
Windows installer (64-bit)	Windows	Recommended	3e3b6550e58772d324f7519bfa8066dc	26589696	SIG	.sigstore
Windows installer (ARM64)	Windows	Experimental	25fb741f175dc98d5630520f2df931ec	25806784	SIG	.sigstore

图 4-5 Windows 平台下 Python 安装包的下载

（2）Windows 平台下 Python 安装包的安装

下载 Python 安装包之后，按照 Windows 系统下软件安装的方式进行软件的安装就可以了。简要地说就是双击下载包，进入 Python 安装向导，选择默认安装方式，点击“下一步”，直至安装完成即可。

（3）Windows 平台下 Python 测试

Windows 平台下 Python 安装完成后，可以进入 Python 的 IDLE 界面，进行 Python 的使用。如图 4-6 所示。需要说明的是 IDLE 的用户体验感并不好，所以通常情况下，不推荐 Windows 系统下直接安装 Python。

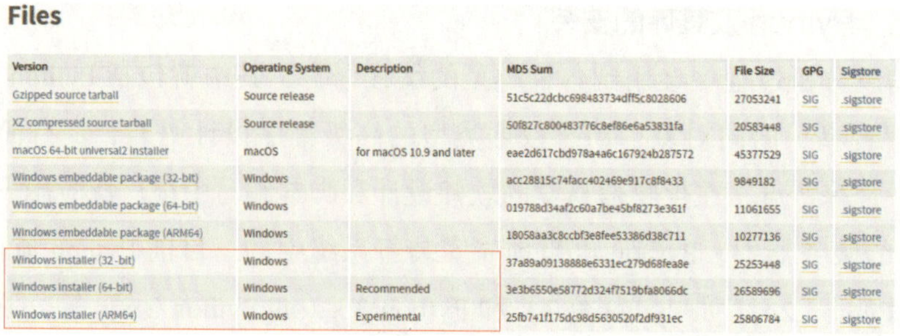

Files

Version	Operating System	Description	MD5 Sum	File Size	GPG	Sigstore
Gzipped source tarball	Source release		51c5c22dcbc698483734dff5c8028606	27053241	SIG	.sigstore
XZ compressed source tarball	Source release		50f827c800483776c8ef86e6a53831fa	20583448	SIG	.sigstore
macOS 64-bit universal2 installer	macOS	for macOS 10.9 and later	eae2d617cbd978a4a6c167924b287572	45377529	SIG	.sigstore
Windows embeddable package (32-bit)	Windows		acc28815c74facc402469e917c8f8433	9849182	SIG	.sigstore
Windows embeddable package (64-bit)	Windows		019788d34af2c60a7be45bf8273e361f	11061655	SIG	.sigstore
Windows embeddable package (ARM64)	Windows		18058aa3c8ccbf3e8fee53386d38c711	10277136	SIG	.sigstore
Windows installer (32 -bit)	Windows		37a89a09138888e6331ec279d68fea8e	25253448	SIG	.sigstore
Windows installer (64-bit)	Windows	Recommended	3e3b6550e58772d324f7519bfa8066dc	26589696	SIG	.sigstore
Windows installer (ARM64)	Windows	Experimental	25fb741f175dc98d5630520f2df931ec	25806784	SIG	.sigstore

图 4-6　Windows 平台下 Python 的 IDLE 开发环境

（4）Windows 平台下 Python 多环境管理器（Anaconda）的安装

相较于之前的安装方式，Python 多环境管理器（Anaconda）更专注于数据分析的 Python 发行版本，其包括 Conda、Python 等 190 多个科学包及其依赖项。Anaconda 通过管理工具包、开发环境和 Python 的版本，可大幅简化工作流程，便于安装、更新和卸载工具包，具有较好的用户体验。

Anaconda 安装包的下载。官网下载地址为 https：//www.anaconda.com/download；清华镜像网下载地址为 https：//mirrors.tuna.tsinghua.edu.cn/anaconda/archive。官网自动下载的是最新版本，如 Anaconda3-2023.09 版本；在清华镜像网下载时需根据时间选择对应平台的安装包。

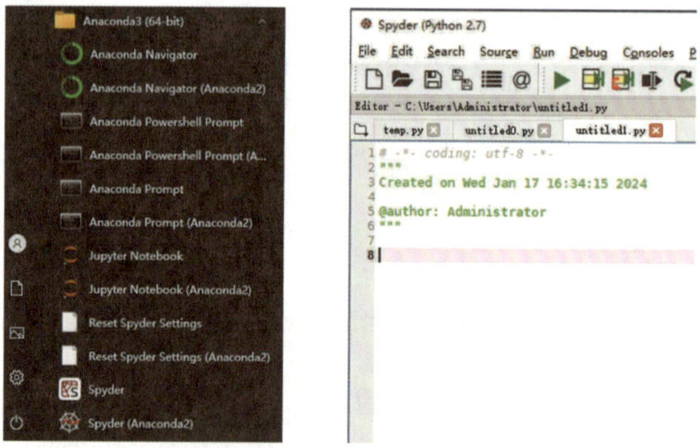

（a）　　　　（b）

图 4-7　Windows 平台下 Anaconda 安装后 Spyder 的启动和 Python 的开发环境

Anaconda 安装包的安装。此时，安装的方式就和 Windows 界面下普通软件的安装方式一样了，选择默认方式，同意协议，选择安装路径，接着下一步，选择本机未安装 Python，点击安装即可完成安装。

Python 的运行。安装完成后，就可从主程序中找到 Anaconda 中找到“Jupyter Notebook”和“Spyder”等快捷方式，运行 Spyder 就可进入 Python 的开发环境，进行快速高效的程序编写。

2. Ubuntu 系统下 Python 的安装

（1）基于 Conda 环境安装特定版本的 Python

```
#conda 环境下创建一个名为 python35 的环境，安装 python 的版本为 3.5。
$ conda create –n python35 python=3.5
```

（2）使用 pip 安装 Python 对应的包

```
#pip 为 python 的包管理器，可快速有效地进行 python 包及其依赖包的安装。如安装 numpy 包。
$ pip install numpy
#pip 安装特定版本的 numpy，如 1.20.1。
$ pip install numpy==1.20.1
# 有时 pip 安装比较慢，可以设置从不同源进行安装，如从清华大学的源下载。
$ pip install numpy==1.20.1 –i https://pypi.tuna.tsinghua.edu.cn/simple
```

需要注意的是，在这里对于 Python 的介绍虽然不多，但是对于 Python 在生物信息学中的应用是毋庸置疑的，对于 Python 的学习和使用需要同学或者相关科研人员在平时积极掌握。

示例五　R 语言和 Rstudio 的安装

R 语言是一个自由、免费、源代码开放的软件，随着计算机科学和生物信息学的发展，其已成为大数据科学中必不可少的软件。R 语言目前广泛用于统计分析和绘图等方面，成为科学研究中的重要利器，受到越来越多科学研究人员的青睐。对于 R 语言的安装和使用，目前较好的交互环境包括 Rstudio。对于 R 语言的学习和使用，需要我们对 R 有一定的了解。在这里，我们主要介绍 Windows 系统下和 Ubuntu 系统中 R 语言和 Rstudio 的安装。

1. Windows 系统下 R 语言和 Rstudio 的安装

（1）Windows 平台下 R 语言的下载

R 语言的官方网站为 https：//www.r-project.org，R 语言的下载地址为 https：//mirrors.tuna.tsinghua.edu.cn/CRAN。目前的版本为 4.3.2，下载对应的安装包到本地。对于 R 语言版本的安装，因为兼容性或者 R 语言包以及学习过程中出现的其他问题，建议用户不必选择最新版本的 R 语言进行下载安装。

（2）Windows 平台下 R 语言的安装

R 语言安装包下载到 Windows 后，双击安装，点击下一步，一般情况下选择默认设置即可。运行 R 语言，界面如图 4-8 所示。

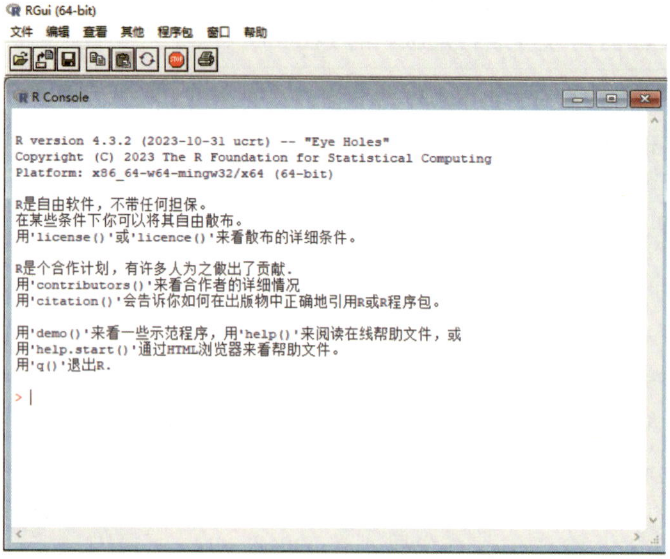

图 4-8 Windows 平台下 R 语言安装后的开发环境

（3）Windows 平台下 Rstudio 的下载安装

在上一步中，用户虽然已经安装了 R 语言，但是 R 语言自带的 RGui 对用户的 R 脚本以及程序的开发和运行并不友好，这就需要用户进一步下载和安装 Rstudio。Rstudio 的下载地址为 https：//posit.co/download/rstudio-desktop，目前版本为 2023.12.0+369，发布日期为 2024 年 1 月 10 日。Rstudio 的安装与 R 语言的安装类似，双击，下一步，默认设置，即可完成安装，Rstudio 的运行界面如图 4-9 所示。

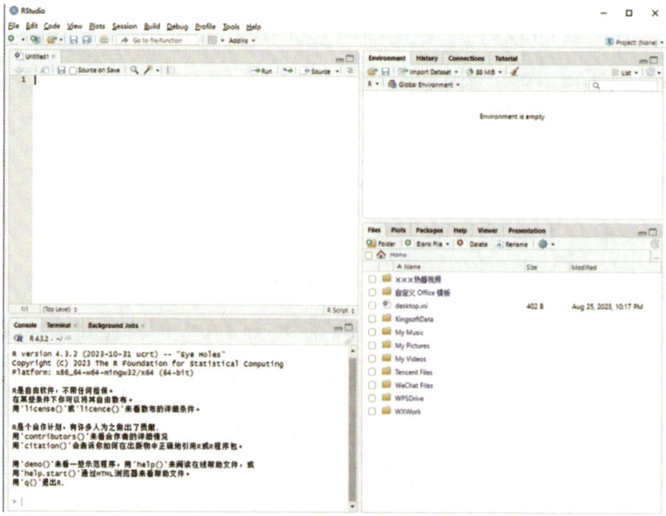

图 4-9 Windows 平台下 Rstudio 的界面展示

（4）Windows 平台下 Rtools 的下载安装

在 R 语言的使用过程中，形形色色包（packages）的安装是必要操作，为了更加便捷地进行 R 包的安装，需要用户在 R 语言及 Rstudio 的安装时把 Rtools 也配套安装。Rtools 的下载地址为 https：//cran.r-project.org/bin/windows/Rtools。用户可以选择与自己安装的 R 版本相匹配的 Rtools 进行安装，安装方法与 R 语言安装类似，这里不再赘述。

2. Ubuntu 服务器中 R 语言的安装

生物信息学分析过程包含 R 脚本或者用于绘图的 R 脚本，这就需要在 Unix/Linux 服务器中也进行 R 语言的安装。在这里，以 Ubuntu 服务器中安装 R 语言为例，安装命令如下。

```
# 安装所需的依赖。
$ sudo apt install dirmngr gnupg apt-transport-https ca-certificates software-properties-common
# 将 R 语言 CRAN 加入系统资源中。
$ sudo apt-key adv --keyserver keyserver.ubuntu.com --recv-keys E298A3A825C0D65DFD57CBB651716619E084DAB9
$ sudo add-apt-repository 'deb https://cloud.r-project.org/bin/linux/ubuntu focal-cran40/'
# 安装 R 语言。
$ sudo apt -y install r-base
# 查看 R 语言的版本。
$ R --version
```

至此，Windows 系统下 R 语言及 Rstudio 和 Unix/Linux 服务器中 R 语言的安装已完成。

内容二 生物信息软件安装

当用户获得生物数据后，用户需要明确数据的处理流程，这些流程中会用到的生物信息学工具和数据库。紧接着，用户便要进行生物信息分析软件或工具的安装。在本实验中，旨在通过生物信息分析工具的 3 种常用的安装方式进行介绍，以便使用者能对生物信息软件的安装熟练掌握。

示例一 服务器管理员账户（Root）安装生物信息软件

服务器管理员账户（Root）具有最高权限，其可以对一些常用的软件或依赖包进行统一安装，这样服务器的其他用户就可以省去常用工具的安装，一方面减少服务器存储资源的浪费，另一方面提高用户的使用效率。在这里以 Ubuntu 服务器为例，简要列举一些软件的安装，如下。

```
# 安装二代测序数据组装工具 MEGAHIT。
$ sudo apt install megahit
# 安装基因预测工具。
$ sudo apt install prodigal
# 安装二代测序数据质控工具。
$ sudo apt install fastp
# 安装序列处理工具 seqtk。
$ sudo apt install seqtk
# 安装 BLAST。
$ sudo apt install ncbi-blast+
# 安装 python2。
$ sudo apt install python2
# 安装 R 语言。
$ sudo apt install r-base-core
```

Root 用户将这些工具安装后，普通用户就可以调用运行相关的工具。所以，普通用户在进行生物信息软件安装时可以先运行该命令，看服务器中是否已安装该命令。当然，列表中的生物信息软件只是作为简单的例子供大家参考。如果所需的工具服务器中还未安装，用户可以参照后面的软件安装方法进行软件安装了。

示例二　使用 Conda 安装生物信息软件

之前服务器中生物信息学环境的设置中介绍了 Conda 环境，提到 Conda 在生物信息软件安装时的优点。在这里，我们可以使用 Conda 对生物信息软件进行快速安装。

在进行安装前，需要在 anaconda 网站中（https：//anaconda.org）进行查找相应软件的安装命令。例如 dada2 的安装，如图 4-10 所示，展示了 dada2 的 3 种安装方式，用户可选择任意一种方式进行安装即可。

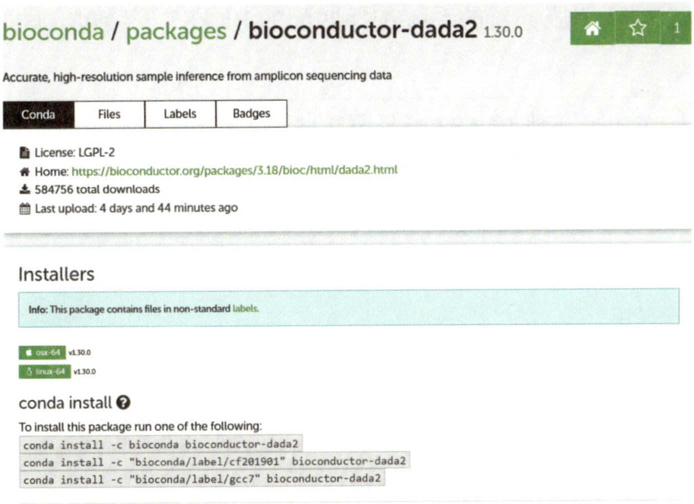

图 4-10　Conda 安装 dada2 的安装命令展示

```
# 使用 conda 安装 dada2。
$ conda install –c bioconda bioconductor–dada2
# 使用 conda 安装 QIIME2。
$ conda install –c qiime2 qiime2
```

示例三　从源码安装生物信息工具

一些生物信息学工具的安装也可从源代码进行安装，本示例以 BLAST 进行简单展示。BLAST 是生物信息学中进行序列分析的常用工具，该软件可以从 NCBI 网站中获取，下载地址为 https：//ftp.ncbi.nlm.nih.gov/blast/executables/LATEST，目前的版本为 2.15.0（图 4-11）。

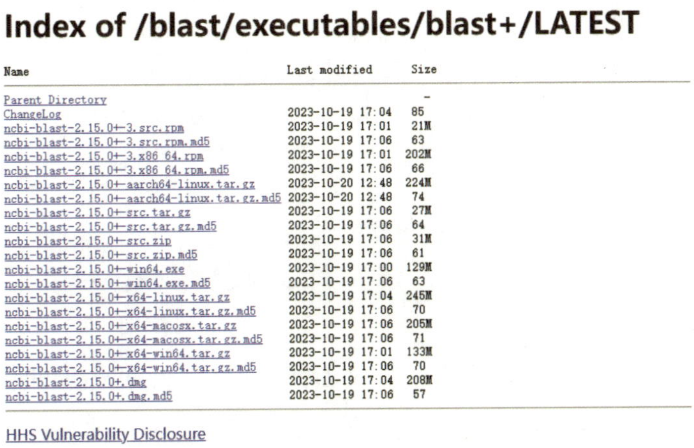

图 4-11　NCBI 网站中 BLAST 的相关信息

用户可以根据所用服务器的系统选择匹配的 BLAST 安装包，这里以 Ubuntu 服务器为例。

```
# 使用 wget 从 NCBI 中下载 BLAST 版本为 2.15.0，下载到 tools 中。
$ cd tools
$ wget -c https://ftp.ncbi.nlm.nih.gov/blast/executables/LATEST/ncbi-blast-2.15.0+-x64-linux.tar.gz
# 将压缩包进行解压。
$ tar -xzvf ncbi-blast-2.15.0+-x64-linux.tar.gz
```

紧接着，设置路径，添加环境变量，将 BLAST 的子程序（如 blastn、blastx、blastp 等，图 4-12），设置为可全局调用。

图 4-12　ncbi-blast-2.15.0+ 文件夹解压后的文件展示

```
# 上一步的压缩包解压后，进入解压后的文件夹下的 bin 文件夹。
$ cd ncbi-blast-2.15.0+-x64-linux/bin
# 获取 bin 目录的绝对路径
$ pwd  # 输出结果为 /home/user/tools/ ncbi-blast-2.15.0+-x64-linux/bin。
# 紧接着将该路径写入 ~/.bashrc 中。
$ vi ~/.bashrc     # 按照 vi 的使用方法进行操作，将下面一行代码加到该文件最后一行。
PATH=/home/user/tools/ncbi-blast-2.15.0+-x64-linux/bin:$PATH
# 保存并退出 ~/.bashrc，并重新加载该文件。
$ source ~/.bashrc
# 测试 BLAST 是否安装成功，运行 blastp。
$ blastp
# 返回下面的语句，证明安装成功。
BLAST query/options error: Either a BLAST database or subject sequence(s) must be specified
Please refer to the BLAST+ user manual.
```

至此，就完成了从源码安装 BLAST。用户可以使用相关命令进行序列比对和功能注释。

示例四　从 Github 安装生物信息工具

对于生物信息学分析软件的存放，有些开发人员喜欢将相关软件存放于 Github 这一世界上最大的代码托管平台中，这也让用户可以利用 git 命令进行生物信息学分析软件的快速安装和使用。本示例以 Ubuntu 服务器中安装三代测序数据的组装工具 Flye 为例进行演示。

```
# 使用 git clone 命令获得 Flye 安装包，存放于 ~/tools 目录下。
$ cd ~/tools
$ git clone https://github.com/fenderglass/Flye
# 进入 Flye 文件夹中并进行编译。
$ cd Flye
$ make
# 编译之后 flye 就被安装在 bin 目录下，设置全局变量。
$ vi ~/.bashrc
PATH=/home/user/tools/Flye/bin:$PATH
# 保存并退出 ~/.bashrc，并重新加载该文件。
$ source ~/.bashrc
# 测试 Flye 是否安装成功，运行 flye。
$ flye
```

练习与作业

1. 按照实验内容，设置用户主目录下的文件夹，进行分门别类，熟记存放内容。
2. 用户进行生物信息分析的环境搭建。
3. 在 Windows 系统中进行 Python 和 R 语言的安装。
4. 在 Linux/Unix 服务器中安装 Conda、Python 和 R 语言的安装包。
5. 按照实验内容与步骤，熟练安装生物信息学分析软件，并熟悉相关软件的使用。

实验五

Python 基础语法与简单使用

Python 是一种高级、通用、解释型的编程语言，由 Guido van Rossum 在 1991 年创建。它具有简洁、易读、易学的语法特点，被广泛应用于 Web 开发、数据科学、人工智能、自动化脚本等领域。在生物信息学中，Python 常用于处理生物信息学中的各种数据，包括基因组序列、蛋白质序列、基因表达数据等。其中，Python 的 Biopython 库提供了丰富的生物序列分析工具，包括序列比对、序列搜索、序列操作、基因组注释等功能，为基因组学研究提供了强大的支持。因此，Python 已成为生物信息学研究人员的重要工具之一。本实验主要介绍 Python 的基础语法，包括变量与数据类型、列表与字典、条件语句与循环、函数与模块等，通过实例演练展示 Python 在生物信息学中的应用。

实验原理

基于 Python 的语法，利用安装的 Python 和 Python IDE 等进行 Python 代码的编写和运行。

实验目的

本实验旨在通过对 Python 语法的介绍和示例的演示，使学生熟练掌握 Python 编程的语法，包括变量与数据类型、列表与字典、条件语句与循环、函数与模块，并编写一些 Python 脚本，培养学生的编程思维和编程能力。

设备与软件

配置 Windows 系统的个人电脑、网络、网络浏览器、Python、Spyder。

实验内容与步骤

内容一 Python 基础语法

1. Python 基础语法

Python 具有清晰、简洁的语法，容易学习和理解。这里将介绍 Python 的基础语法，包括变量与数据类型，列表、元组、集合与字典，索引和切片，条件语句与循环语句，运算符，函数与模块等 6 个方面。

1.1 变量与数据类型

变量是用于存储数据的标识符，而数据类型则指定了变量可以存储的数据类型。Python 具有多种内置的数据类型，包括整数（int）、浮点数（float）、字符串（str）、布尔值（bool）、列表（list）、元组（tuple）、集合（set）、字典（dict）等。在 Python 中，变量不需要声明，直接赋值即可。下面是数据类型的介绍，并列出一些相应的示例。

（1）整数（int）

整数是没有小数部分的数字，可以是正数、负数或零。

（2）浮点数（float）

浮点数是带有小数部分的数字，可以是正数、负数或零。

（3）字符串（str）

字符串是一系列字符的集合，可以使用单引号或双引号来表示。

（4）布尔值（bool）

布尔值表示逻辑上的真（True）或假（False）。

```
#Python 中的变量演示。
name = "Alice"  # 字符串。
age = 30  # 整型变量。
height= 175.5  # 浮点数。
is_student = True  # 布尔值。
print("Name:", name)   ###print 为输出打印。
print("Age:", age)
print("Height:", height)
print("Is student:", is_student)
```

1.2 列表、元组、集合与字典

列表（list）是一种有序的集合，可以包含任意类型的数据。元组（tuple）与列表类似，但不可变且其中的元素不可修改。集合（set）是无序且不重复的元素的集合。字典（dictionary）是一种键值对的集合，通过键来访问值。

```
# 列表变量。
numbers = [1, 2, 3, 4, 5, 1]
genes = ["TP53", "BRCA1", "EGFR"]
# 列表元素的计数、添加和删除等。
len(numbers)  # 列表 numbers 的长度。
numbers.count(1)  # 列表 numbers 中 1 的个数。
numbers.append(5)  # 列表 numbers 添加数字 5。
numbers.append("5") # 列表 numbers 添加字符 5。
numbers.index(1)  # 列表 numbers 中第一个数字 1 的索引。
numbers.remove(1)  # 删除列表 numbers 中出现的第一个数字 1。
# 元组变量。
coordinates =(10, 20)
colors =("red", "green", "blue")
print(coordinates)
print(colors)
# 集合变量。
letters = {'a', 'b', 'c'}
numbers = {1, 2, 3, 4, 5}
print(letters)
print(numbers)
# 字典示例。
gene_info = {"TP53": "Tumor protein p53", "BRCA1": "Breast cancer 1", "EGFR": "Epidermal growth factor receptor", "KRAS": "Kirsten Rat Sarcoma Viral Oncogene Homolog"}
print(gene_info)
print(gene_info["KRAS"])
```

1.3 索引和切片

在 Python 中，索引用于访问序列（如列表、字符串等）中的单个元素，切片用于访问序列中的连续子序列。索引从 0 开始，即第一个元素的索引为 0，第二个元素的索引为 1……依次类推。索引也可从 -1 开始，即最后一个元素的索引为 -1，倒数第二个元素的索引为 -2……依次类推。

```
# 创建一个列表。
my_list=[1, 2, 3, 4, 5]
# 通过索引访问列表中的单个元素。
print(my_list[0]) # 输出：1。
print(my_list[2]) # 输出：3。
# 使用负索引从列表末尾开始访问元素。
print(my_list[-1]) # 输出：5。
print(my_list[-2]) # 输出：4。
# 使用切片访问子序列。
print(my_list[1:4]) # 输出：[2, 3, 4]。
print(my_list[:3])  # 输出：[1, 2, 3]。
print(my_list[2:])  # 输出：[3, 4, 5]。
```

1.4　条件语句与循环语句

在 Python 中，条件语句和循环语句是控制程序流程的重要工具，它们可以根据条件执行不同的代码块，或者重复执行特定的代码块。下面是 Python 中的条件语句（if 语句）和循环语句（for 循环和 while 循环）的介绍，以及相关示例。

（1）条件语句（if 语句）

条件语句用于根据条件选择性地执行代码块。语法结构为 if、elif（可选）、else（可选）。

```
# if 语句示例 1。
x = 10
if x > 0:
    print("x is positive")
elif x == 0:
    print("x is zero")
else:
    print("x is negative")
#if 语句示例 2。
my_list=["black", "red", "white", "yellow"]
str1="pink"
if str1 not in my_list:
```

```
        my_list.append(str1)
        print(my_list)
else:
        print("the str1 existed in my_list")
```

（2）循环语句

循环语句用于重复执行一段代码，Python 提供了 for 循环和 while 循环两种形式。

① for 循环

for 循环用于遍历序列（如列表、元组、集合等）或其他可迭代对象中的元素。

```
# for 循环遍历列表。
for i in range(5):   #range() 是 python 的一个内置函数，用来创建一个整数序列，前闭后开，[0,1,2,3,4)。
      print(i)
my_list=["black", "red", "white", "yellow"]
for item in my_list:
      print(item)
# 遍历字典并输出。
gene_info = {"TP53": "Tumor protein p53", "BRCA1": "Breast cancer 1", "EGFR": "Epidermal growth factor receptor", "KRAS": "Kirsten Rat Sarcoma Viral Oncogene Homolog"}
print("\nGene Information:")
for gene, info in gene_info.items():
      print(gene + ": " + info)
```

② while 循环

while 循环会在条件为真的情况下重复执行一段代码，直到条件变为假为止。在循环中，有时需要使用循环控制语句来更灵活地控制循环的执行。break：用于跳出当前循环。continue：用于跳过当前循环中的剩余代码，直接开始下一次循环。pass：空语句，用于保持程序结构的完整性。

```
#while 语句。
age = 10
while age:
    print(age)
    age = age -1
```

1.5　运算符

Python 同时支持各种运算符，如加法、减法、乘法、除法、取余等。

```
#python 运算。
a = 10
b = 3
print(a + b) # 输出 13。
print(a - b) # 输出 7。
print(a * b) # 输出 30。
print(a / b) # 输出 3.3333333333333335。
print(a % b) # 输出 1。
print(a ** b) # 输出 1000(10 的 3 次方 )。
```

1.6　函数与模块

Python 中的函数是一种可重复使用的代码块，它接受输入参数、执行特定任务并返回结果。在 Python 中，函数使用 def 这一关键字进行定义，并遵循特定的语法规则。

function_name 是函数的名称，用于在其他地方调用函数。parameters 是函数的参数列表，可以是零个或多个参数，用于接收输入。函数体是函数的实际执行部分，包括一系列语句来完成特定任务。return 语句用于返回结果给调用者，函数可以返回零个或多个值。

函数在 Python 中扮演着重要的角色，可以帮助组织代码、提高代码的重用性和可读性，并使程序更易于维护和扩展。以下是 Python 函数的示例。

```
# 函数定义示例。
def function_name(parameters):
    """ 函数文档字符串 ( 可选 )"""
    # 函数体。
    # 执行特定任务。
    return result # 可选的返回值。
# 函数调用
result = function_name(arguments)
# 定义函数计算 DNA 序列中碱基的 GC 含量的实例。
def calculate_gc_content(dna_sequence) :
    gc_count = dna_sequence.count("G") + dna_sequence.count("C")
    total_bases = len(dna_sequence)
    gc_content =(gc_count / total_bases) * 100
    return gc_content
# 调用函数并输出 GC 含量。
sequence = "ATGCTAGCTAGCTAGCTAGCTAGCTAGCTAGC"
gc_content = calculate_gc_content(sequence)
print("\nGC content of the sequence:", gc_content)
```

在 Python 中，模块是用来组织代码的一种方式，它是包含函数、变量和类等的 Python 文件。通过使用模块，我们可以将代码组织成逻辑上的单元，方便复用和维护。

Python 标准库提供了丰富的模块可供使用。例如，math 模块用于数学运算、random 模块用于生成随机数、datetime 模块用于处理日期和时间等。

除了标准库外，Python 社区还提供了大量的第三方模块，可以通过 pip 工具进行安装。常见的第三方模块包括 NumPy（用于数值计算）、Pandas（用于数据处理）、Django（用于 web 开发）等。下面通过简单示例，展示如何使用 Python 中的模块。

```
# 导入模块并使用其中的函数。
import math
sqrt_of_gc_content = math.sqrt(gc_content)
print("Square root of GC content:", sqrt_of_gc_content)
# 导入标准库中的 math 模块。
import math
print(math.sqrt(16))  # 计算 16 的平方根，输出：4.0
```

```
# 导入 random 模块
import random
print(random.randint(1, 10))  # 生成 1 到 10 之间的随机整数
```

内容二 Python 在生物信息学中的应用实例

2.1 DNA 序列反转与互补

DNA 序列反转与互补是生物信息学中常见的操作之一。通过下面示例中的 Python 函数可实现这一功能。

```
# 定义反转互补函数
def reverse_complement(seq):
    complement = {'A': 'T', 'C': 'G', 'G': 'C', 'T': 'A'}
    return ''.join(complement[base] for base in reversed(seq))
dna_sequence = "ATCGATCG"
reverse_seq = reverse_complement(dna_sequence)
print(" 原始序列 :", dna_sequence)
print(" 反向互补序列 :", reverse_seq)
```

2.2 统计碱基数量

另一个常见的任务是统计 DNA 序列中每种碱基的数量。示例中是一个简单的 Python 函数，可用于计算 DNA 序列中每种碱基的数量。

```
# 计算碱基数量。
def count_bases(seq):
    counts = {'A': 0, 'C': 0, 'G': 0, 'T': 0}
    for base in seq:
        counts[base] += 1
    return counts

dna_sequence = "ATCGATCG"
base_counts = count_bases(dna_sequence)
print(" 碱基数量 :", base_counts)
```

2.3 分析 DNA 序列

假设有一个 DNA 序列需要进行分析，用户可以编写一个 Python 脚本，读取该序列，并进行一些简单的分析，如统计碱基数量、计算 GC 含量等。

```
# 计算碱基数量
def analyze_dna_sequence(seq):
    # 统计碱基数量
    counts = count_bases(seq) #count_bases 在 2.2 中定义了。
    # 计算 GC 含量
    gc_content =(counts['G'] + counts['C']) / len(seq) * 100
    return counts, gc_content


dna_sequence = "ATCGATCG"
counts，gc_content = analyze_dna_sequence(dna_sequence)
print(" 碱基数量 :", counts)
print("GC 含量 :", gc_content，"%")
```

2.4 BioPython 应用实例

BioPython 是一个专门用于生物信息学的 Python 库，提供了丰富的工具和功能，用于处理生物序列数据、执行生物信息学计算以及与生物信息学数据库进行交互。BioPython 的目标是为研究人员提供一个强大且易于使用的工具包，帮助他们在生物信息学领域进行编程和分析。BioPython 提供的功能包括处理生物序列（包括 DNA、RNA、蛋白质序列的读取、写入、序列操作等）、执行生物信息学计算（如序列比对、基因预测、序列相似性计算等）、与生物信息学数据库的交互（包括 NCBI 等数据库的查询和获取数据等）。

以下是 BioPython 的 3 个简单应用。

（1）序列的简单操作

```
# 导入 BioPython 库中的 Seq 模块。
from Bio.Seq import Seq
# 创建 DNA 序列对象。
my_dna = Seq("ATCGATCG")
# 打印 DNA 序列。
print(my_dna) # 输出：ATCGATCG。
# 获取 DNA 序列的互补序列。
print(my_dna.complement()) # 输出：TAGCTAGC。
# 获取 DNA 序列的反向互补序列。
print(my_dna.reverse_complement()) # 输出：CGATCGAT。
```

（2）序列分析

```
# 计算碱基数量。
from Bio import SeqIO
# 读取 FASTA 文件。
sequences = SeqIO.parse("sequences.fasta", "fasta")
# 统计序列长度。
lengths = [len(seq) for seq in sequences]
# 计算平均序列长度。
average_length = sum(lengths) / len(lengths)
print("Average sequence length:", average_length)
```

（3）序列比对

```
# 计算碱基数量。
from Bio import pairwise2
# 定义两个序列。
seq1 = "AGTACACTGGT"
seq2 = "AGTACGCTGGT"
# 进行全局序列比对。
alignments = pairwise2.align.globalxx(seq1, seq2)
# 输出比对结果。
for alignment in alignments:
    print(pairwise2.format_alignment(*alignment))
```

练习与作业

1. 熟练掌握 Python 的语法，并能够熟练使用。
2. 掌握 Python 的列表、字典、元组和集合的区别，并能够熟练使用。
3. 试着用 Python 解决矩阵之间的运算。
4. 了解 Python 的画图功能。
5. 了解 Python 在机器学习和深度学习中的应用。

实验六

R 语言基础语法与简单绘图

R 语言一种被广泛使用的统计计算和绘图的编程语言，是目前最流行的统计编程脚本语言之一。自 2010 年以来，R 语言的需求持续上升，且 R 语言一直是数据科学家和统计学家的首选语言。R 语言的设计目的是进行交互式数据分析和绘图，其绘图功能强大且易于使用。用户可以直接绘制图形，或对已有的图形进行内容修改和添加。当然，R 语言的功能远不止于此，其还具备数据的存储和处理、运算工具、统计模型构建、数据可视化以及编程语言等优点。R 语言的这些优点非常适合生物信息学中的数据分析和可视化的任务，如对基因表达的分析、序列分析、基因组学研究、蛋白质结构预测、随机森林模型等。因此，通过学习 R 语言，可以进一步提升生物信息学数据的分析能力和数据可视化的能力。本实验主要介绍 R 语言的基础语法和一些实例演示，展现其数据处理和可视化的能力及其在生物信息学中的应用。

实验原理

基于 R 语言的语法，利用安装的 R 语言和 RStudio 进行 R 语言代码的编写和运行及数据的可视化。

实验目的

本实验旨在通过对 R 语言语法的介绍和示例的演示，使学生能够熟练掌握 R 语言编程的编写规则，并可编写一些简单的 R 脚本，掌握一些简单图形的绘制，培养学生的编程思维、编程能力和可视化的能力。

设备与软件

配置 Windows 系统的个人电脑、网络、网络浏览器、R 语言、RStudio。

实验内容与步骤

内容一 R 语言基础语法

在 R 语言中存储的数据被称为对象（object），所以在 R 语言中一切皆是对象。R 语言的数据处理实际上是对这些对象不断地创建和处理，从而进行各种计算和可视化。对于这些对象的类型、处理方法就是我们要了解的 R 语言的基础语法。

示例一　变量、向量、矩阵和数据框

R 语言与 Python 类似，常见的变量类型包括数值型（numeric）、字符型（character）、逻辑型（logical）、因子型（factor）、日期型（Date）等。用户可以使用不同的数据类型来存储和处理数据。

R 语言中的变量名通常是由字母、数字以及点号（.）或下划线（_）组成，不能以数字开头，区分大小写。建议在设置变量时做到通俗易懂，如体重：body_weight。对于变量的赋值，通常使用的是左箭头符号（<-），一些新版的 R 语言中也支持等号（=），偶尔可见使用右箭头符号（->）赋值。

```
# 定义一个数值型变量。
num_var1 <- 123.455
Num_var2 <- 153
print(num_var1)
# 定义一个字符型变量。
char_var <- "Hello, World!"
# 定义一个逻辑型变量。
logical_var <- TRUE
# 创建一个因子型变量。
factor_var <- factor(c("A", "B", "A", "C", "B", "D"))
print(factor_var) # 输出 Levels：A B C D。
# 定义一个日期型变量。
date_var <- as.Date("2024-03-26")
print(date_var)  # 输出 "2024-03-26"。
```

在 R 语言中，向量是最基本的数据结构，可以存储一组相同类型的数据（可以是数值型、字符型、逻辑性等）。在 R 语言中，可以使用 c( ) 函数创建向量，也可以使用索引和切片来访问和操作向量中的元素。向量可以进行基本的计算和操作。

```
# 创建一个数值型向量，字符性和逻辑性向量同理。
num_vector<-c(1, 2, 3, 4, 5, 6, 7, 8, 9)
# 访问向量中的元素(索引和切片)。
num_vector[1]
num_vector[2: 6]
# 删除向量中的元素，使用减号(-)。
num_vector[-2]
# 向量的运算。
# 向量相加。
vec1<-c(1, 2, 3, 4, 5, 6)
vec2<-c(2, 3, 4, 5, 6, 7)
sum_result<-vec1+vec2
print(sum_result)
# 向量相乘。
result<-vec1*vec2
print(result)
result1<-vec1*2
print(result1)
```

在 R 语言中，矩阵（matrix）是一种二维的数据结构，由相同类型的元素排列成行和列组成。矩阵中的所有元素必须是同一种数据类型，可以是数值型、字符型等。用户可以通过 matrix( ) 函数创建矩阵，也可以将向量转换为矩阵。以下是关于矩阵的介绍和示例。

```
# 创建一个 4×4 的数值型矩阵。
matrix1 <- matrix(c(1, 2, 3, 4, 5, 6, 7, 8, 9, 10, 11, 12, 13, 14, 15, 16), nrow = 4, ncol = 4)
print(matrix1)
# 得到矩阵的行数和列数。
nrow(matrix1)
ncol(matrix1)
# 访问矩阵中的某一行。
print(matrix1[1, ])
```

```
# 访问矩阵中的某一列。使用减号（-）可对特定的行或列进行删除，这里不再举例。
print(matrix1[, 2])
# 访问矩阵中的某个元素。
print(matrix1[2, 3])
# 计算矩阵的行和列的和。
row_sums <- rowSums(matrix1)
col_sums <- colSums(matrix1)
print(row_sums)
print(col_sums)
# 对矩阵进行转置。
matrix1_transpose <- t(matrix1)
print(matrix1_transpose)
```

除此之外，R 语言中还有一种常用的数据结构，即数据框（data frame）。不同于矩阵，数据框可用于存储具有不同类型数据的表格型数据。数据框类似于电子表格，每列可以包含不同类型的数据（如数值型、字符型、因子型等），每行代表一个观测值。数据框可以通过 data.frame（）函数创建，也可以通过读取外部数据文件得到。以下是关于数据框的简介和示例。

```
# 创建一个包含姓名、年龄和性别的数据框。
df <- data.frame(
  name = c("Xiaohong" , "Xiaoming", "Huanhuan", "Daqiang"),
  age = c(24, 30, 28,32),
  gender = c("Female", "Male", "Female", "Male")
)
print(df)
# 访问数据框中的某一列。
print(df$name)
# 访问数据框中的某一行。
print(df[1,])
# 访问数据框中的某个元素。
print(df[2, "age"])
```

```
# 向数据框中添加一个新列。
df$city <- c("Hefei", "Suzhou", "Fuyang", "Huangshan")
print(df)
# 计算数据框中年龄的平均值。
mean_age <- mean(df$age)
print(mean_age)
# 对数据框按照年龄排序。
df_sorted <- df[order(df$age), ]
print(df_sorted)
```

示例二　控制语句

R 语言中常用的控制语句包括条件语句、循环语句（for 循环、while 循环）等。控制语句用于根据条件执行不同的代码块或多次执行特定的代码块。

1. 条件语句

R 语言中条件语句通常用于根据给定的条件来决定执行相应的操作，其中最常用的条件语句就是 if 语句。

```
#if 语句的一般格式。
if(condition) {
  # 在条件成立时执行的代码块
} else {
  # 在条件不成立时执行的代码块
}
#if 语句举例。
num <- 8
if(num > 10) {
  print("num is greater than 10!!!")
} else {
  print("num is not greater than 10!!!")
}
```

ifslse 语句是一个矢量化的条件语句，它可以根据条件对一个向量进行逐个元素的判断和处理。ifslse 语句的一般格式见下方。

```
#ifelse 语句的一般格式。
ifelse(condition, value_if_true, value_if_false)
#ifelse 语句举例。
x<-c(1, 2, 3, 4, 5, 6)
result <- ifelse(x > 3, "greater than 3.", "less than or equal to 3.")
print(result)
```

switch 语句根据一个表达式的值选择一个与之相关的值执行。

```
#switch 语句的一般格式。
switch(EXPR, case1 = expression1, case2 = expression2, ..., default = expression_default)
#switch 语句举例。
x<-2
result <- switch(x,
                 "case1" = "Option 1 selected",
                 "case2" = "Option 2 selected",
                 "default" = "No option selected")
print(result)
```

2. 条件语句

for 循环用于按照指定次数重复执行代码块，通常用于遍历向量或列表。

```
#for 循环的一般格式。
for(variable in sequence) {
  # code block to be executed
}
#for 循环举例。
a<-0
for(i in 1:10){
  a<-a+1
  print(a)
}
```

while 循环会在条件为真时重复执行代码块，直到条件不再为真。

```
#while 循环的一般格式。
while(condition) {
    # code block to be executed
}
#while 循环举例。
n=10
i <- 2
while(i <= n) {
    print("I Love R")
    i <- i + 1
}
```

示例三　函数

函数是 R 语言中重要的编程元素，用于封装和组织可重复使用的代码块。用户可以自定义函数或使用内置函数来完成特定任务，如可以定义一个计算平均值的函数。

```
# 函数示例。
# 定义一个计算两组数的平均值的差的绝对值的函数。
calculate_mean <- function(x, y) {
    mean_value_x <- mean(x)
    mean_value_y <- mean(y)
    Z<-abs(mean_value_y-mean_value_x)
    return(Z)
}
# 调用函数计算向量的平均值。
vec1 <- c(1, 2, 3, 4, 5)
vec2 <- c(6, 7, 8, 9, 10, 11)
result <- calculate_mean(vec1, vec2)
print(result)
```

内容二　R 语言的简单绘图

R 语言作为一种数据分析和可视化工具，在绘图方面有很多优势。① R 语言提供了众多的包和函数，支持各种类型的统计图形，如散点图、直方图、箱线图、饼图、折线图等，可以满足不同数据的可视化需求。② R 语言绘制图像的质量非常高，支持输出高分辨率的图形文件，适用于学术论文的发表。③ R 语言有丰富的资源和用户社区的支持，用户可以在书籍和网络上找到大量的绘图包和示例代码，方便学习和应用。关于使用 R 语言的绘图，用户需要多参考学术论文和公众号的图，只有这样才能拓宽自己的视野，找到能用以表达自己数据的图形，做到好的可视化效果。此处给出一些常用的包和代码并绘制一些图形供大家学习。

示例一　ggplot2 包

R 语言中的 ggplot2 包是用来创建数据可视化图形的强大工具。它基于图层的概念，使用户可以逐步添加不同的图层来构建最终的图形。

```
# 函数示例。
install.packages("ggplot2")

library(ggplot2)
library(patchwork)

# 绘制散点图 Scatter plots
mtcars$cyl<-as.factor(mtcars$cyl)
p1 <- ggplot(mtcars, aes(wt, mpg)) +
  # 设置散点颜色为淡蓝色
  geom_point(color="#00AFBB", aes(size=qsec, shape=cyl)) +
  # 设置图的标题为 ' 散点图 '
  ggtitle(' 散点图 Scatter plots')

# 绘制条形图 + 分面
p2 <- ggplot(mtcars, aes(gear)) +
  # 绘制条形图，并设置填充颜色为淡蓝色
  geom_bar(fill = "lightblue") +
  # 根据 cyl 的值进行分面
  facet_wrap(~cyl) +
  # 设置图的标题为 ' 条形图 + 分面 '
  ggtitle(' 条形图 + 分面 ')

# 绘制线性拟合
p3<-ggplot(mtcars, aes(x=wt, y=mpg))+
```

```
    #lm 线性拟合
    geom_point()+geom_smooth(method=lm)+
    ggtitle(' 线性拟合 ')

p4<-ggplot(mtcars, aes(x=wt, y=mpg))+
    geom_point(aes(color=cyl, shape=cyl))+
    #sm 置信区间显不显示 , fullrange 是否全局显示
    geom_smooth(aes(color=cyl), method=lm, se=FALSE, fullrange=TRUE)+
    ggtitle(' 线性拟合不显示置信区间 ')

p5<-ggplot(mtcars, aes(x=wt, y=mpg))+
    geom_point(aes(color=cyl, shape=cyl))+
    geom_smooth(aes(color=cyl, fill=cyl), method=lm)+
    ggtitle(' 线性拟合显示置信区间 ')

# 绘制箱线图 Boxplot
data("ToothGrowth")
ToothGrowth$dose<-as. factor(ToothGrowth$dose)
head(ToothGrowth)
p6 <- ggplot(ToothGrowth, aes(dose, len, group = dose)) +
    # 设置箱体填充颜色是根据 dose 的类别 , Nothch 也进行了设置
    geom_boxplot(aes(fill=dose), notch = T) +
    stat_summary(fun=mean, geom="point", shape=18, size=4, color="blue")+
    geom_point(aes(color=dose))+
    geom_jitter()+coord_flip()+
    # 设置图的标题为 ' 箱线图 Boxplot'
    ggtitle(' 箱线图 Boxplot')

# 绘制小提琴图 violin
p7 <- ggplot(ToothGrowth, aes(dose, len, group = dose)) +
    # 设置箱体填充颜色是根据 dose 的类别
    geom_violin(aes(fill=dose)) +
    stat_summary(fun=mean, geom="point", shape=18, size=4, color="blue")+
```

```
    geom_point(aes(color=dose))+
    geom_jitter()+
    # 设置图的标题为 ' 小提琴图 violin'
    ggtitle(' 小提琴图 violin')


p3 + p4+p5
p1+p2+p6+p7
```

使用 ggplot2 绘制的 p3+p4+p5 组合图见图 6-1，p1+p2+p3 组合图见图 6-2。

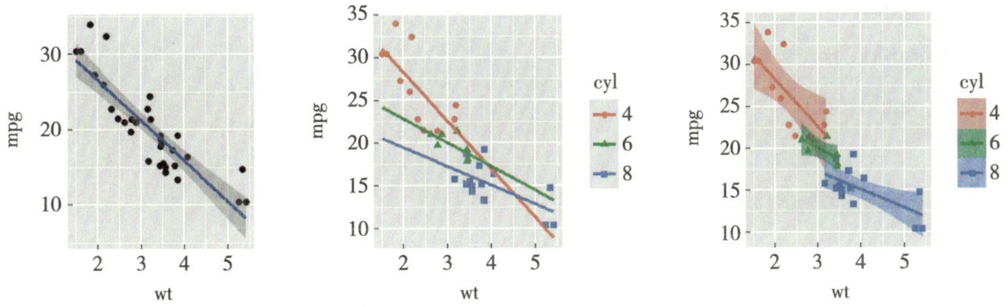

（a）线性拟合　　（b）线性拟合不显示置信区间　　（c）线性拟合显示置信区间

图 6-1　使用 ggplot2 绘制的 p3+p4+p5 组合图

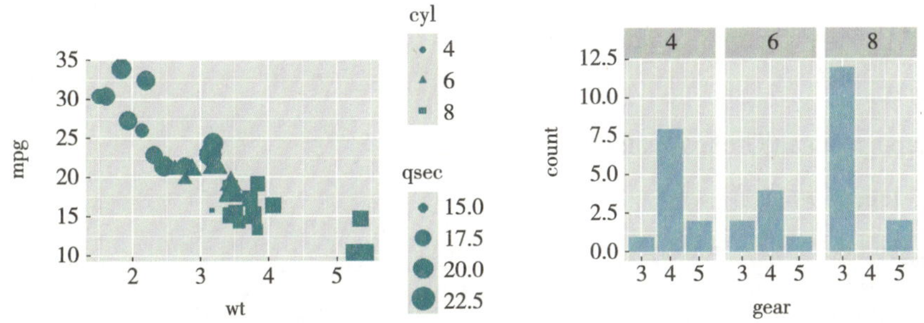

（a）散点图Scatter plots　　（b）条形图+分面

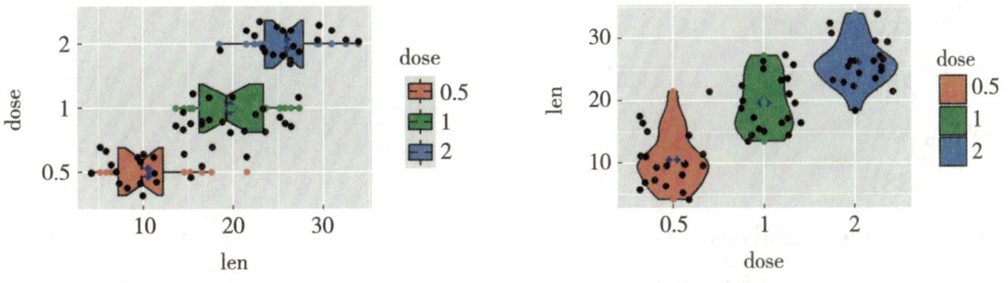

（c）箱线图Boxplot　　（d）小提琴图Violin

图 6-2　使用 ggplot2 绘制的 p1+p2+p6+p7 组合图

示例二　ggord

```
# Enable the r-universe repo
options(repos = c(
  fawda123 = 'https://fawda123.r-universe.dev',
  CRAN = 'https://cloud.r-project.org'))

# Install ggord
install.packages('ggord')

library(ggord)
library(ggplot2)
library(patchwork)

# 使用 iris 数据集进行 PCA 分析。
# principal components analysis with the iris data set
# prcomp
ord <- prcomp(iris[, 1:4])
p1 <- ggord(ord, iris$Species,
              # 点和置信圈的颜色
              cols = c('purple', 'orange', 'blue'))+
   # 点的形状。
   scale_shape_manual('Groups', values = c(1, 2, 3))+
   # 主题中 legend 的位置
   theme(legend.position = 'bottom')
p1

install.packages("vegan")
install.packages("MASS")
library(vegan)
library(MASS)
# linear discriminant analysis
# example from lda in MASS package
```

```
ord <- lda(Species ~ .,
              iris, prior = rep(1, 3)/3)

p2<-ggord(ord, iris$Species)+
   theme(legend.position = 'bottom')

# redundancy analysis
# rda from vegan

data(varespec)
data(varechem)
ord <- rda(varespec, varechem)
p3<-ggord(ord)

# canonical correspondence analysis
# cca from vegan
ord <- cca(varespec, varechem)
p4<-ggord(ord)

p1+p2+p3+p4
```

使用 ggord 绘制的 p1+p2+p3 组合图见图 6-3。

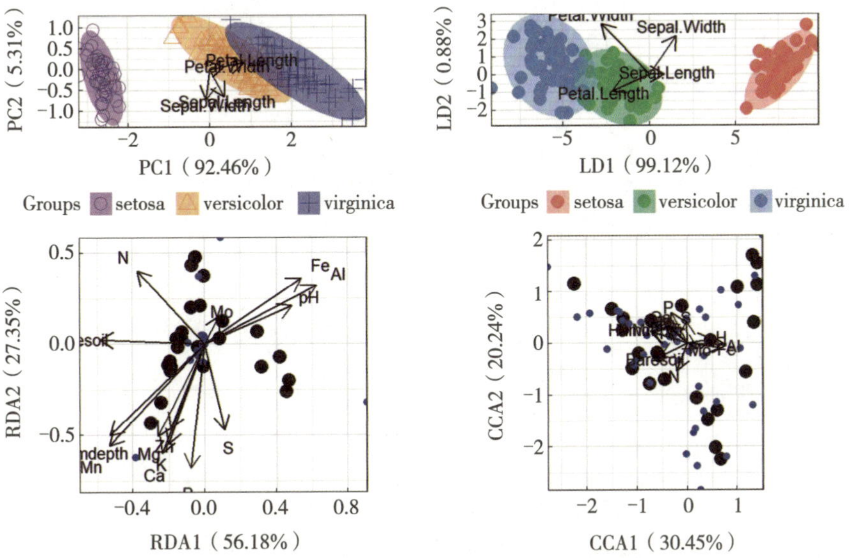

图 6-3　使用 ggord 绘制的 p1+p2+p3+p4 组合图

此处，我们仅通过两个常用的包——ggplot2 和 ggord 实现了散点图、箱线图、小提琴图、线性拟合、PCA、LDA、RDA 和 CCA 的分析。实际上，R 语言到目前有 20 630 包，需要大家多积累，才能熟练使用这些包进行画图，进而对数据进行可视化。

练习与作业

1. 熟练掌握 R 语言的语法，并能够熟练使用。
2. 掌握 R 语言的变量、向量、矩阵和数据框的区别，并能够熟练使用。
3. 试着用 R 语言解决数据的统计功能。
4. 熟练使用 R 语言的绘图功能。
5. 了解 R 语言在机器学习的应用。
6. 列举你熟悉的 R 包。
7. 绘制热图的 R 包有哪些?
8. 试着实现使用 R 语言进行模型的构建，如随机森林模型。

实验七

序列比对的在线分析和本地化分析

序列比对（Sequence Alignment）是生物信息学的基本组成和重要基础，基本思想是基于生物学中序列决定结构、结构决定功能的普遍规律，将核酸序列或蛋白质一级结构上的序列进行比对，检测序列之间的相似性，进而发现生物序列中的功能、结构和进化的信息。序列比对可分为双序列比对和多序列比对。当前，有很多生物信息学软件可以执行序列比对，并且开发者还将其传到线上方便用户使用。这样的工具包括 BLAST、Diamond、BLAT、Clustal 等。掌握序列比对的原理、算法和相关软件的使用，对于生物信息学中的功能注释和进化分析是非常重要的，也是每位生物领域从业人员需要掌握的技能，具有重要意义。

实验原理

序列比对是基于序列相似性的分析方法，用于比较两个或多个序列之间的相似性和差异性。序列对比分析的原理是通过查找序列中相同或相似的部分，并根据这些共同特点进行比较、分析和推断。根据序列比对的原理，一些生物信息学工具或软件被设计出来，应掌握这些在线工具或软件实现序列比对，了解序列之间的关系。

实验目的

本实验旨在通过对一些常用的序列比对在线资源和软件的本地化进行学习和使用，使学生能够熟练进行序列比对，揭示序列之间的相似性和差异性，推断其功能和结构，为后续的进化树构建、序列功能注释奠定基础。

设备与软件

配置 Windows 系统的个人电脑、网络、网络浏览器、Ubuntu 服务器、SSH 登录工具 MobaXterm、BLAST、BLAT、Clustal、BioEdit、MUSCLE 等。

实验内容与步骤

内容一　在线序列比对

示例一　NCBI 的 BLAST 线上比对服务

BLAST（Basic Local Alignment Search Tool）是一种常用的序列比对工具，由 NCBI 开发和维护。BLAST 可以在生物信息学研究中用于比对 DNA、RNA 和蛋白质序列。BLAST 通过构建 Heuristic 算法来搜索数据库中与查询序列相似的序列，通过将查询序列与数据库中的序列进行局部比对，寻找最佳的序列匹配。它使用不同的比对参数和统计方法来评估相似性，并根据匹配程度对序列进行排序。在进行 BLAST 分析时，用户需要提供一个查询序列，可以是 DNA、RNA 或蛋白质序列。用户可以选择不同的数据库来比对，如 NR（非冗余蛋白质序列数据库）或数据库中的其他特定集合。BLAST 分析会返回最相似的序列结果、匹配位置、相似性得分和统计显著性等信息。现介绍其使用。

1. 访问网页版 BLAST

访问 NCBI 的 BLAST 网站：打开网址 https：//blast.ncbi.nlm.nih.gov，选择合适的 BLAST 方法，此处选择 Nucleotide BLAST（图 7-1）。关于 BLAST 的子程序，用户可以自行查找资料学习理解，此处不做过多讲解。

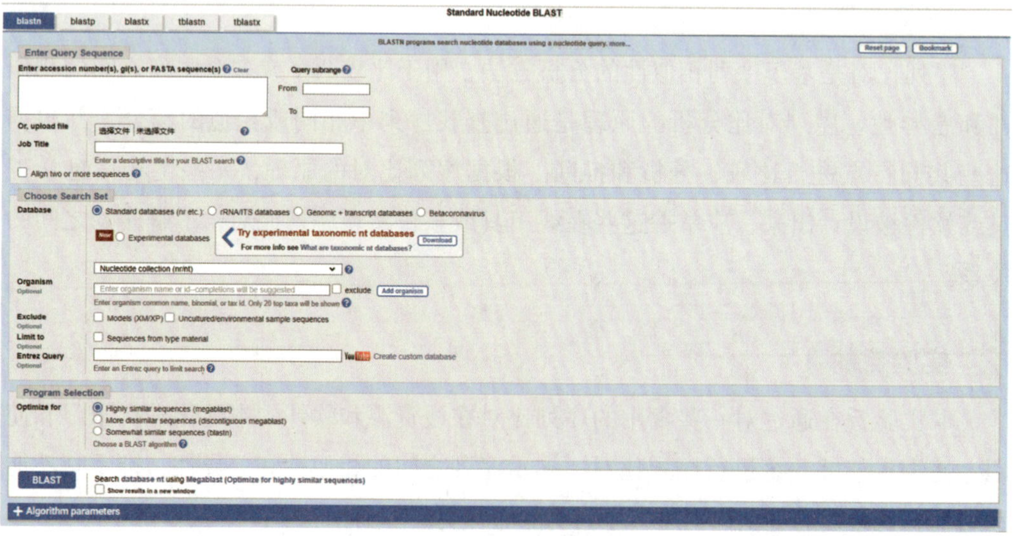

图 7-1　NCBI 中 BLAST 界面

2. 输入查询序列

选择 Blastn，然后在页面的“Enter Query Sequence”框中输入需查询的序列。用户可以直接粘贴 DNA 序列（FASTA 格式）或上传 FASTA 格式的文件。

3. 数据库选择

在“Choose Search Set”部分，用户可以选择数据库。Blastn 默认为 NT 数据库，Blastp 默认为 NR 数据库。用户也可根据实际情况进行物种指定和排除等设置。

4. 参数配置

用户可在“Program Selection and Parameters”部分进行其他参数的设置，如比对方法（包括 Megablast 等）、匹配方式和比对参数等。当然，用户也可直接选择默认参数进行比对，其适用于大多数情况。最后点击“BLAST”即可开始运行。当比对任务完成后，用户可看到一个结果页面，其中包含比对的摘要信息以及每个匹配的详细信息。用户可以查看比对的统计数据、匹配序列和注释等（图 7-2）。

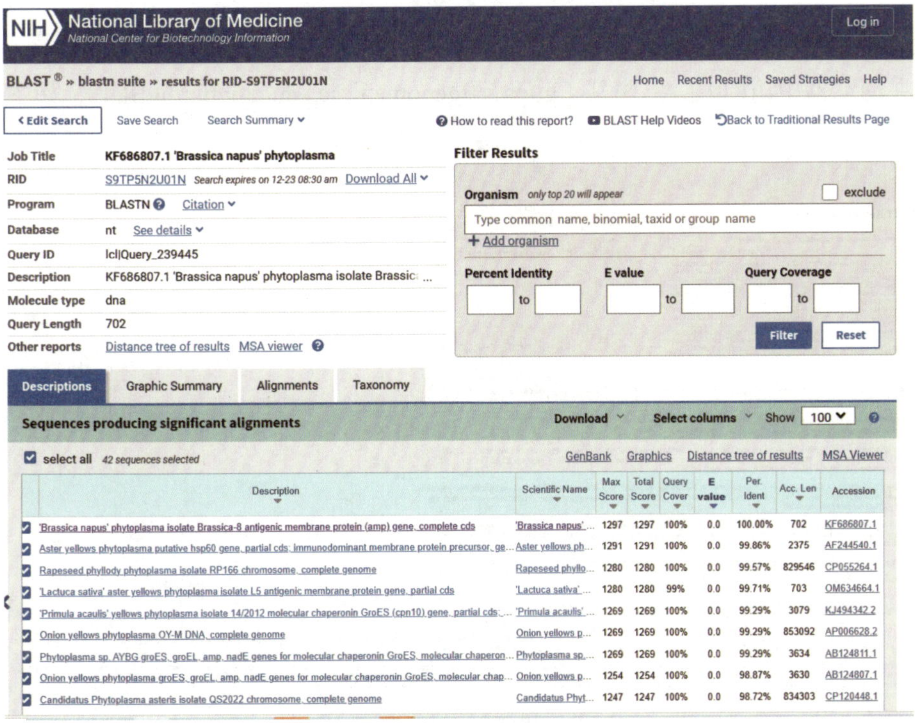

图 7-2　BLAST 对比结果

结果输出主要分为三大区域：①比对的参数信息，即用户提交序列的信息。②二次检索区，可以对结果进行二次检索。③比对结果展示区。用户可以分别点击，熟悉线上比对时各参数的意义和结果代表的含义。用户可以提交蛋白质序列，进行 BLAST 其他子程序的运行，为后续 BLAST 的本地化奠定基础。

示例二　BLAT 实现序列比对

BLAT（BLAST-Like Alignment Tool）是一种用于快速比对 DNA、RNA 和蛋白

质序列的工具，由 UCSC（University of California，Santa Cruz）生物信息学团队开发和维护。与 BLAST 相比，BLAT 使用局部比对策略，可在较短的时间内进行高效比对。BLAT 具有以下优势：① BLAT 比对速度较快，特别适用于大规模数据的比对和基因组范围的搜索；② BLAT 在较高的相似性水平下可以提供更准确的比对结果；③ BLAT 也适用于一些难比对的序列，如短序列或高度相似的基因家族。在使用方法上，BLAT 也比较灵活。用户上传一个查询序列并选择目标数据库（如基因组序列），BLAT 会找到最佳的比对，并返回匹配位置、相似性得分等信息。用户还可以通过调整参数来改变比对的灵敏度和特异性。不过 BLAT 输出结果的可视化和解释可能相对较为简单，因此，对于需要进行更精细的序列比对和功能注释的应用，可能需要结合其他工具和方法来进行进一步分析。下面简要介绍 BLAT 的使用。

1. 访问网页版 BLAT

在浏览器中访问 BLAT 网站（https：//genome.ucsc.edu/cgi-bin/hgBlat），如图 7-3 所示。

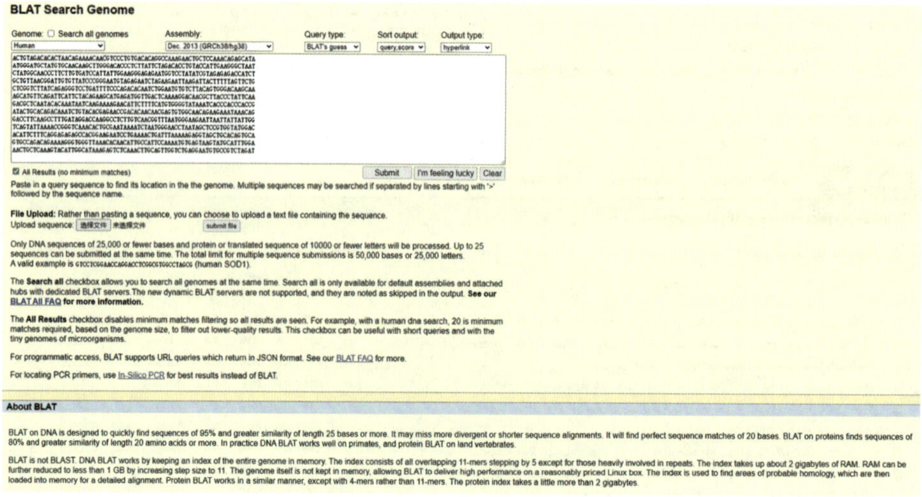

图 7-3　BLAT 比对的主页展示

2. 输入查询序列

用户提供需要查询的序列，可以是一段 DNA 或蛋白质序列（FASTA 格式），也可以从本地上传 FASTA 格式的文件。

3. 参数设置

用户提交序列后，可以根据自己的研究对象，首先选择物种，如在 Genome 下方的下拉框中选择 Human。Assembly 是指不同时期版本的基因组数据库，可以选择特定版本，也可以使用默认 default 的版本（一般为最新版本）。在 Query type 栏，可以下拉选择所输入序列的性质是 DNA、RNA 或蛋白质，也可以选默认设置。在 Sort output 栏，可以选择结果输出的内容，包括序列长度、起始位置、可 BLAT 的相似度分值。在 Output type 栏，可以选择结果输出的形式，可以是超链接 hyperlink，也可以是非链接的 psl 形式，大多数时候会选择 hyperlink，因为这样可以进一步获取目标序列更多的有用信息。然后点击 Submit 提交。图 7-3 是以 H9 流感病毒 DNA 为例的设置。

4. 查看比对结果

一旦比对任务完成，将返回比对结果页面。用户可以看到比对的摘要信息、序列以及其他相关注释。如图 7-4 所示，第一个匹配的分值是 35，从 237～382 bp 都在匹配区域，一致性为 84.4%（不是 100%，提示有序列变异）。该匹配在 8 染色体上的正链上，对应 34932767～34833097 的碱基序列位置。最后一列显示该比对发现目标序列跟基因组序列有 331 bp 的跨度（SPAN）。这个 SAPN 基本上可以认为是内含子产生的，当然还不能确定是一个还是两个或更多内含子。

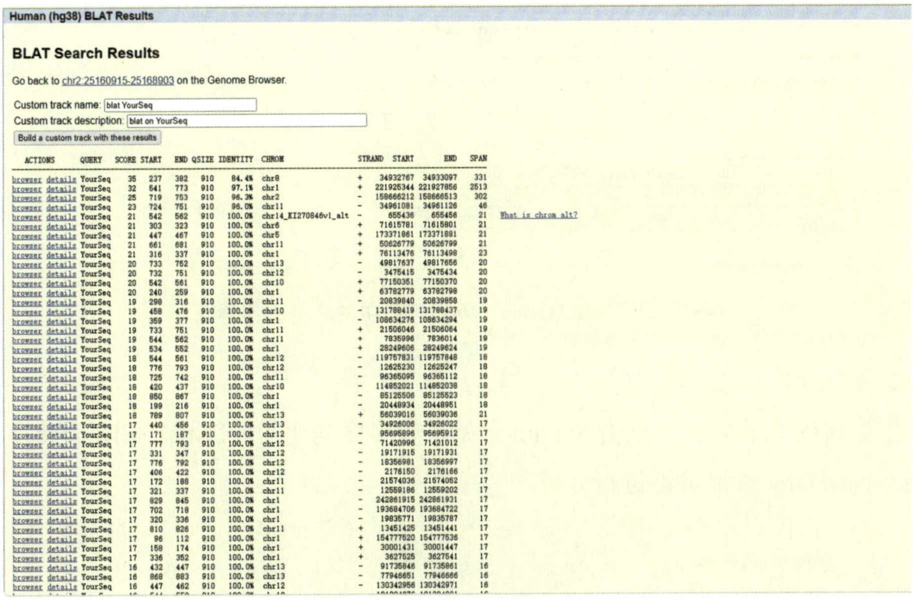

图 7-4　BLAT 比对结果展示

5. 获取目标序列染色体位置及所属基因信息

在结果显示栏的最前面，还有两个超链接，点击 Browser 可以看到该序列在对应的染色体上的位置以及所属基因等更多信息，点击 Details 可以获取目标序列的更详细的结构信息。在这里不做过多讲解，用户可自行点击查看，进一步了解 BLAT 的比对结果。

示例三　EMBL-EBI 的 Clustal 实现序列比对

Clustal 是一款常用的序列比对工具，它的基本比对原理是基于序列间的多重比对和进化模型。它可用于 DNA 或蛋白质序列的比对，且提供了多种比对算法和参数设置来满足不同的需求。Clustal 的基本功能是将多个序列进行比对，以找出它们之间的相似性和差异性。这对于研究序列的进化关系、寻找保守区域、识别位点突变以及预测结构功能等方面具有非常重要的意义。

1. 打开 EMBL-EBI 的 Clustal 网页

打开网页 https：//www.ebi.ac.uk/Tools/msa/clustalo/，将之前的 DNA 或蛋白质序列复制粘贴到序列框中（或上传序列文件），如图 7-5 所示。

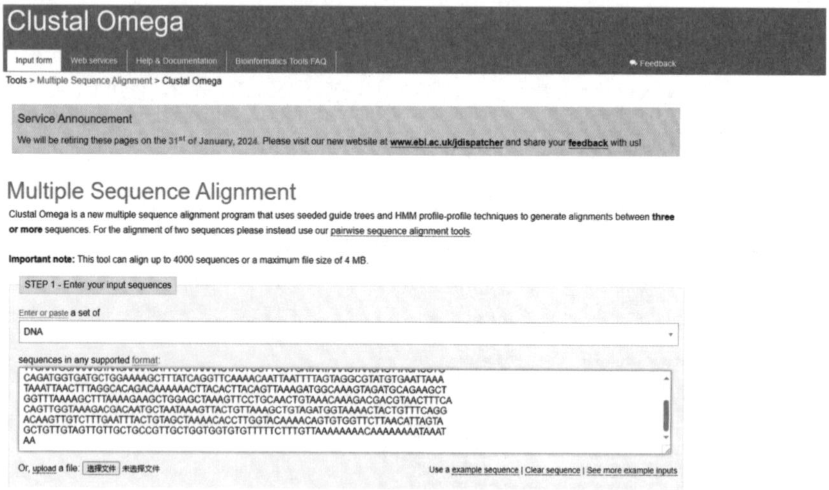

图 7-5　Clustal Omega 网页服务中的序列上传界面

2. 参数设置

推荐默认（图 7-6），点击 Submit 开始进行多序列比对。EMBL-EBI 会将序列提交到 Clustal Omega 服务器进行分析。

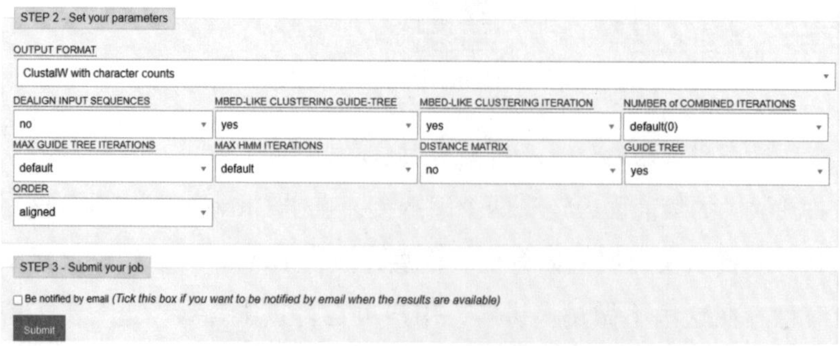

图 7-6　Clustal Omega 比对的参数设置界面及默认参数的设置

3. 分析结果

当序列比对完成后，EMBL-EBI 会把比对结果返回。图 7-7 是以 H9 流感病毒 DNA 为例进行的两段 DNA 序列的对比。用户可以查看多种格式的输出，如纯文本、HTML、PDF 等。用户可以下载结果文件，以便在本地进行进一步分析。

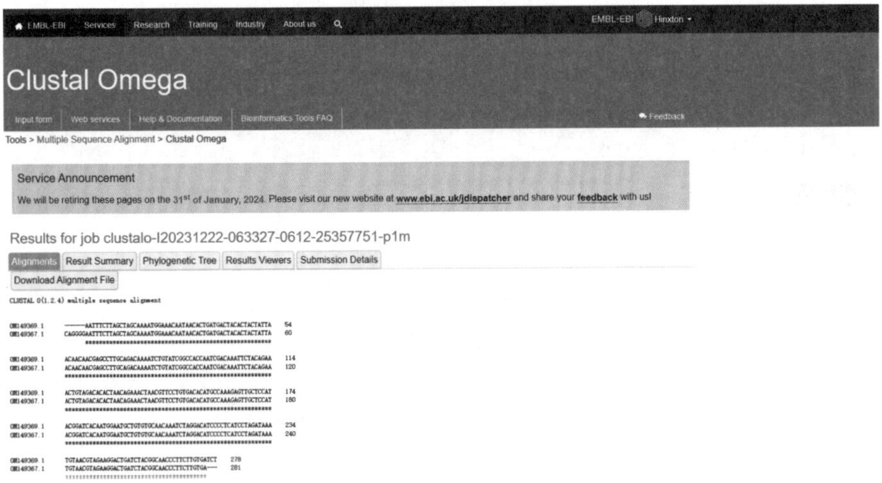

图 7-7　Clustal Omega 的序列比对结果

内容二　序列比对的本地化

示例一　BioEdit 实现序列比对功能

BioEdit 是一种基于 Windows 系统的生物信息学软件，它提供了多种功能，包括序列比对、序列编辑、多序列查看和分析等。BioEdit 序列比对的基本原理是通过将不同序列进行比对，寻找它们之间的相似性和差异性，从而揭示序列之间的结构和功能关系。BioEdit 可以执行全局比对（global alignment）或局部比对（local alignment）等不同类型的序列比对。全局比对用于找到两个序列之间的整体相似性，而局部比对则更适用于发现序列中的局部保守区域。BioEdit 的安装使用如下。

1. BioEdit 的下载安装

进入网页 https：//thalljiscience.github.io/，下载 BioEdit 安装包，解压并进行安装。

2. 打开 BioEdit

双击桌面上的 BioEdit 图标或使用开始菜单中的快捷方式打开软件。

3. 导入序列

在 BioEdit 的菜单栏中，选择“File”→“Open”导入需要比对的序列文件。BioEdit 支持多种序列文件格式，如 FASTA、GenBank 等。

4. 进行比对

选中需比对的两条序列后，在菜单栏中依次选择 “Accessory Application” → “ClustalW Multiple alignment” → “Output Clustal format with Clustal consensus sequence generation”，即可进行序列比对（图 7-8）。

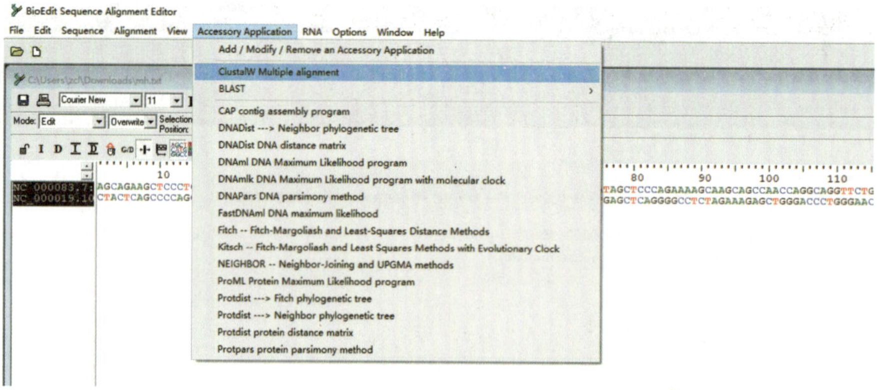

图 7-8　Clustal Omega 的序列比对结果

5. 分析结果

比对完成后，返回比对结果（图 7-9）。用户可查看序列的对齐情况，查找共有的保守和变异区域，进行序列的编辑和修正等操作。同时，可以导出比对结果，并在其他软件或进一步分析中使用。

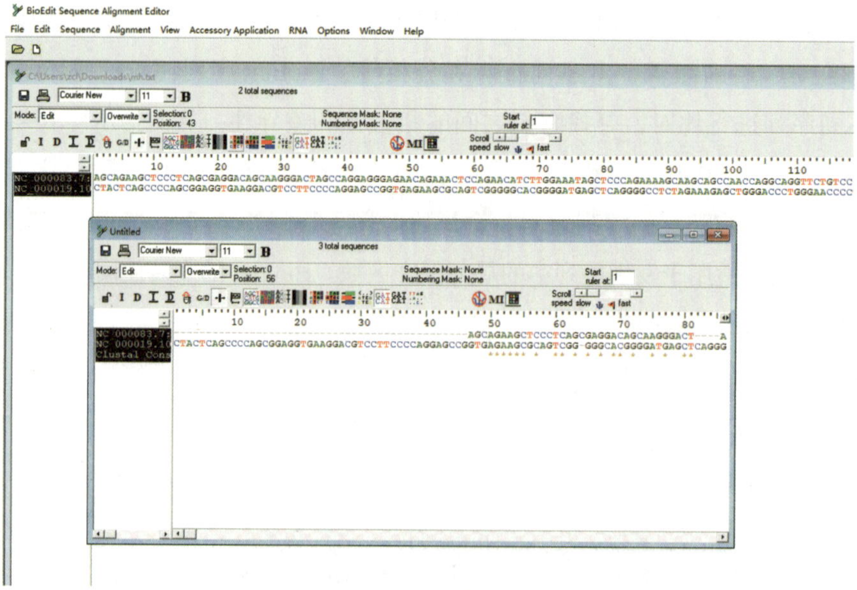

图 7-9　BioEdit 的两条序列比对结果

示例二　Linux 操作系统下 MUSCLE 实现序列比对

MUSCLE（Multiple Sequence Comparison by Log-Expectation）是一个常用的序列比对工具，根据序列间的保守性来推断它们之间的进化关系。MUSCLE 能够在较短的时间内处理大规模的序列数据，并产生准确的比对结果。同时 MUSCLE 还提供了多种比对模式，包括全局比对模式和迭代比对模式。全局比对模式适用于整体序列比对，迭代比对模式则适用于比对具有低相似性序列的情况。MUSCLE 生成的比对结果可以保存为多种不同的格式，包括常见的 Clustal 和 Phylip 等，以便于进行进一步的序列分析和可视化。当前，MUSCLE 成为一种广泛应用于序列分析和生物信息学研究的有效工具。此处，我们主要介绍 Linux 操作系统下 MUSCLE 的安装和使用。

1. MUSCLE 的安装

Linux 服务其中可以使用 Conda 进行 MUSCLE 的安装。

```
#MUSCLE 的安装。
$ conda install muscle
```

2. 序列的准备

将要比对的序列保存到同一个文件中，格式可以是 FASTA 或其他常见的序列数据格式。

3. 序列比对

登录服务器，运行 MUSCLE 命令，进行多序列比对。

```
# 使用 MUSCLE 的进行序列比对。
$ muscle –in input.fasta –out output.fasta
```

其中，“input.fasta”是输入序列数据的文件名，“output.fasta”是保存比对结果的文件名。

4. 比对结果查看

用户可以使用文本编辑器或其他序列分析工具查看输出的比对结果。输出文件中将包含经过比对的序列，其行与输入文件中的序列相对应。也或者将比对结果用作其他软件的输入文件。

对于序列比对的算法，一些生物信息学软件，如 MEGA 等，也将 MUSCLE 等算法内置进去，作为系统进化分析的一部分。

练习与作业

1. 什么是序列比对？序列比对有什么意义？
2. 熟练掌握实验中介绍的在线进行序列比对的资源。
3. 序列比对的经典工具 BLAST 有几种比对方式？请理解并详细介绍。
4. 熟练掌握 BLAST 的比对结果文件中各参数的含义。
5. 序列相似性、一致性、覆盖度有什么作用？
6. 请列举其他可进行在线序列比对的资源。
7. 除了本实验中介绍的序列比对的本地化软件，还有哪些软件？请列举。
8. Linux 服务器中进行序列比对的工具还有哪些？请简单介绍。

实验八

系统发育树的构建与可视化

系统发育树（phylogenetic tree），也称系统进化树，是用类似树状分支的图来表示各种生物之间的亲缘关系，是一种通过对基因或蛋白质序列的对比分析来表征物种之间进化地位远近的方式。系统发育树主要依靠它所展现的拓扑结构和分析长度来展示所推演的进化过程。根据系统进化树的拓扑结构，可将其分为有根树和无根树。其中，有根树是指有一个根节点，用以代表所有其他节点的共同祖先，从根节点只有唯一路径进化到其他节点；无根树只表明节点之间的关系，没有进化方向，但是可以通过外群或者外部参考物种作为无根树种的指派根节点。在构建系统发育树时，DNA或者蛋白质序列可以作为建树的数据。建树的方法包括邻接法（Neighbor-Joining，NJ）、最大似然法（Maximum Likelihood，ML）、最大简约法（Maximum Parsimony，MP）、贝叶斯法（Bayesian Method）等。当前，系统发育树的构建是研究系统学和进化的基础，掌握如何进行系统发育树的构建具有重要意义。

实验原理

基于DNA或者蛋白质序列的比对，选择合适的建树方法和建树模型，发现并刻画序列间的差异，用于表征物种之间的进化关系。

实验目的

本实验旨在通过序列比对，寻找同源序列，进一步进行多序列比对，并使用合适的建树方法和建树模型，用以表征进化关系，并对所建立的系统发育树进行可靠性检验。让学生能够通过一系列构建系统发育树软件的学习，熟练掌握系统发育树的构建，并理解关键知识点，加深对物种的系统进化的理解。

设备与软件

配置 Windows 系统的个人电脑、网络、网络浏览器、Ubuntu 服务器、SSH 登录工具 MobaXterm、MEGA、Figtree、iTOL、ggtree、FastTree 等。

实验内容与步骤

系统发育树构建在生物学和生物信息学中具有重要的意义，具体体现在以下几个方面：

（1）揭示物种间的亲缘关系。系统发育树可以揭示不同物种之间的亲缘关系和进化历史。通过比较物种在树上的位置和分支长度，可以了解不同物种之间的共同祖先以及逐渐形成的独特特征。这有助于我们理解生物多样性的起源和发展。

（2）推断进化机制和模式。通过分析系统发育树，可以推断不同物种在进化过程中所受到的选择压力、基因变异和适应性优势等因素。通过比较树的拓扑结构和分支长度，可以了解不同进化机制（如自然选择、基因重组、基因漂移等）对不同物种的影响，并推断进化的模式。

（3）分类和命名物种。系统发育树为物种的分类和命名提供了基础。基于进化关系，可以将物种分为不同的分类群（如门、纲、目、科、属、种等），对物种进行系统命名和分类，有助于在生物学研究和生物资源管理中进行统一和规范描述。

（4）辅助基因组和进化研究。系统发育树是基因组学和进化研究中重要的工具之一。通过将基因组数据与物种间的进化关系联系起来，可以识别基因家族，推断基因功能和演化过程，并探索生物基因组的结构和功能。

（5）导向生物学研究和保护生物多样性。系统发育树可以为生物学研究提供导引和指导。通过了解物种之间的亲缘关系，可以更好地设计实验和观察，推断出特定物种的功能和行为特征。

因此本实验主要讲述在 Windows 平台和 Linux 服务器中如何快速、有效地构建系统发育树。

内容一　Windows 平台下系统发育树的构建

示例一　MEGA

MEGA 是一个用于多序列比对和可视化，以及构建系统发育树的免费程序，可以用于分子进化的各个方面，包括序列比对、构建进化树、分子时钟分析、种群遗传学和序列分类等。MEGA 处理的数据类型也比较多，包括序列文件、分级标记数据、SNP 数据等。MEGA 安装在 Windows、Linux、MacOS 等操作平台上，当前已经更新到 MEGA 11 版本。该程序界面友好，便于使用，且有很多帮助文档，现已广泛用于生物和医学的各个领域的研究。下面简要介绍 MEGA 11 的安装和使用。

（1）MEGA 11 的安装

打开 MEGA 的官方网址：https：//www.megasoftware.net/，选择适用于自己电脑系统的 MEGA 安装包，此处以 Windows 系统 MEGA 11 为例。点击 exe 安装包，进行默认安装。

（2）准备 DNA 或者蛋白质序列

获取并选择合适的分子序列，通过实验测序获得或者通过数据库搜索获取合适的分子序列。将这些序列放在一个文件中，以 PRRSV ORF5 complete cds.fasta 为例，DNA 序列文件。

（3）导入 DNA 或者蛋白质序列并进行多序列比对

打开软件，点击 ALIGN → Edit/Build Alignment → Retrieve a sequence from a file → OK →导入 fasta 文件→弹出 Alignment Editor 窗口。按 Ctrl+A 选中所有序列→点击 Alignment →选择 Align by MUSCLE →参数设置界面直接点击 OK 即可，一般不需要更改参数，如图 8-1 所示。

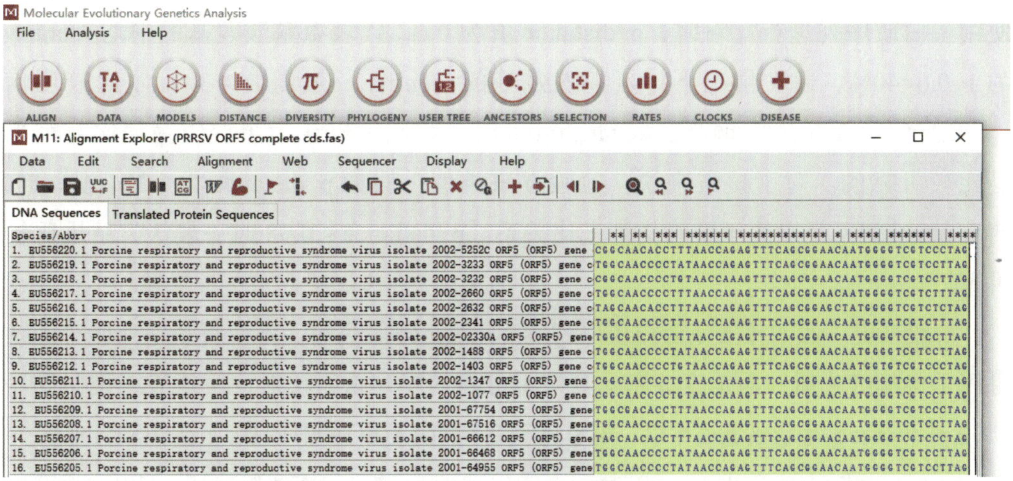

图 8-1　MEGA 多序列上传

（4）保存序列比对结果

依次点击 Data → Export Alignment → MEGA Format，然后保存为 .meg 格式的文件即可（保存时会提示输入标题以及是不是编码序列），如图 8-2 所示。

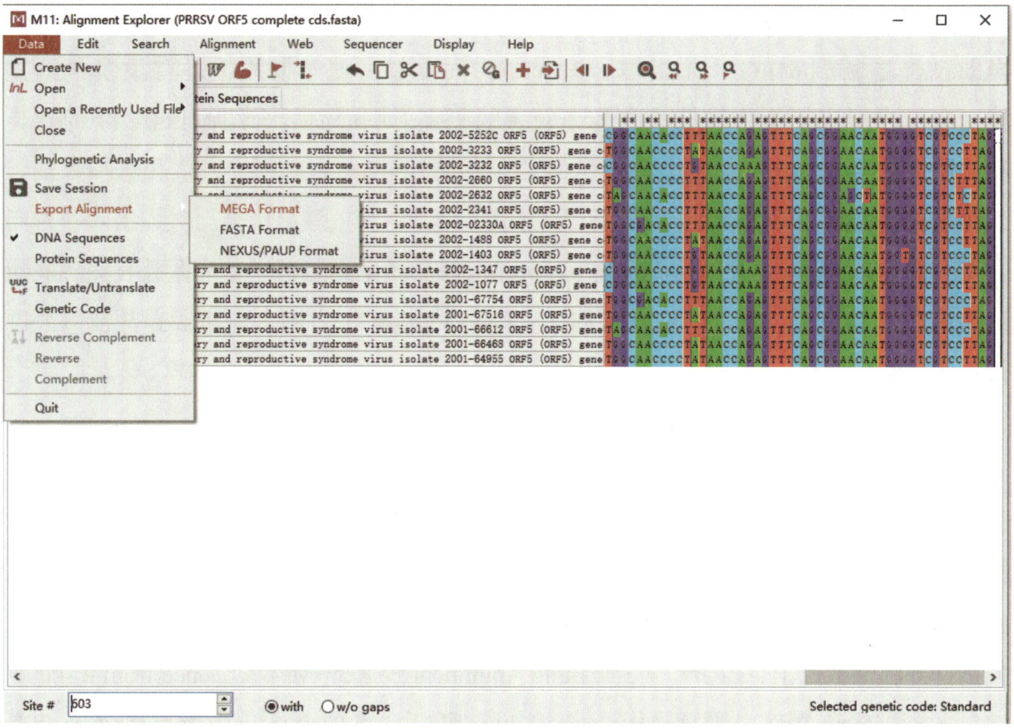

图 8-2　MEGA 保存序列比对结果时设置参数

（5）检验建树结果的可靠性

在检测建树结果的可靠性时，通常会选用的参数是 p-distance 的值。例如，在使用蛋白质序列进行比对时，p-distance 值为 0.6，代表氨基酸残基的平均 identity 为 1-0.6=40%。通常情况下，氨基酸残基的 identity 一般需要＞30% 才比较可信（p-distance＜0.7）。因此当 p-distance=0.6 时，我们可以认为蛋白质序列比对结果是比较可靠的。对于核酸来说，检验方法类似，假如 p-distance 为 0.33，则 67% 的 identity 就不足以用于准确估计进化关系。p-distance＜0.33 时一般认为结果比较可靠。

一般来说，假如核酸或蛋白质序列的 p-distance 较高时，不应将多序列比对的结果用于构建进化树，而是应该删除其中不可靠的序列重新比对，使核酸或蛋白质序列的 p-distance 满足核酸＜0.33、氨基酸＜0.7。在 MEGA 中依次点击 DISTANCE → Compute Overall Mean Distance →选择前面导出的 .meg 文件，本实验检测 p-distance=0.1，故实验结果具有可靠性。

（6）估计 gamma 参数

在 MEGA 中依次点击 RATES → Gamma Parameter for Site Rates（ML）→选择多序列比对得到的 .meg 文件，不用更改参数，点击 OK 即可。在结果页面，可以得到一个 gamma 分布的参数，本示例为 0.281 9，如图 8-3 所示。

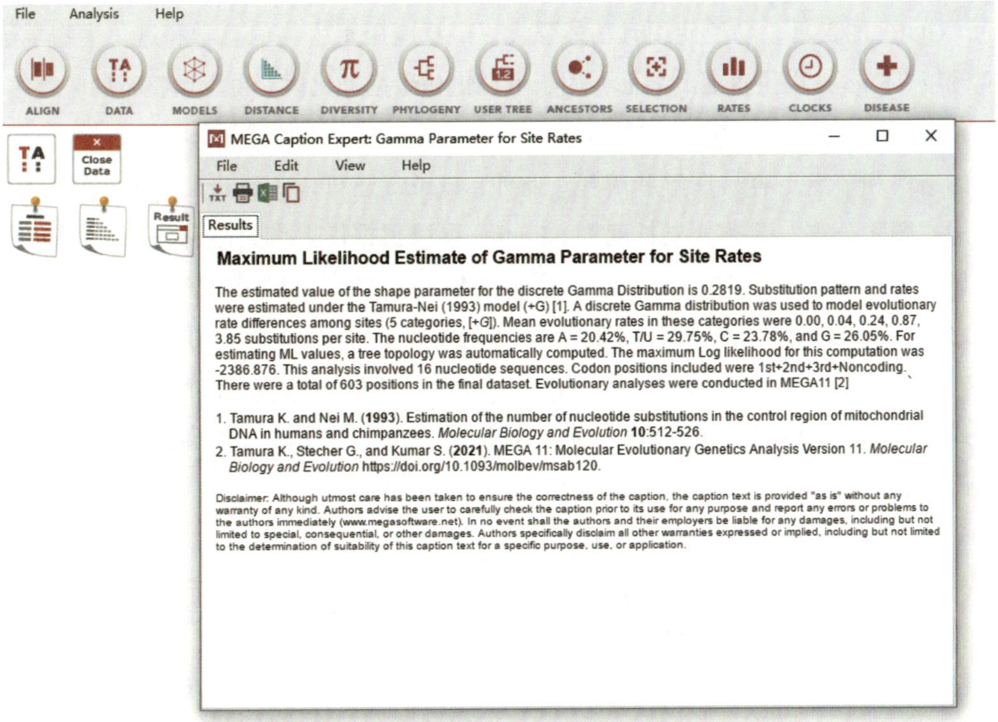

图 8-3　MEGA 估计 gamma 分布参数

（7）构建进化树

在 MEGA 中依次点击 PHYLOGENY → Construct/Test Neighbor Joining Tree →选择多序列比对得到的 .meg 文件→设置参数。根据前面的理论知识，我们按照下图设置参数，接着点击 OK 即开始估计进化树，如图 8-4 所示。

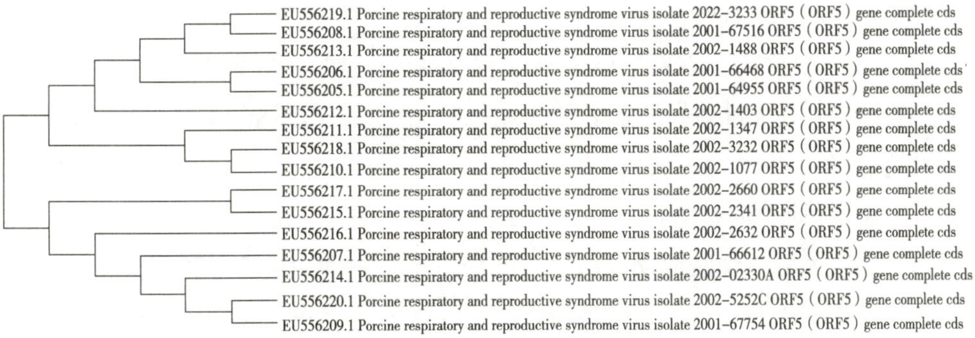

图 8-4　MEGA 构建系统发育树

示例二 Figtree 可视化系统进化树

Figtree 是一款用于可视化和注释进化树的开源软件。它是一个基于图形用户界面（GUI）的工具，易于使用且功能强大，广泛应用于生物信息学和进化生物学研究领域。Figtree 提供直观的界面，用于可视化和浏览进化树，可以调整布局、颜色、线条样式等参数来定制进化树的外观。可以在进化树上添加注释、标签和标记，使树的结构和节点更容易理解和解释。此外，Figtree 还可以编辑进化树的拓扑结构，添加或删除分支、调整分支长度等。Figtree 可以根据需要调整进化树的显示选项，如显示节点支持值、树的方向等，以及调整标签字体、线条宽度等参数。除可视化树之外，Figtree 还提供了用于处理和过滤进化树数据的功能。用户可以根据节点的属性、分支长度、支持值等条件对进化树进行筛选和处理。Figtree 支持各种进化树文件格式，包括 Newick 格式、Nexus 格式、Phylip 格式等，方便导入和操作不同类型的进化树数据。

下面简要介绍 Figtree 的安装和使用。

使用 Figtree 在 Windows 平台上构建系统发育树的步骤如下：

（1）下载并安装 Figtree

访问 Figtree 软件的官方网站（http：//tree.bio.ed.ac.uk/software/figtree），下载适用于 Windows 系统最新版本的 Figtree 软件。按照安装程序的指示进行安装。

（2）准备系统发育树文件

在 Figtree 软件中，用户需要准备一份包含系统发育树信息的文件。常见的系统发育树文件格式是 Newick 格式，可在文本编辑器中编写或通过其他软件生成。

（3）打开 Figtree 软件

双击桌面上的 Figtree 图标或从开始菜单中找到并点击 Figtree 程序来打开软件。

（4）导入系统发育树文件

在 Figtree 软件中，选择“File”（文件）菜单，然后选择“Open”（打开）选项。浏览和选择前面准备好的系统发育树文件，并点击“Open”（打开）按钮导入系统发育树。

（5）调整树形图

一旦系统发育树加载成功，用户可以在 Figtree 软件中进行各种调整和操作。例如，用户可以更改节点标签、修改分支长度、调整节点样式和颜色等。通过选择树形图上的节点或分支，并使用工具栏上的选项进行操作。

（6）导出树形图

在 Figtree 软件中，选择“File”（文件）菜单，然后选择“Export Graphics”（导

出图形）选项。选择需要导出的图形文件格式（如 PDF、PNG、SVG 等）和保存位置。根据需要设置输出选项，并点击“Save”（保存）按钮导出树形图，如图 8-5 所示。

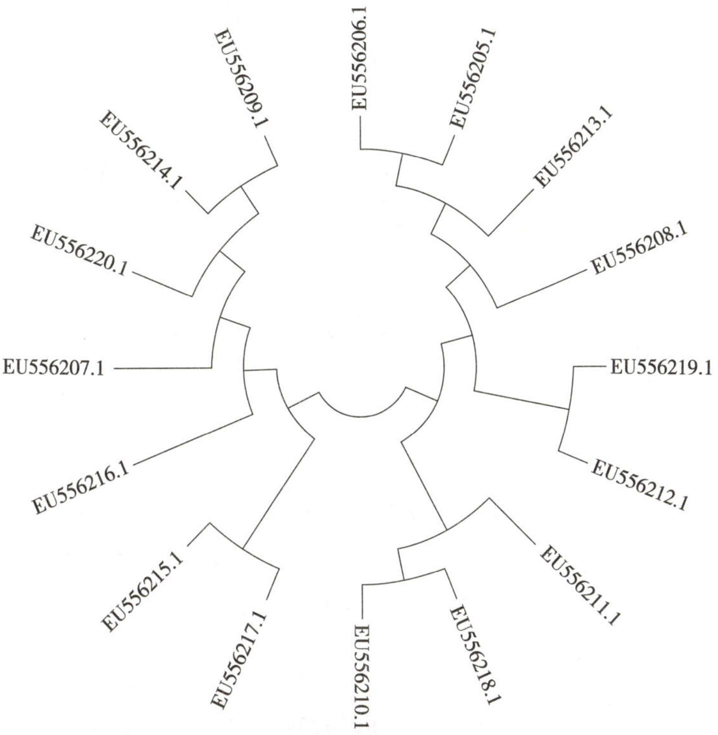

图 8-5　Figtree 软件对系统发育树可视化的结果

示例三　iTOL 可视化系统进化树

iTOL 是 Interaction Tree of Life 的简称，网址为 http：//itol.embl.de。它是一个集在线展示、注释和管理等功能的交互工具，绘图过程中可以调整树枝、标签的颜色、形状和字体。其最大的特点是可以同时展示不同的数据集，并按照个性化的需求控制数据集的位置、大小和颜色，并允许导出高质量的位图和矢量图。iTOL 官网提供了很多学习和使用示例，用户可查看帮助文档进行学习。下面简要介绍 iTOL 的基本使用方法。

（1）构建系统发育树文件

首先需要一个系统发育树文件，通常是 Newick 或 Nexus 格式，可通过软件（如 MEGA、RAxML、FastTree 等）对 DNA 或蛋白质序列比对和系统发育分析得到。

（2）访问 iTOL

在浏览器中输入 iTOL 的网址（https：//itol.embl.de），打开 iTOL 的官网。

（3）上传树文件

在 iTOL 网页中，点击“Upload tree file”，然后选择先前构建好的系统发育树文件（Newick 或者 Nexus 格式），其他参数自行输入，之后点击 Upload 上传（图 8-6）。

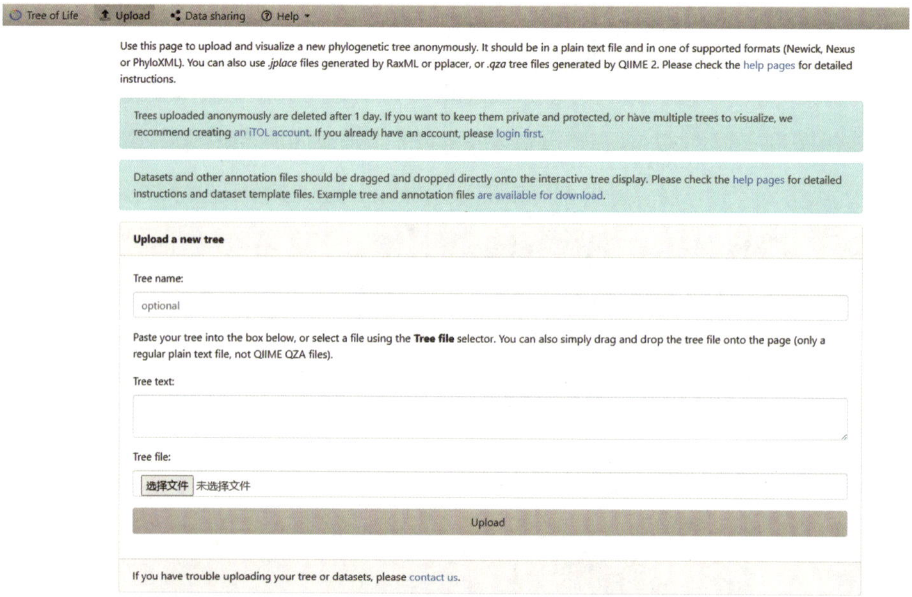

图 8-6　iTOL 网站中上传系统发育分析文件的界面

（4）编辑和注释树

文件上传成功后，系统进化树会自动在网页上显示。iTOL 提供了丰富的编辑和注释功能，如更改分支颜色、增加标签、添加图标、变更分支样式等。

通过调整控制面板（Controls）中的参数可对进化树进行简单的编辑，如调整图形模式（Display mode）、物种字体（Label font）、树枝粗细和颜色（Branch lines），甚至可以任意旋转进化树的方向（Parameters）等。使用左侧的“Trees”面板调整树的整体布局，使用“Datasets”面板添加数据集进行注释。这部分调整和注释树是 iTOL 的优势之一，用户可以根据自己的需求进行数据注释和编辑树，最终生成一个包含多层含义且漂亮美观的进化树。

（5）系统进化树的保存和导出

当用户对编辑和注释的系统进化树满意后，用户可以使用“Export & Save”面板保存当前的工作。同时，iTOL 将系统进化树导出有多种格式，如 PDF、PNG、SVG 等图形格式或者保存为 iTOL 专用的格式，以便将来继续编辑，如图 8-7 所示。

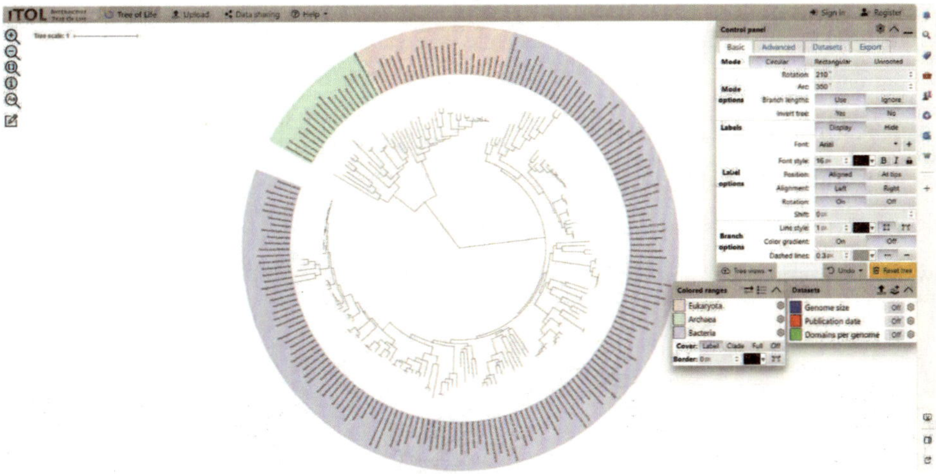

图 8-7　iTOL 对系统进化树编辑和注释后的结果

示例四　ggtree 实现对系统进化树的注释和可视化

ggtree 是一个功能强大的系统发育树可视化及注释 R 语言软件包，其在 Bioconductor 中发布是 ggplot2 的扩展包。ggtree 支持读取多种数据格式的系统发育树，并对其进行注释分析，实现对进化树的注释和可视化。

（1）ggtree 的安装

```
# 通过 bioconductor 安装 ggtree 包。
if(!requireNamespace("BiocManager", quietly = TRUE))
  install.packages("BiocManager")
  # 下载安装
BiocManager::install("ggtree")
library(ggplot2)
library(ggtree)
```

（2）使用 ggtree 及其官方示例注释和可视化进化树示例 1——展现不同的外观

```
library(ggtree)
set.seed(2017-02-16)
tree <- rtree(50)
p1<-ggtree(tree)
p2<-ggtree(tree, layout="slanted")
p3<-ggtree(tree, layout="circular")
p4<-ggtree(tree, layout="fan", open.angle=120)
```

```
p5<-ggtree(tree, layout="equal_angle")
p6<-ggtree(tree, layout="daylight")
p7<-ggtree(tree, branch.length='none')
p8<-ggtree(tree, branch.length='none', layout='circular')
p9<-ggtree(tree, layout="daylight", branch.length = 'none')
cowplot::plot_grid(p1,p2,p3,p4,p5,p6,p7,p8,p9,ncol = 3)
```

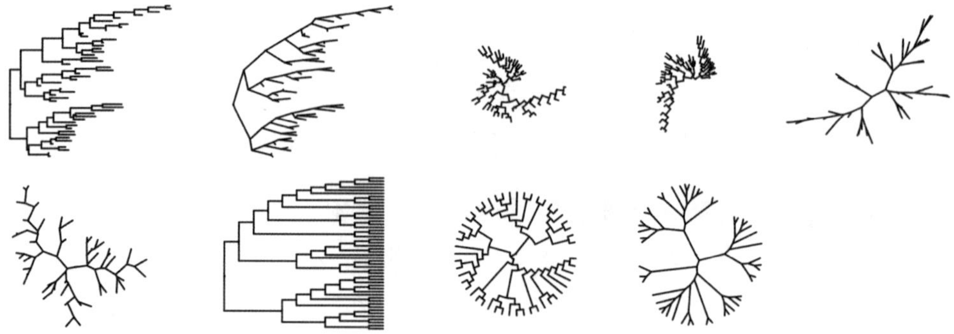

图 8-8　ggtree 可实现的进化树布局

（3）使用 ggtree 注释和可视化进化树示例 2

```
setwd("./")
library(ggplot2) # 加载 ggplot2
library(ggtree) # 加载 ggtree
tree=read.tree("tree.nwk") # 读取 nwk 文件
data=fortify(tree)
tregraph=ggtree(tree, layout="rectangular", size=0.8, col="deepskyblue3") + # 树体：树文件、
                                                                          树形、粗细、颜色
  geom_tiplab(size=3, color="purple4", hjust=-0.05) + # 枝名：大小、颜色、高度
  geom_tippoint(size=1.5, color="deepskyblue3") + # 端点：大小、颜色
  geom_nodepoint(color="orange", alpha=1/4, size=2) + # 末节点：颜色、透明度、大小
  theme_tree2() + # x 轴标尺
  xlim(NA, max(data$x)*1.3) # x 轴宽度
tregraph
pdf("tregraph.pdf")
tregraph
dev.off( )
```

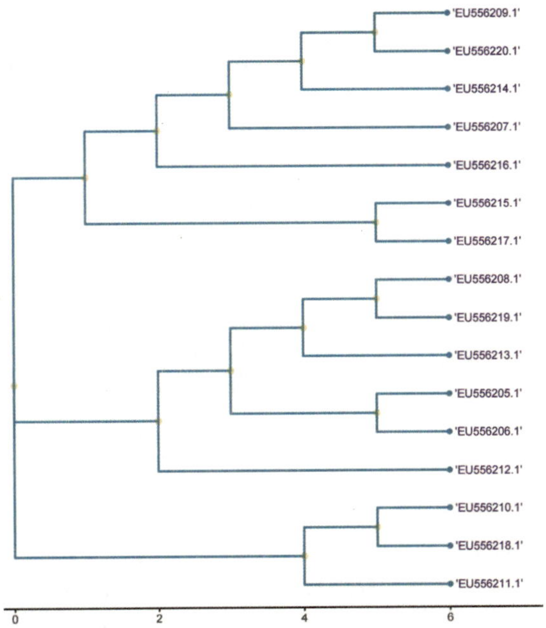

图 8-9　ggtree 对进化树的简单可视化示例

ggtree 还可以结合其他注释文件一起实现进化树的美观，且非常便于使用，用户可查看帮助文档，以便展示自己的进化树。

内容二　Linux 系统中构建系统发育树

利用 Windows 系统下的各种进化树软件可以方便的实现系统进化树的构建和可视化，但是大批量建树操作还是不现实的，这就有必要学习 Linux 系统中实现系统进化树构建的操作。

示例一　FastTree

FastTree 是一个用于构建系统进化树的快速工具。它采用了高效的最大似然方法，能够快速、准确地分析大规模的生物序列数据。FastTree 具有较快的速度和较高的准确性，适合处理来自不同生物领域的序列数据。该工具可有效处理包含数千至数百万条序列的数据集，并生成高度可靠的进化树。FastTree 的独特之处在于其在速度和准确性之间取得了平衡，使用户能够快速获得生物进化关系的信息。目前，该工具已被广泛应用于生物信息学研究和进化生物学领域。

（1）FastTree 的安装

```
# 使用 conda 进行安装。下面两行代码选择其中一行执行即可。其他安装方式，用户自行尝试。
$ conda install bioconda::fasttree
$ conda install bioconda/label/cf201901::fasttree
```

（2）准备数据

准备输入数据，一般是DNA或蛋白质序列比对的文件，常用的格式有FASTA格式或Phylip格式。这一步可以是本实验中的MUSCLE比对结果。

（3）运行FastTree生成系统进化树

```
# 使用 FastTree 建树。
$ FastTree input_sequence_alignment > output_tree  # 默认生成 tree 是 Newick 格式，可进一步注释优化。
# 模型替换，选择 LG 或者 WAG 替换模型，用法如下。
$ FastTree –lg protein.fasta > tree
$ FastTree –wag protein.fasta > tree
# 对于核酸序列，基本用法如下。
$ FastTree –nt nucleotide.fasta > tree
# 也可以选择 GTR 替换模型。
$ FastTree –nt –gtr nucleotide.fasta > tree
```

用户可根据自己的序列选择合适的方法和模型，实现使用FastTree构建系统进化树，再使用ggtree等工具实现对所建进化树的注释和编辑，以达到更加美观漂亮。

示例二　PhyML

PhyML是一种基于最大似然方法构建进化树的软件，它能够根据生物学序列的不同性质快速、准确地推断物种间的进化关系。PhyML具有高效的计算速度和较高的准确性，适用于处理大规模基因组数据。该工具在生物信息学和进化生物学研究领域得到广泛应用，为科研人员提供了重要的分析和推断工具。

（1）安装PhyML

```
#Linux 服务器中使用 conda 安装 PhyML。
$ conda install –c bioconda phyml
```

（2）准备输入数据

准备输入数据，一般是DNA或蛋白质多序列比对的结果文件，推荐的格式为Phylip格式（.phy）。这一步可以是本实验中的MUSCLE比对结果。

（3）运行PhyML生成系统进化树

```
# 运行命令。
$ phyml –i tree.phy –d nt –b 100 –m GTR –f m –v e –a e –o tlr
```

参数解释如下：

-i tree.phy：输入文件，phylip 格式的核酸或蛋白质多序列比对结果。

-d：用于多序列比对的数据类型，有 nt、aa 和 generic 3 种，默认为 nt。

-b int：在进化树构建时，设置 bootstrap 次数。

-m model：构建进化树时的模型。对于核酸序列，可用的模型有：HKY85（默认）、JC69、K80、F81、TN93、GTR；蛋白质序列的模型有：LG（默认）、WAG、JTT、MtREV、Dayhoff、DCMut、RtREV、CpREV、VT、Blosum62、MtMam 等。

-f：设置频率计算的方法。其中可设置为 e、m、fA、fC、fG、fT。e 表示使用比对结果中不同氨基酸或碱基出现的频率来计算；m 表示使用最大似然法计算碱基频率，或使用替换模型计算氨基酸频率；fA、fC、fG、fT 则是 4 个浮点数，表示 4 种碱基的频率，仅适合核酸序列。

-v：设置不变位点的比例。是一个 [0，1] 区间的值，或使用 e 表示程序获得其最大似然估计值。

-a：gamma 分布的参数。此参数值是个正数，或使用 e 表示程序获得其最大似然估计值。

-o：参数优化的选项。

t：对 tree topology 进行优化。

l：对 branch length 进行优化。

r：对 rate parameters 优化。

tlr：对三者都进行优化。

params=n：不进行优化。

练习与作业

1. 什么是系统进化树？为什么建系统进化树？

2. 构建系统进化树的步骤是什么？

3. 熟练掌握本实验中介绍的系统进化树构建软件的使用方法。

4. 请自选 DNA 或蛋白质序列，使用 MEGA 构建进化树，并揭示其意义。

5. 使用 ggtree 对进化树的优化。

6. 在 NCBI 中，找到你熟悉的 10 个蛋白质，并找到其同源蛋白质，实现在 Linux 平台中进行系统进化树的构建。

7. 请列举其他可进行系统进化树的软件资源。

实验九

单菌基因组序列拼接与基因预测

随着高通量测序技术发展，其测序通量增高、测序价格降低，使科研人员对单一微生物全基因组的测序逐渐增多，并且使用的测序技术也由以前单纯二代测序向三代、二代+三代混合测序转变。基因组序列拼接指将测序得到的 DNA 片段按照正确的次序组装起来，形成完整的基因组序列。对于单菌基因组来说，准确的拼接是研究人员能够了解微生物基因组的基础。研究人员只有通过拼接后的完整基因组序列，才能实现基因组序列中基因的预测，进而才能确定菌株中的蛋白质编码基因的位置和数量，最终研究其功能和作用。在此基础上，科研人员才能准确地了解菌株的生存、生长、适应环境的能力等，进而研究和分析菌株的遗传特征、代谢能力、致病机制等。可见，通过单菌基因组序列拼接和基因预测，研究者可以了解菌株的基本特性，这对微生物学和基因组学的研究具有重要意义，帮助科学家进一步了解和利用微生物资源。此外，对于医学研究而言，了解病原菌的基因组信息可以帮助研究者更好地理解其致病机制，从而为疾病的预防和治疗提供理论依据。

实验原理

利用不同的拼接算法，包括 *de Bruijn* 图算法、重叠图算法等，实现二代、三代、二代+三代的高通量测序数据的组装，获得单菌的基因组序列；基于比对的方法或者模式识别的方法预测微生物基因组中的基因。

实验目的

本实验旨在通过对二代、三代、二代+三代的高通量测序数据组装进行讲解，使学生熟练掌握单一菌株基因组组装的过程；基于获得的单一菌株的基因组序列进行基因预测，加深学生对分子生物学理论知识的认识，培养学生理论指导实践的能力，提高学生动手操作的能力。

设备与软件

配置 Windows 系统的个人电脑、网络、网络浏览器、Ubuntu 服务器、SSH 登录工具 MobaXterm、SPAdes、nanoQC、Flye、Prodigal。

实验内容与步骤

内容一　单菌基因组序列组装

单菌基因组序列组装是对单一菌株的 DNA 序列片段得到重建原始 DNA 序列的过程，从而得到生物个体的完整基因组序列。在对测序得到的原始数据进行质量控制和过滤处理后，根据测序数据中 DNA 片段之间的重叠关系，使用不同的拼接算法将这些片段拼接成更长的连续序列。短读长序列常用 *de Bruijn* 图算法，而长读长序列则可以使用重叠图算法。拼接得到的连续序列（contigs）通常代表基因组的一部分，其完整度依赖于单菌的基因组大小、使用的测序技术、测序数据量等。此处我们通过对表皮葡萄球菌二代（Illumina 平台，双端测序）和三代（Nanopore 平台）测序数据进行单独组装和混合组装进行展示。

示例一　单菌二代高通量测序数据的组装（以 SPAdes 为例）

二代测序数据组装是指使用二代测序技术（如 Illumina）生成的高通量测序数据进行基因组组装。其过程主要包括以下步骤：

（1）测序数据的质量控制。对二代高通量测序数据进行质量控制，去除低质量的碱基和序列，以确保后续的组装质量。

（2）*k*-mer 计数。将质控过的短读序列按照固定的长度（通常为 *k* 个碱基）进行滑动窗口计数，统计每个窗口中的 *k*-mer 的出现次数。

（3）图构建。根据 *k*-mer 之间的重叠关系，构建 *de Bruijn* 图或相似的数据结构。*de Bruijn* 图是一种有向无环图，以 *k*-mer 片段作为图的节点，以 *k-1*-mer 为边，将相邻节点建立联系。

（4）路径寻找与组装。在 *de Bruijn* 图中搜索路径，找到覆盖基因组序列的连续路径。根据路径的权重、长度和相关信息，判断其是否代表基因组的一部分。

（5）序列校正与连接。对组装得到的路径进行错误校正和连接，消除读错和间隔。同时，使用配对末端序列等额外信息来提高组装的准确性和连续性。

（6）结果评估。通过一系列指标，如 N50、总长度、GC 含量等，评估组装结果的质量。

此处，除（1）和（6）的步骤外，其余步骤都由组装软件完成，不需要用户单独完成。除此之外，需要注意的是，二代高通量测序数据组装方法主要适用于小到中等规模的基因组组装，对于大型、复杂的基因组（如多倍体、高度重复或杂合基因组）的组装可能面临一定的挑战。在这种情况下，通常需要结合其他测序技术（如三代测序）获得更长的读长，以提高组装结果的准确性和连续性。

SPAdes 是一款免费、开源的基因组组装软件，适用于处理各种类型的二代测序数据和三代数据。其基因组组装算法综合了 *de Bruijn* 图、序列的重叠性等多种信息，通过不同的流程进行基因组组装、错误纠正等步骤，具有较高的组装和纠错性能，对于读长数据也有很好的应用效果。

下面以组装软件 SPAdes 为例进行示范表皮葡萄球菌基因组组装的过程。

（1）SPAdes 的下载和安装

```
#SPAdes 的下载和安装。
$ cd ~/tools
#Github 网址为：https://github.com/ablab/spades
$ wget -c http://cab.spbu.ru/files/release3.15.5/SPAdes-3.15.5-Linux.tar.gz
$ tar -xzf SPAdes-3.15.5-Linux.tar.gz
# 将路径加入 .bashrc 中，实现全局调用，绝对路径为：/home/user/tools/SPAdes-3.15.5/bin
```

（2）二代测序数据质控软件 fastp 的安装

```
#root 用户安装质控 fastp。
$ sudo apt install fastp
# 如果 root 用户未安装，普通用户请按照之前实验讲到的方法自行安装。
```

（3）二代高通量测序数据存放

```
## 假设二代高通量测序数据放在 ~/projects/gene_assembly/2/rawdata 中，进入查看。
$ cd ~/projects/gene_assembly/2/rawdata
```

（4）二代高通量测序数据质控

```
# 执行质控操作，切换至 ~/projects/gene_assembly/2/ 下。
$ cd ~/projects/gene_assembly/2/
$ mkdir good  # 创建 good 文件夹，以存放质控后的数据。
$ fastp --in1 ./rawdata/Se_R1.fq.gz --out1 ./good/Se_R1.fastq.gz --in2 ./rawdata/Se_R2.fq.gz --out2 ./good/Se_R2.fastq.gz -w 40 -h ./good/Se.fastp.html -j ./good/Se.fastp.json
```

（5）二代高通量测序数据组装

```
# 执行组装操作，还在第 4 步的目录下。
$ mkdir assembly  # 创建 assembly 文件夹，以存放组装后的结果。
$spades.py –m 32 –t 16 –1 ./good/Se_R1.fastq.gz –2 ./good/Se_R2.fastq.gz –o assembly  # 默认参数组装
#–m 内存；–t 线程；–1 R1 数据；–2 R2 数据；–o 输出结果
```

至此，基于表皮葡萄球菌的二代高通量测序数据，通过 fastp 软件进行了测序数据质量的控制，使用 Spades 软件进行了二代测序数据的组装，得到了组装结果（图 9–1）。需要说明的是，组装结果的好坏与组装的参数有关，我们在这里使用的是默认参数，用户可以根据自己的需要进行参数的调整，以获得更好的基因组组装结果。

```
assembly_graph_after_simplification.gfa  before_rr.fasta  corrected
assembly_graph.fastg                     contigs.fasta    dataset.info
assembly_graph_with_scaffolds.gfa        contigs.paths    input_dataset.yaml
K21  K77         pipeline_state   scaffolds.fasta  tmp
K33  misc        run_spades.sh    scaffolds.paths  warnings.log
K55  params.txt  run_spades.yaml  spades.log
```

图 9–1　基于表皮葡萄球菌的二代测序数据的组装结果展示

示例二　三代 Nanopore 测序数据组装

三代 Nanopore 测序一种基于纳米孔技术的高通量单分子测序技术，可用于基因组测序、转录组测序、全基因组甲基化等，具有无须 PCR 扩增、高通量、实时测序、长读长、单分子测序的优点，但与其他测序方法相比，其错误率较高，尤其是在读取较长的读段时，可能会有更多的碱基错误。除此之外，Nanopore 测序产生的数据较为复杂，数据处理也比较复杂。此处以表皮葡萄球菌的 Nanopore 测序数据为例，展示 Nanopore 三代测序的单菌基因组组装分析流程。

当前，三代测序数据的组装软件较多，详见表 9–1。在本书中，我们以 Flye 软件为例进行展示，因为 Flye 软件是一种专门设计用于处理长读长数据，具有解决基因组重复序列的能力，有助于提高组装的准确性和连续性。Flye 使用了一种叫作 Hybrid Error Correction 的策略来纠正长读长数据中的错误，提高组装质量。Flye 还利用 Dazzler 库中提供的数据结构和算法来处理长读长数据的拼接。在组装过程中，Flye 采用多轮迭代的策略来改进组装结果。它在每一轮迭代中，会根据前一轮的组装结果和纠错信息，进行错误校正、重组装和连接，逐步改进组装质量，增加组装的连续性和准确性。

表 9-1　可用于三代测序数据组装的软件

软件	网址
Flye	https://github.com/fenderglass/Flye
Canu	https://github.com/marbl/canu
FALCON	https://github.com/falconry/falcon
HINGE	https://github.com/HingeAssembler/HINGE
MECAT	https://github.com/xiaochuanle/MECAT
Miniasm	https://github.com/lh3/miniasm
SPAdes	https://github.com/ablab/spades
HGAP	https://github.com/facebookresearch/hgap
MARVEL	https://github.com/wenweixiong/MARVEL

下面以组装软件 Flye 为例进行示范，所用到的软件如何安装不再赘述。

（1）Nanopore 测序数据质量查看

```
#Nanopore 测序数据放在 ~/projects/gene_assembly/3/rawdata 中
$ cd ~/projects/gene_assembly/3/  # 进入这个文件夹。
# 使用 NanoQC 进行测序质量的查看。
$ nanoQC ./rawdata/Se_pass.fq.gz -o ./nanoQC/Se  # 输出结果到 nanoQC 文件夹下。
```

（2）Nanopore 测序数据质量控制

```
# 使用 Filtlong 进行测序数据的质量控制。
$ mkdir good
$ filtlong --min_length 100 --min_mean_q 7 ./rawdata/Se_pass.fq.gz | gzip >./good/Se.filtlong.fq.gz
```

（3）Nanopore 测序数据组装

```
# 使用 Flye 进行测序数据组装。
$ flye --nano-raw ./good/Se.filtlong.fq.gz --out-dir Se_nano_assembly --meta -i 3 --threads 48
```

至此，就完成了表皮葡萄球菌 Nanopore 测序数据的组装，结果如图 9-2 所示。

```
                        /flye$ ls
00-assembly  20-repeat     40-polishing   assembly_graph.gfa  assembly_info.txt
10-consensus 30-contigger  assembly.fasta assembly_graph.gv   flye.log
                        /flye$ head assembly.fasta
>contig_2
ATGAACATTGAAAACTGAATGACAATATGTCAACGTTAATTCCAATAAACAGTAACGAAA
CGTTACAAACTATTTAGTATTTATGAGCTAATCAAACATCATAATTTTTATGGAGAGTTT
GATCCTGGCTCAGGATGAACGCTGGCGGCGTGCCTAATACATGCAAGTCGAGCGAACAGA
CGAGGAGCTTGCTCCTCTGACGTTAGCGGCGGACGGGTGAGTAACACGTGGATAACCTAC
CTATAAGACTGGGATAACTTCGGGAAACCGGAGCTAATACCGGATAATATATTGAACCGC
ATGGTTCAATAGTGAAAGACGGTTTTGCTGTCACTTATAGATGGATCCGCGCCGCATTAG
CTAGTTGGTAAGGTAACGGCTTACCAAGGCAACGATGCGTAGCCGACCTGAGAGGGTGAT
CGGCCACACTGGAACTGAGACACGGTCCAGACTCCTACGGGAGGCAGCAGTAGGGAATCT
TCCGCAATGGGCGAAAGCCTGACGGAGCAACGCCGCGTGAGTGATGAAGGTCTTCGGATC
```

图 9-2 基于表皮葡萄球菌的三代测序数据的组装结果展示

示例三 二代 + 三代高通量测序数据的混合组装

二代测序具有较高精度和较短的读长，适用于高通量测序和检测变异；而三代测序具有长读长和较高的测序速度，但错误率较高。在某些情况下，仅使用二代或三代测序可能无法满足研究人员的需求。混合拼装是一种将二代和三代测序数据结合起来进行拼装的方法，以充分利用二者的优点并弥补其不足之处。例如，三代测序的长读长有助于跨过基因组中的重复区域，产生较长的连续序列。这可以帮助解决二代测序中由于这些重复区域而产生的组装困难问题。通过将二代测序数据与三代测序数据混合拼装，可以使用高精度的二代测序数据对三代测序数据进行错误校正，提高拼装的质量。因此，二代测序数据和三代测序数据的混合拼装是非常重要的。我们将使用表皮葡萄球菌的二代 + 三代测序数据的组装作为示例。

此处使用的混合组装软件是 Unicycler。Unicycler 是一种用于细菌基因组组装的混合拼接工具，它结合了二代和三代测序数据，以生成相对完整和连续的细菌基因组序列。它对二代数据进行纠错和组装，以产生高质量的较长参考序列；同时，也对三代数据进行长读长的纠错和组装。在混合数据处理后，Unicycler 会将二代组装产生的参考序列与三代组装的长读长序列相结合，利用长读长数据填补二代组装的间隙，减少序列碎片并增加组装的连续性。Unicycler 还采用了迭代优化的策略，通过多个轮次的组装和纠错，不断改进组装的质量，产生更连续的基因组序列，可以提高对细菌基因组的组装质量和完整性，特别适用于环节较复杂、含有重复序列或质粒的细菌基因组。

下面以组装软件 Unicycler 为例进行示范，所用到的软件如何安装不再赘述。

（1）二代测序数据质量控制

同示例一中的测序数据质量控制，质控后的测序数据放在 ~/projects/gene_assembly/2/good 文件夹中。

（2）三代 Nanopore 测序数据质量控制

同示例二中的测序数据质量控制，质控后的测序数据放在 ~/projects/gene_assembly/3/good 文件夹中。

（3）二代 + 三代测序数据混合拼装

```
# 使用 Unicycler 进行测序数据组装。
$ cd ~/projects/gene_assembly/ # 切换至当前路径
$ unicycler-runner.py -l ./3/good/Se.filtlong.fq.gz -1 ./2/good/Se_R1.fastq.gz -2 ./2/good/Se_R1.fastq.gz -o Se_23unicycler -t 48 # 第一个参数是小写的 L，后面的是数字 1，别输入错了。
```

至此，就完成了使用 Unicycler 对表皮葡萄球菌的二代和三代数据的混合拼装，可以得到 3 个环形的 DNA：一个基因组 DNA、两个质粒（图 9-3）。

图 9-3 基于表皮葡萄球菌的二代和三代测序数据的组装结果展示

内容二 单菌基因的预测

原核生物基因预测通常采用基于比对的方法和基于模式识别的方法。其中，基于比对的方法主要利用已知的蛋白质序列或者基因组 DNA 序列库进行比对和相似性搜索，以识别新序列中类似的基因序列。这种方法速度较快，但对于不同菌株来说其适用性可能会较低。基于模式识别的方法则使用统计模型和机器学习算法来预测基因的位置、外显子和内含子边界等特征，常用的算法包括隐马尔可夫模型、神经网络和支持向量机（Support Vector Machine，SVM）等。这种方法需依赖训练数据的质量和数量，但能够处理复杂的基因结构，对各个菌株的基因预测效果可能会更好。

在此主要介绍 NCBI 中 ORFfinder（线上工具）和 Prodigal（Linux 系统下）这两种方法及其预测基因的流程。

示例一 ORFfinder

NCBI 网站中的 ORFfinder 是线上开放阅读框的预测工具，线上版本输入的 fasta 文件，最大为 50 kb，预测结果可以进一步进行 BLAST。使用方法如下：

（1）打开 ORFfinder 的官方网站

在浏览器中输入 https://www.ncbi.nlm.nih.gov/orffinder/，进入 ORFfinder 的官网，可以看到相关介绍、优缺点和 Linux 版本的下载地址等。

（2）输入需要预测的序列

在 Enter Query Sequence 中，输入需要预测的核酸序列，其格式需为 fasta 格式（图 9-4）。

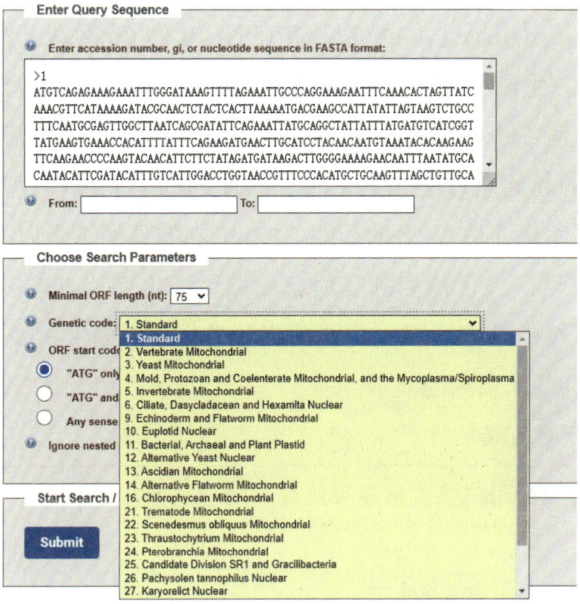

图 9-4　NCBI 中的 ORFfinder 工具的使用演示

（3）参数设置

在进行 ORF 的预测时，用户可根据自己的实际情况进行参数的设置，包括预测的范围、ORF 的最小长度、密码子表、起始密码子等。设置好后，点击 Submit 进行预测。

（4）结果展示

预测结果如图 9-5 所示，包括预测 ORF 的数目、方向、位置、核酸序列、蛋白质序列、BLAST 和 SmartBLAST 等快捷按钮。相关结果用户可自行查看。

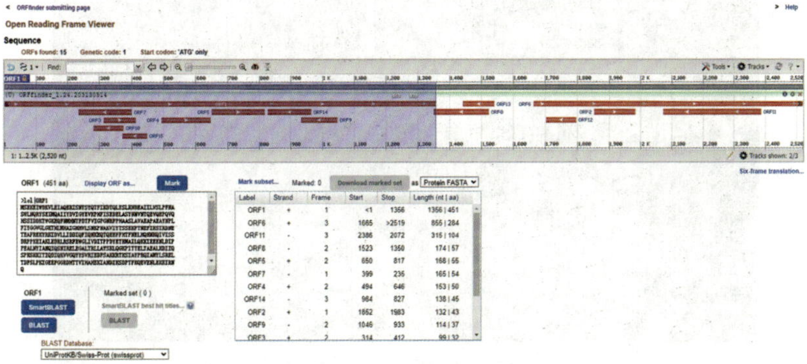

图 9-5　NCBI 中 ORFfinder 对核酸序列中基因的预测结果展示

示例二 Prodigal

原核生物基因预测的动态规划算法（Prokaryotic Dynamic Programming Genefinding Algorithm，Prodigal）是为细菌和古菌基因组进行蛋白编码基因预测的软件。2007 年开发后迅速成为微生物基因预测领域最受欢迎的算法之一。截至 2021 年 2 月，发表该软件的出版物已被引用超过 4 400 次，并在 NCBI 的 ftp 网站上保存了使用 Prodigal 预测的所有细菌和古生菌基因组的结果。Prodigal 基于动态规划算法，通过分析 DNA 序列中的开放阅读框（Open Reading Frame，ORF）识别和定位基因。它首先利用统计模型计算 ORF 的起始点、终止点以及核酸序列的编码概率，然后通过比对 ORF 与已知蛋白质数据库来评估 ORF 的功能。Prodigal 的预测结果以 GFF 格式（General Feature Format）输出，包含预测的基因起始点、终止点、方向以及其他相关信息，这些结果能够为后续的基因注释、功能预测和进化分析提供重要的基础。下面进行 Prodigal 软件安装和基因预测的演示。

（1）Prodigal 下载安装

```
#Prodigal 可直接由 root 用户安装后即可使用。
#conda 直接安装
$ conda install –c bioconda prodigal
```

（2）Prodigal 使用说明

Prodigal 安装后，查看其具体的参数设置（图 9–6）。其中 –i 是指定待预测的基因组文件（DNA 序列文件），必须指定；–f 是指选择输出格式（gbk、gff 或 sco），默认为 gbk；–o 是指定输出文件（默认显示在屏幕）；–d 是指定输出基因核酸序列文件；–a 是指定输出基因蛋白序列文件；–q 是指静默运行；–p 为指定单菌还是微生物群落。

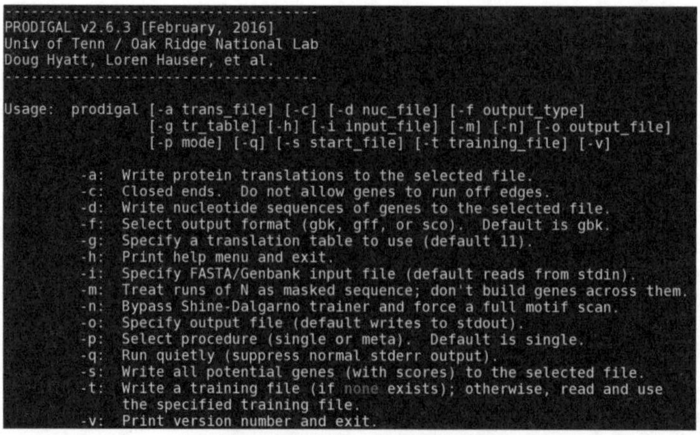
```
------------------------------------
PRODIGAL v2.6.3 [February, 2016]
Univ of Tenn / Oak Ridge National Lab
Doug Hyatt, Loren Hauser, et al.
------------------------------------

Usage:  prodigal [-a trans_file] [-c] [-d nuc_file] [-f output_type]
                 [-g tr_table] [-h] [-i input_file] [-m] [-n] [-o output_file]
                 [-p mode] [-q] [-s start_file] [-t training_file] [-v]

         -a:  Write protein translations to the selected file.
         -c:  Closed ends.  Do not allow genes to run off edges.
         -d:  Write nucleotide sequences of genes to the selected file.
         -f:  Select output format (gbk, gff, or sco).  Default is gbk.
         -g:  Specify a translation table to use (default 11).
         -h:  Print help menu and exit.
         -i:  Specify FASTA/Genbank input file (default reads from stdin).
         -m:  Treat runs of N as masked sequence; don't build genes across them.
         -n:  Bypass Shine-Dalgarno trainer and force a full motif scan.
         -o:  Specify output file (default writes to stdout).
         -p:  Select procedure (single or meta).  Default is single.
         -q:  Run quietly (suppress normal stderr output).
         -s:  Write all potential genes (with scores) to the selected file.
         -t:  Write a training file (if none exists); otherwise, read and use
              the specified training file.
         -v:  Print version number and exit.
```

图 9–6 Prodigal 的参数说明

（3）Prodigal 使用示例

```
# 进入表皮葡萄球菌二代 + 三代测序数据组装结果的文件夹中。
$ cd ~/projects/gene_assembly/Se_23unicycler
# 执行 prodigal 命令。
$ prodigal -i assembly.fasta -o Se.genes -d Se.nucl.faa -a Se.proteins.faa -p single -q
# 查看基因预测产出的各个文件及其含义。
```

练习与作业

1. 比较二代和三代测序技术原理的异同。
2. 熟练掌握二代和三代测序数据的组装流程，并根据实验内容进行练习。
3. 除了本书中介绍的二代 + 三代混合组装软件，还有哪些方法？试列举。
4. 解释基因预测的原理是什么？
5. 熟练使用 ORFfinder 和 Prodigal 软件以进行基因预测。
6. 基因预测软件还有哪些？试举例说明，并掌握其使用方法。
7. ORFfinder 的缺点有哪些？为什么还需要在 Linux 服务器中进行基因预测？

实验十

核酸序列和蛋白质序列分析

生物信息学中，序列分析是非常重要的。科研人员可以通过核酸序列分析确定基因的位置、数量和功能，可以比较不同物种之间的基因组序列，从而揭示它们之间的进化关系、相似性和差异性，可以鉴定基因调控元件，如启动子、转录因子结合位点等，这有助于了解各种生物体是如何维持其生命活动，有助于更好地理解物种之间的遗传学差异和共同点，有助于理解基因调控网络以及疾病的发生机制。通过对蛋白质序列进行分析，可以推断蛋白质的结构和功能，可以预测蛋白质的三维结构，这对于了解蛋白质在生物学过程中的功能以及如何发挥功能有重要意义。可见，核酸序列分析和蛋白质序列分析在生物信息学中有极其重要的作用。因此，掌握核酸和蛋白质序列的分析是十分必要的。

实验原理

利用核酸和蛋白质序列分析的生物学软件和网络资源实现对其序列的常规和高级分析。

实验目的

本实验旨在通过对若干生物学软件进行学习，使学生熟练掌握核酸和蛋白质的序列分析，包括常规分析、限制性内切酶分析、引物设计、蛋白质的一级/二级结构分析、蛋白质理化性质分析、蛋白质定位分析和蛋白质信号肽分析等。

设备与软件

配置 Windows 系统的个人电脑、BioEdit 软件、NEBCutter、Primer X 软件、ProtParam、ProtScale、DeepTMHMM、SOPMA、WoLF PSORT、CELLO、SignalP、网络、网络浏览器。

实验内容与步骤

内容一　核酸序列分析

示例一　核酸序列的常规分析（以 BioEdit 软件为例）

BioEdit 软件在实验七中已有介绍，它是一个广泛使用的核酸和蛋白质序列编辑和分析软件。它提供了一系列功能，包括序列编辑、剪切、组装、比对、转录、翻译、限制性内切酶识别、图形生成等。用户可以使用 BioEdit 打开、编辑和分析核酸序列，也可以用于可视化序列特征的识别，如开放阅读框（ORFs）、限制酶位点等。下面简单介绍 BioEdit 软件的使用。

（1）BioEdit 的基础用法

打开 BioEdit 软件，进入主界面，可见 BioEdit 软件的界面与大多数 Windows 系统下的生物学软件类似，其有 File、Accessory Application、RNA、Options、Window、Help 等菜单。

①序列载入。通过 File→open 载入 fasta 序列文件（example.fasta），如图 10-1 所示。

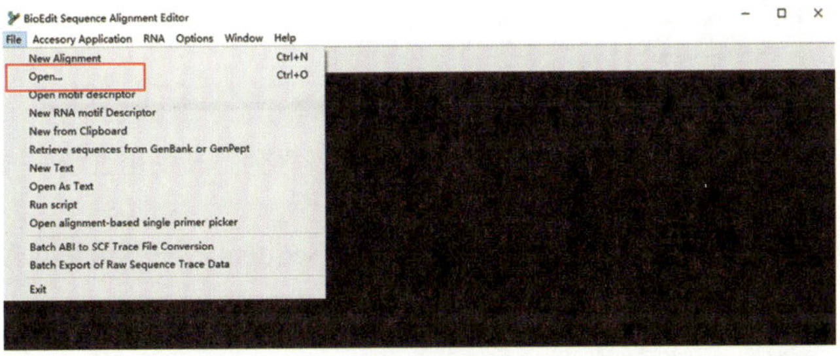

图 10-1　BioEdit 软件的主界面以及序列打开使用说明

②序列命名。点击打开后的序列（左侧），可弹出对这条序列进行编辑，其中包括 Name，如图 10-2 所示。将 1 改成 Chr，将 2 改成 Plasmid1，将 3 改成 Plasmid2。

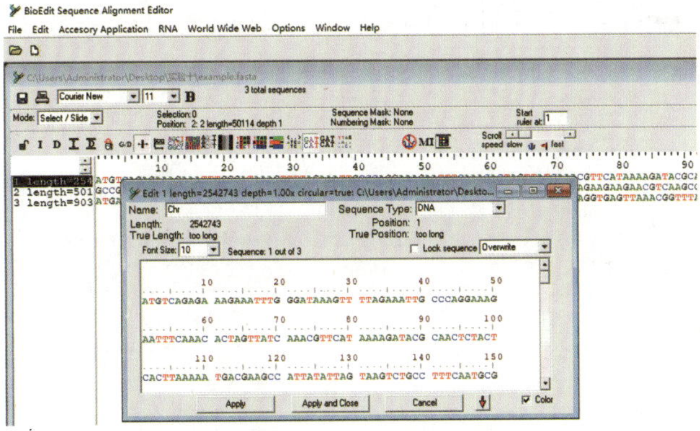

图 10-2　BioEdit 软件的序列名称重命名功能

③序列编辑。BioEdit 软件的序列编辑功能丰富强大（图 10-3），包括但不限于 Copy（Copy Sequences，可以复制窗口中的任何一条序列或者选中的碱基或者氨基酸）、Paste（Paste Sequences，将复制的序列粘贴到窗口中）、Copy Sequences Vertically（tab-formated，以 tab 分割的格式复制窗口中选中的序列到其他编辑软件，如 word 等）、Copy Sequences to clipboard（Fasta formatted，以 fasta 的格式将序列复制到其他编辑软件，如 word 等）、Cut Sequences（从窗口中剪切掉选中的多条序列）、Select to End（选中到该序列的末端）、Select to Beginning（选中到该序列的起始端）。

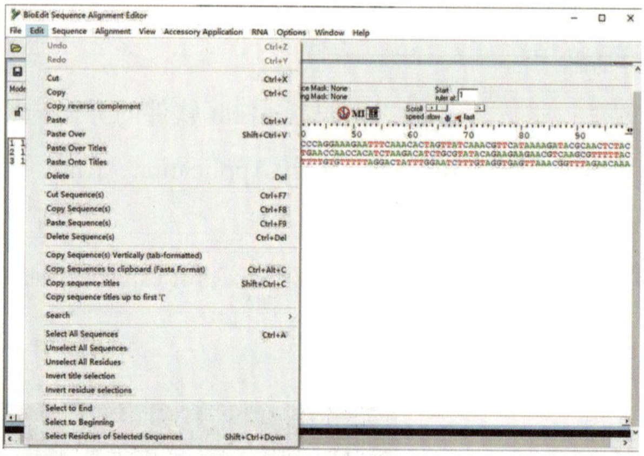

图 10-3 BioEdit 软件的主界面以及序列打开使用说明

④序列组成分析。选中 Chr 序列，选择 Sequence → Nucleic Acid → Nucleotide Composition，进行核酸序列分析，如图 10-4 和图 10-5 所示。结果分为两部分，一个结果是以文字的形式对核酸序列的长度、（单链和双链）分子质量、GC 含量、AT 含量以及 ATGC 碱基数目的描述；另一个结果是以文字和图的形式对结果进行展示。

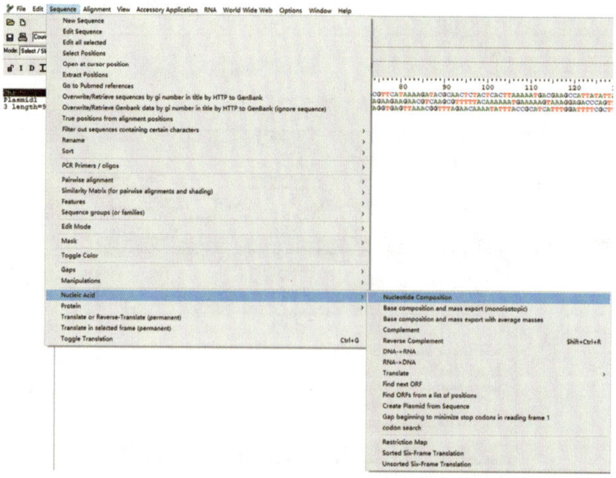

图 10-4 BioEdit 软件中 Nucleotide 下所包括的核酸分析内容

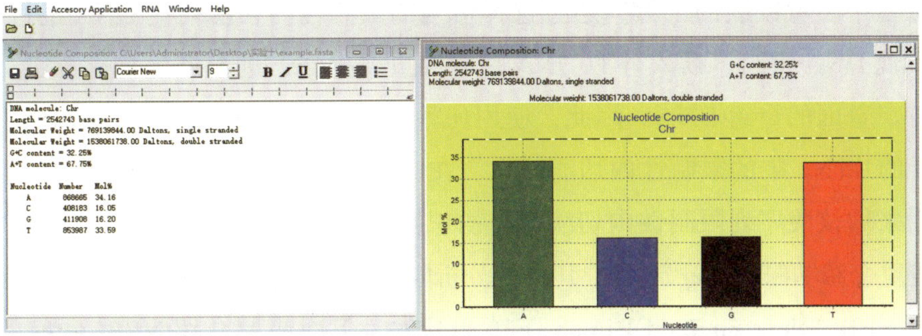

图 10-5 BioEdit 软件中核酸序列组成分析的结果

⑤序列操作。在 Sequence → Nucleic Acid 中，可对核酸序列进行以下操作，包括将序列变为互补序列、反向互补序列、DNA 和 RNA 之间的相互转换、翻译、限制性内切酶分析、ORF 的识别等。

⑥质粒图绘制。选中 Plasmid1 序列，选择 Sequence → Nucleic Acid → Creat Plasmid from Sequence，可创建质粒图谱（图 10-6）。

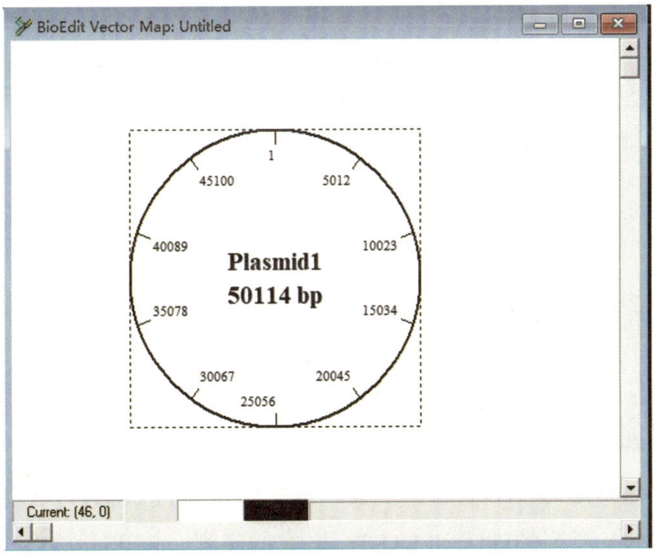

图 10-6 BioEdit 软件中创建质粒图谱的结果

⑦其他功能。除上述讲到的功能外，BioEdit 还具有其他的一些功能，如序列比对（pairwise alignment、ClustalW Multiple alignment）、引物设计（PCR Primers/oligos）、BLAST、Features 等。

示例二 核酸序列限制性内切酶分析位点的识别

核酸序列限制性内切酶（restriction endonuclease）是指能够识别并切割双链 DNA 的特定序列（这些序列通常具有对称性）的酶。当前，限制性内切酶已成为基因工程中不可或缺的工具，通过选择恰当的限制性内切酶对靶 DNA 进行切割，可以实现 DNA 重组、插入外源 DNA 片段等重要操作，进而产生具有特定功能或表达特定基因的重组 DNA。因此，使用何种限制性内切酶，首先需要知道核酸序列（目的片段）中的限制性内切酶位点。在 BioEdit 软件的介绍中，我们也提到其可以用来做核酸序列限制性内切酶位点的识别，这里不再介绍，用户可自行探索。此处着重介绍 NEBCutter 工具，其也是分析限制性内切酶位点的一款常用的在线工具，由 NEB（New England Biolabs）公司开发。下面简要介绍 NEBCutter 的使用步骤。

（1）NEBCutter 网站的访问

在浏览器中输入 NEBCutter 网站的网址：https：//nc3.neb.com/NEBcutter/，可以得知 NEBCutter 的最新版本为 3.0.17，界面清晰明了（图 10-7）。

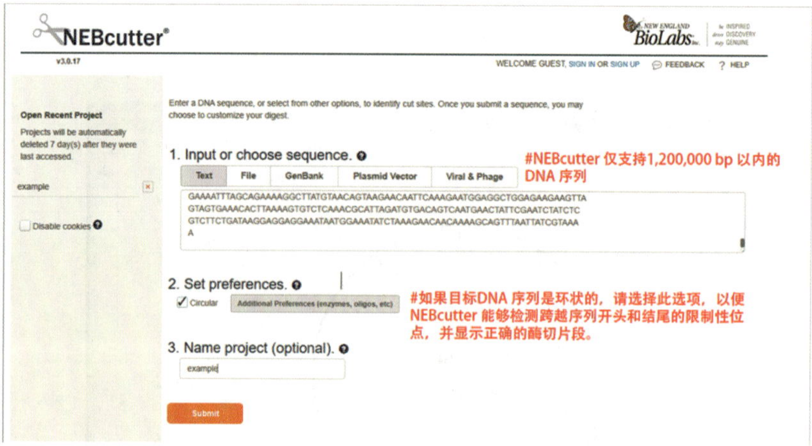

图 10-7　限制性内切酶分析工具 NEBCutter 的网站

（2）NEBCutter 的使用

在 Input or choose sequence 的文本输入框中输入目标 DNA 序列（可以有多种方式，支持直接 DNA 序列的输入和 FASTA 格式的序列，也可直接上传本地文件，或者输入有效的 GenBank 登录号）。如果输入的是质粒、病毒或者噬菌体的序列，可选择 Circular。项目的名称是非必需的，可输入一个清晰的项目名称。最后点击 Submit 即可。

（3）NEBCutter 的结果展示

用户可在 Graphical View 和 Enzyme List 中进行详细的分析结果查看（图 10-8 和图 10-9）。

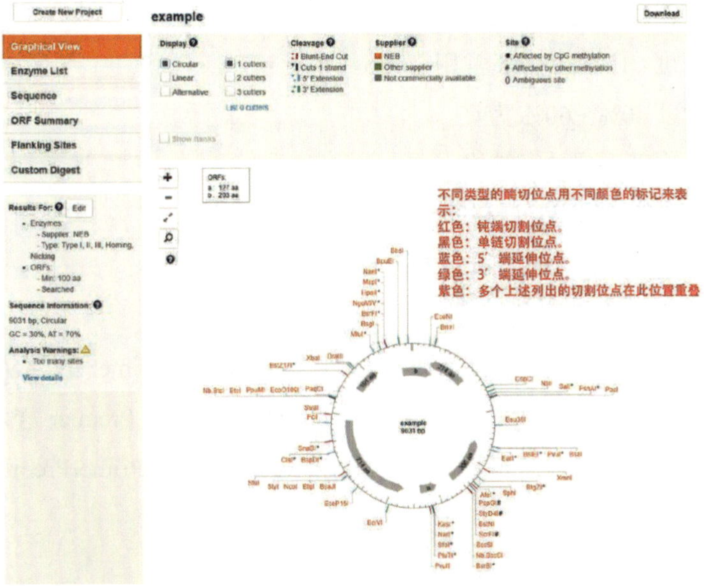

图 10-8　限制性内切酶分析工具 NEBCutter 的分析结果（1）

图 10-9　限制性内切酶分析工具 NEBCutter 的分析结果（2）

示例三　引物设计分析（以 Primer X 为例）

引物设计是指选择和设计适合特定实验目的的引物序列。在基因工程中，基于 DNA 模版获得大量的目的片段是通过 PCR 实现的。在 PCR 实验中，需要加入引物，引物设计的好坏与获得的目的片段的质量有很大的关系，引物的选择和设计对实验结果的可靠性和准确性有重要影响。因此，合理选择和设计引物可以保证实验的特异性、效率和准确性，对于实现实验目标和获得可靠的实验结果具有重要意义。

首先，我们需要明确引物设计的主要基本原则：

①引物的长度：15～30 bp，常用 21 bp 左右。

② GC 含量以 40%～60% 为宜。

③避免引物内部出现二级结构。

④引物 3’端的碱基需要严格匹配。

⑤前向引物和反向引物的 Tm 值相差最好不要超过 5℃。

⑥避免形成多种 PCR 产物。

目前，PCR 引物设计的在线资源和软件有很多，如 Primer-BLAST、Primer3、Primer3Plus、PerlPrimer、OLIGO、Primer Premier 等。Primer Premier 这款引物设计软件是比较经典的软件，具有简单易学易用等特点。此处以 PrimerPremier5.0 为例进行引物设计的介绍。

（1）Primer Premier5.0 的安装

从互联网中查找并下载 Primer Premier5.0 的安装包，按照说明进行下载安装（本书也提供了对应的资源可供用户使用）。安装成功后的界面如图 10-10 所示。

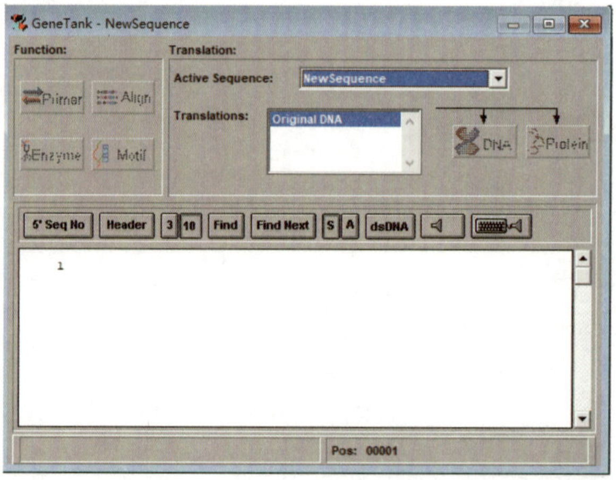

图 10-10　PCR 引物设计软件 Primer Premier5.0 的界面

（2）Primer Premier5.0 的使用

用户可将模板的 DNA 序列文件复制粘贴到 Primer Premier5.0 中，点击左上角的 Primer，进入引物设计窗口。设计窗口中包含“引物搜索”（Search）、“结果”（Results）和“引物编辑”（Edit Primers）这些功能。点击 Search 按钮后，进入引物搜索框，选择“PCR primers”，“Pairs”，设定搜索的区域、引物的长度和产物的长度。在 Search Parameters 选项中，按照引物设计的主要原则设置其他参数，以设计出更合理的引物（图 10-11）。点击“OK”后，Primer Premier5.0 即可开始自动搜索引物，搜索完成后，会跳出结果窗口，搜索结果会按照默认的设置对引物进行打分，并进行排序（Rating，图 10-12）。点击其中任一结果，可在引物窗口中，显示该引物的综合信息，包括上下游引物的序列和位置，是否会形成发卡结构、二聚体等结构，以便用户最终挑选出最合适的引物，以备后续实验使用。

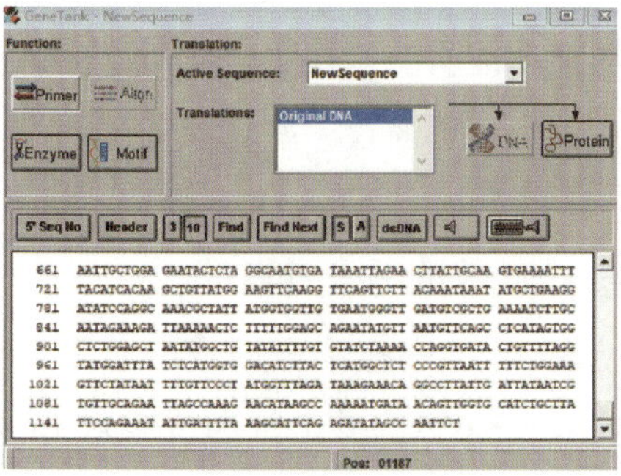

（a）输入DNA序列后，点击Primer可进入引物设计界面

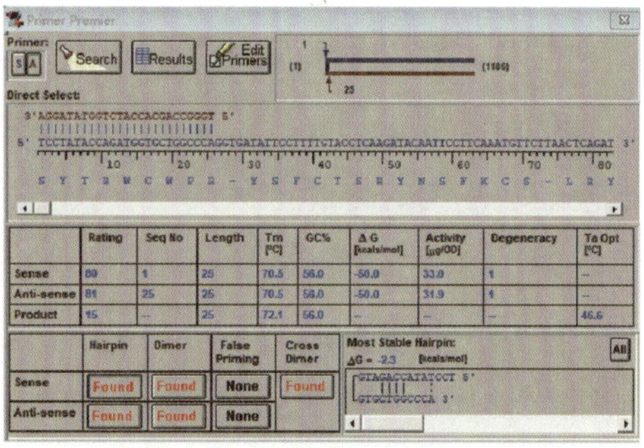

（b）点击Search按钮后，进入引物设计的参数设置界面

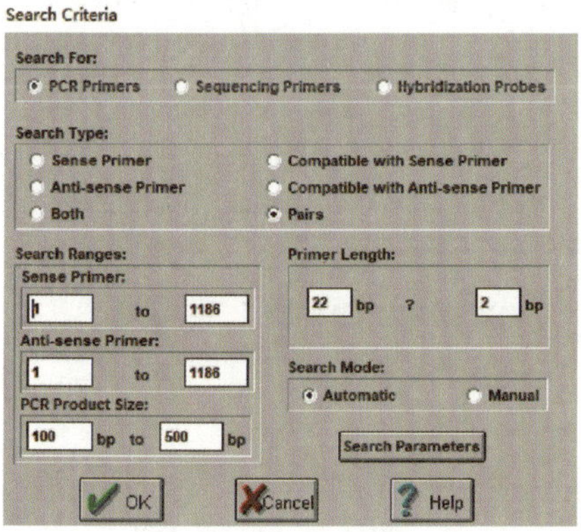

（c）引物设计的具体参数设置界面

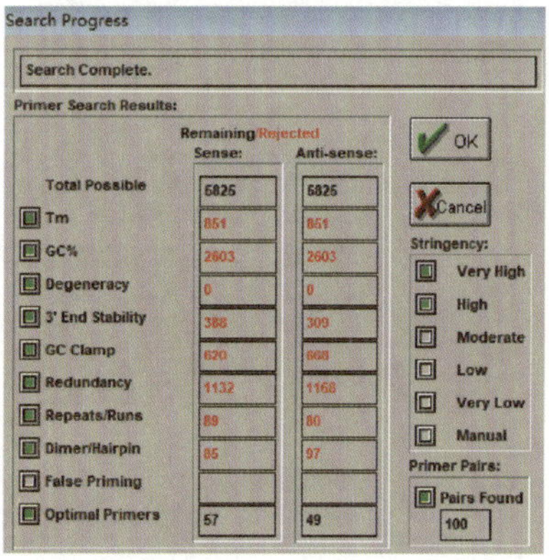

（d）按照设定好的参数进行上下游引物的搜索界面

图 10-11　Primer Premier5.0 的使用过程展示

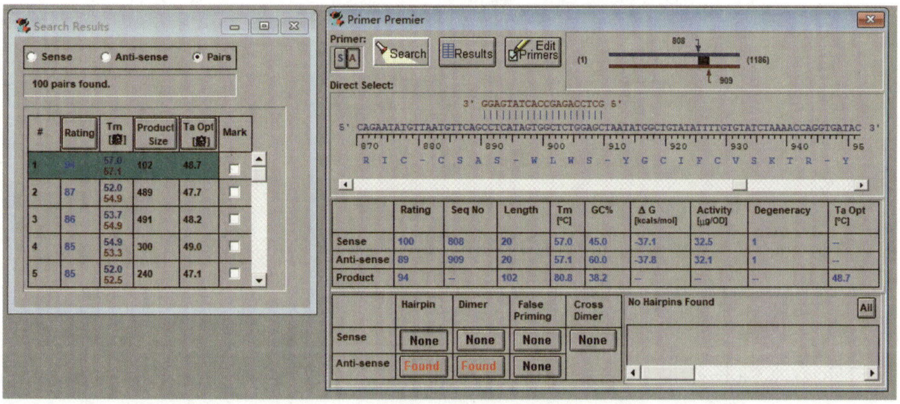

图 10-12　引物的综合信息查询界面

内容二 蛋白质序列分析

示例一 蛋白质一级结构分析

蛋白质的一级结构是指多肽链中氨基酸残基的排列顺序，也是蛋白质最基本的结构。它是由基因上遗传密码的排列顺序决定的，各种氨基酸残基通过肽键相互连接，形成线性的多肽链。蛋白质一级结构的特征取决于具体的氨基酸序列，这对于决定蛋白质的二级结构和三级结构以及其生物学功能具有重要影响。所以对蛋白质一级结构的分析是非常重要且必要的。在本示例中，可通过一些在线资源网站实现对蛋白质一级结构的分析。

（1）ExPASy 网站的 ProtParam 工具计算蛋白质序列的理化性质

在 ExPASy 网站的主页（https：//www.expasy.org）中找到根据蛋白质序列计算蛋白质理化性质的工具 ProtParam（https：//www.expasy.org/resources/protparam）。在输入框中将需要计算的蛋白质序列文件粘贴进去，点击“Compute Parameters”按钮，即可获得相应的结果（图 10-13），包括分子量、氨基酸残基的数目、理论上的等电点（pI）、原子个数、分子式、半衰期等。

图 10-13 使用 ExPASy 网站的 ProtParam 工具计算蛋白质序列的理化性质

（2）ProtScale 分析蛋白质的疏水性

蛋白质疏水性是指肽链中的氨基酸残基在水溶液中具有排除其自身周围的水分子而相互聚集在一起的一种现象或性质，以达到这些分子和水分子最小接触的目的，从而降低水不溶性分子和水分子的相互作用，进而降低系统的能量，达到一种相对稳定的状态。蛋白质的疏水性分析对于分析膜蛋白的跨膜区、球蛋白的二级结构、空间结构都具有重要的指导意义。利用 ExPASy 网站中的 ProtScale 工具可对蛋白质中的各个氨基酸的疏水性进行分析。

进入 ExPASy 网站中的 ProtScale 的页面（https：//web.expasy.org/protscale），将需要分析的蛋白质的序列输到输入框中，选择合适的归一化方法和参数即可进行分析（图 10-14）。在结果中，横轴代表蛋白的氨基酸序号，纵轴代表疏水性，值（score）越大代表越疏水，如果为负值，代表亲水。

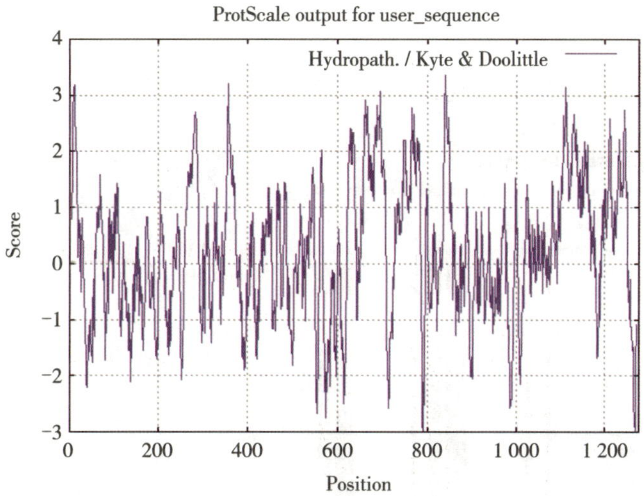

图 10-14　使用 ProtScale 进行蛋白质疏水性分析

（3）DeepTMHMM 预测蛋白质跨膜区域

TMHMM（Transmembrane Hidden Markov Model）是一种常用的蛋白质跨膜结构域预测方法，对于研究蛋白质功能和分子机制非常有价值。其基于隐马尔可夫模型可对蛋白质中的跨膜结构域包括跨膜螺旋和信号肽等区域进行预测。当前 TMHMM 已经更新为 DeepTMHMM，其是基于深度学习的方法对蛋白质的跨膜区域进行预测。

DeepTMHMM 的网址为 https：//dtu.biolib.com/DeepTMHMM。进入页面后，在输入框中将需要预测的蛋白质序列粘贴进去，或者以文件的形式上传，点击 Run 按钮分析即可（图 10-15）。分析结果也可以 GFF3 的格式下载。通过对这些信息的分析，可大致了解蛋白质的跨膜情况，确定蛋白质序列中是否包括信号肽、膜外、膜内以及跨膜螺旋等结构，以便后续更深入地研究蛋白质。此外，TMpred（http：//ch.embnet.org/software/TMPRED_form.html） 和 TMP（http：//www.mbb.ki.se/tmap）等工具也可对蛋白质的跨膜区域进行有效预测。

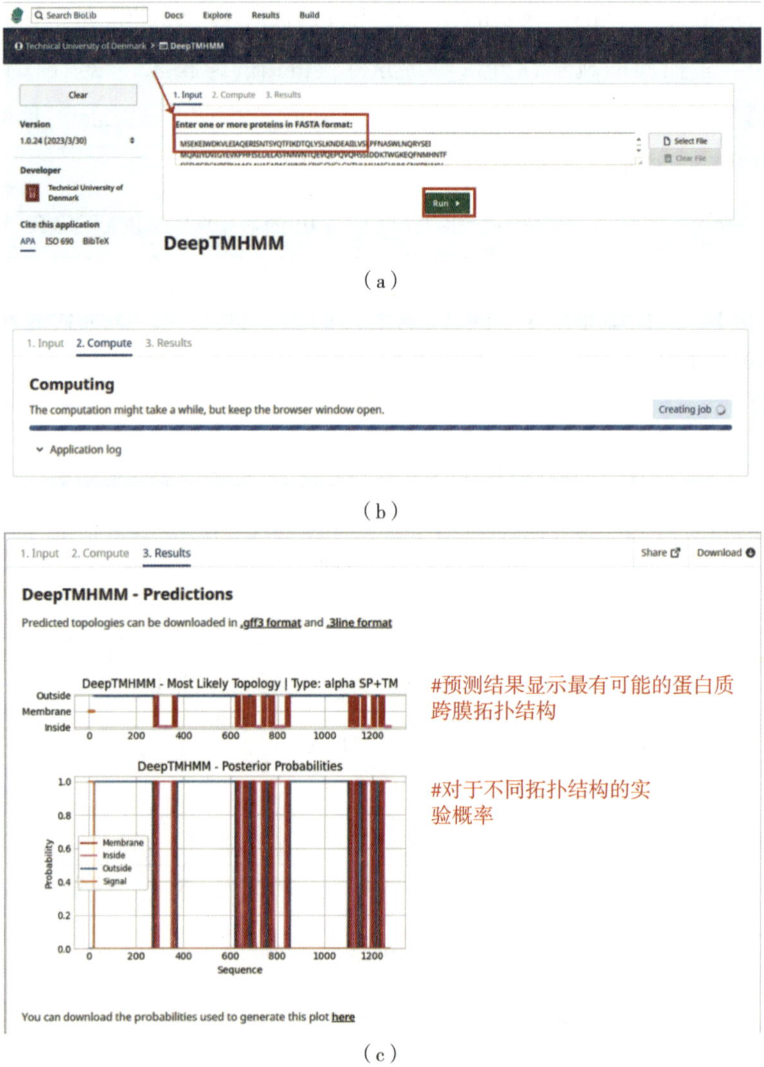

图 10-15　使用 DeepTMHMM 工具预测蛋白质的跨膜区域

示例二　蛋白质二级结构分析

蛋白质的二级结构是指蛋白质中多个氨基酸残基之间的空间排列模式，主要包括 α 螺旋、β 折叠、折叠和无规则卷曲等。这些二级结构元素是由组成蛋白质的氨基酸残基之间的氢键、静电作用和范德华力等相互作用所确定的。蛋白质的二级结构对于蛋白质的功能和稳定性起着至关重要的作用，因此对蛋白质的二级结构进行分析可以帮助揭示蛋白质的功能和结构特征。

（1）SOPMA 预测蛋白质二级结构

SOPMA（Self-Optimized Prediction Method from Multiple Alignments）是一种用于蛋白质二级结构预测的方法。SOPMA 依赖于多重序列比对和统计学方法以及

机器学习算法进行蛋白质二级结构的预测。通过分析同源蛋白质序列的共同特征，SOPMA 可以较准确地预测目标蛋白质序列的二级结构，为研究人员在蛋白质功能和结构方面提供重要参考。

进入 SOPMA 官网（https://npsa-prabi.ibcp.fr/cgi-bin/npsa_automat.pl?page=npsa%20_sopma.html），在文本框粘贴目的序列，点击提交，等待片刻即可获得分析结果（图 10-16）。

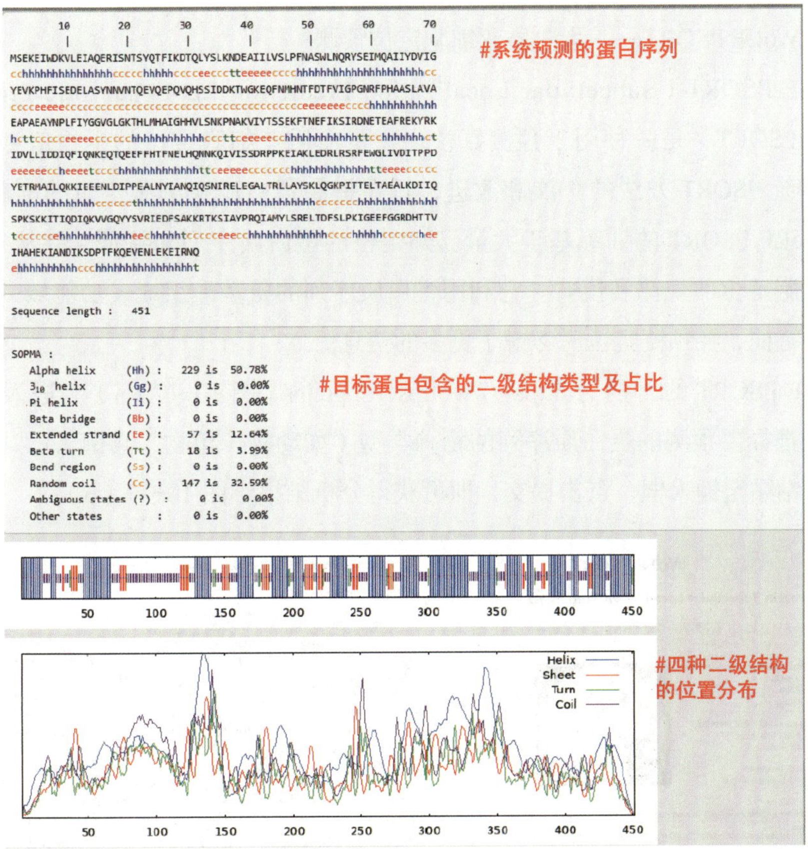

图 10-16　使用 SOPMA 预测蛋白质的二级结构

此外，对于蛋白质二级结构预测的工具还包括 PHD、PSIPRED、Jpred、PREDATOR、PSA 等，此处不再一一展示。

示例三　蛋白质亚细胞定位分析

蛋白质亚细胞定位分析可以确定蛋白质定位的基本信息，这对于研究蛋白质的功能和作用机制起到基础性的指导作用。蛋白质的亚细胞定位分析主要是生物信息学和实验方法相结合，其中生物信息学方法可用于预测和推断蛋白质在细胞内的亚细胞定位，实验方法则可用于验证和确认这些预测结果。生物信息学方法对于蛋白质亚细胞定位分析主要是基于已知的蛋白质亚细胞定位数据库和特征，如亲水性、氨基酸组成、功能域等，利用机器学习算法或序列比对等技术对未知蛋白质进行预测。常用的生物信息学工具包括 TargetP、WoLF PSORT、CELLO 等，它们可以根据蛋白质的序列特征，预测其可能的亚细胞定位位置，如核内、线粒体、内质网、细胞质等。由于单一预测方法可能存在局限性，因此，对于蛋白质亚细胞定位分析则可综合利用多种预测工具以提高预测的精度和可靠性，将它们的预测结果进行整合和分析，以获得更为可靠的蛋白质亚细胞定位信息。

（1）WoLF PSORT——蛋白质亚细胞定位预测

WoLF PSORT（Subcellular Localization Prediction for Eukaryotic Proteins by Extended PSORT）是一种用于预测真核生物蛋白质亚细胞定位的生物信息学工具。它是对传统 PSORT 方法的扩展和改进，旨在提高蛋白质亚细胞定位的准确性和可靠性。WoLF PSORT 的训练基于大量已知定位的蛋白质序列和特征，并从中学习蛋白质亚细胞定位的规律和模式。它利用蛋白质序列的氨基酸组成、功能域、结构域、信号肽等特征，在预测定位时考虑了更多的信息。

WoLF PSORT 的官网为 https：//wolfpsort.hgc.jp/［图 10-17（a）］。进入页面后，需要首先选择要预测的蛋白质序列的物种类型（如动物、植物、真菌），然后选择文件或直接粘贴至输入框，点击提交，即可获得分析结果［图 10-17（b）］。

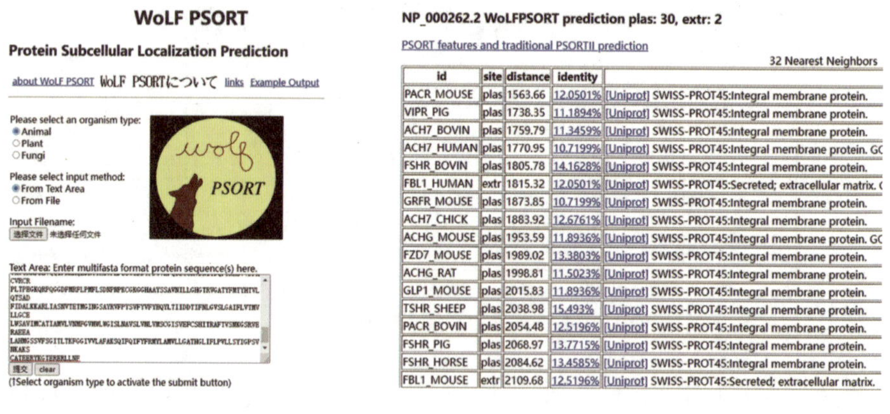

（a）WoLF PSORT输入时参数和序列的示例　　（b）示例序列的分析结果。Plas为细胞质，extr为细胞外

图 10-17　使用 WoLF PSORT 进行蛋白质亚细胞定位分析

（2）CELLO——蛋白质亚细胞定位预测

CELLO 是一个基于支持向量机算法的分类系统，采用 4 种序列编码方案，包括氨基酸组成（the amino acid composition）、二肽组成（the di-peptide composition）、划分的氨基酸组成（the partitioned amino acid composition）和基于氨基酸理化性质的

序列组成（the sequence composition based on the physico-chemical properties of amino acids），对蛋白质序列的亚细胞定位进行预测，取得最优结果。可批量提交蛋白质且其结果与 PSORT 结果高度吻合。当前版本为 2.5，官方网址为 http：//cello.life.nctu.edu.tw［图 10-18（a）］。使用官方提供的序列进行分析，结果如图 10-18（b）所示。

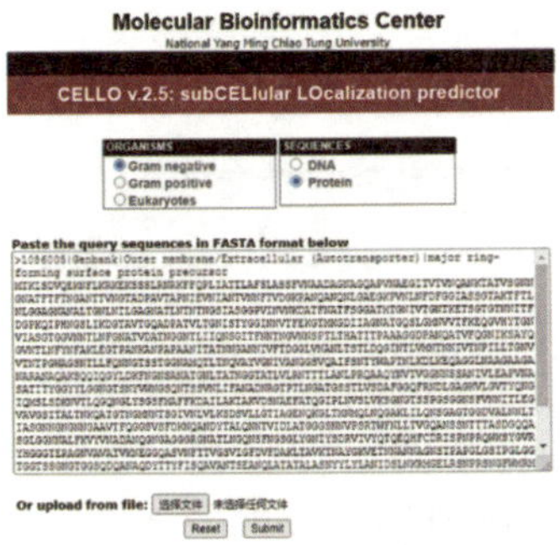

（a）CELLO输入时参数和序列的示例

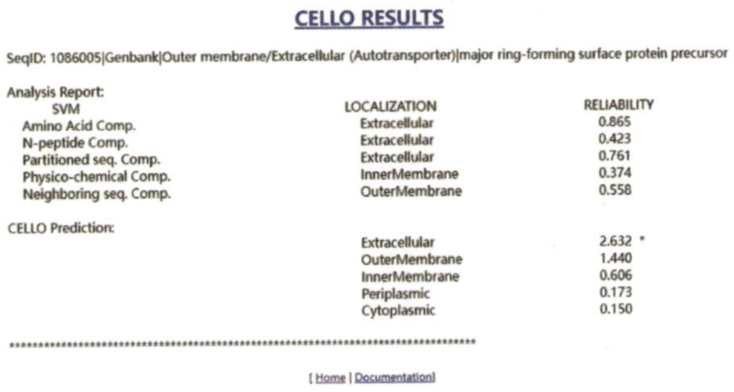

（b）CELLO提供的示例序列的分析结果

图 10-18　使用 CELLO 进行蛋白质亚细胞定位分析

示例四　蛋白质信号肽分析

蛋白质信号肽（Signal peptide）是一种存在于蛋白质序列中的特殊区域，其通常位于蛋白质的 N 端（氨基端）附近，由 20～30 个氨基酸残基组成，在蛋白质生物合成过程中扮演着重要的角色。信号肽在蛋白质合成后通常被剪切掉，并且不参与最终成熟蛋白质的功能。信号肽的主要作用是帮助蛋白质正确地定位到其在细胞内或细胞外的目的地。蛋白质信号肽在许多生物体的细胞中都起重要作用，特别是对于分泌性蛋白质来说更为重要。信号肽的正确识别和处理对于维持细胞的正常功能以及蛋白质的正确分泌至关重要。研究信号肽可以帮助人们了解蛋白质的定位和定向分泌机制，对于理解蛋白质的生物学功能和相关疾病的发生机制具有重要意义。当前，预测蛋白质信号肽的工具包括 SignalP 等。

（1）SignalP——蛋白信号肽预测

SignalP-6.0 是一款用于预测蛋白质信号肽的工具。它是由丹麦技术大学和斯德哥尔摩大学合作开发的生物信息学工具。SignalP-6.0 利用机器学习模型和深度神经网络，结合大规模的训练数据集来进行信号肽预测。相较于之前的版本，SignalP-6.0 在准确性、速度和功能上都有显著的改进。

SignalP-6.0 的主页为 https：//services.healthtech.dtu.dk/services/SignalP-6.0。在输入框中输入需要预测的蛋白质序列，设置好参数［图 10-19（a）］后，点击 Submit 即可进行预测。使用登录号为 NP_000262.2 的蛋白质序列文件，预测结果见图 10-19（b）。

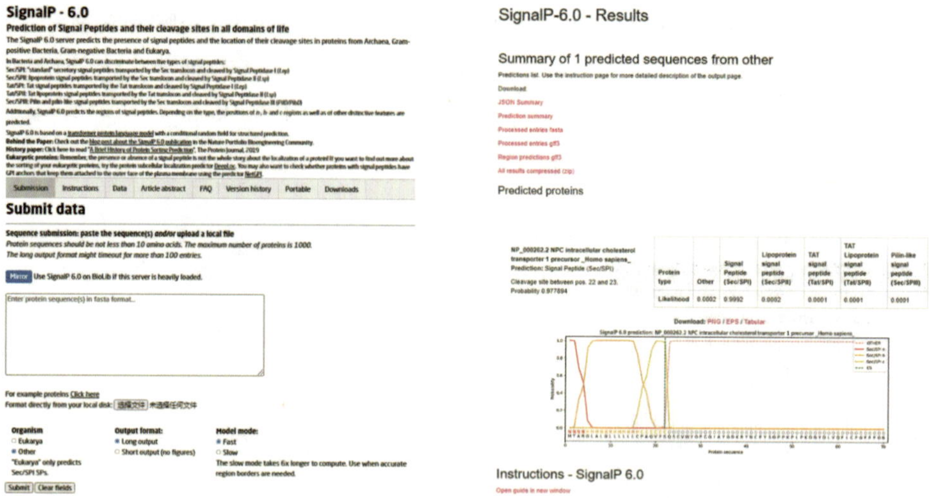

（a）SignalP输入时参数和序列的示例

（b）使用SignalP对登录号为NP_000262.2的蛋白质序列的分析结果

图 10-19　使用 SignalP 进行蛋白质亚细胞定位分析

练习与作业

1. 按照实验内容，熟练对核酸序列进行分析并进行相应的转换。
2. 熟练对核酸序列进行限制性内切酶分析。
3. 熟练掌握引物设计，掌握引物设计软件的使用。
4. 掌握蛋白质一级结构和二级结构的分析方法和工具。
5. 熟练蛋白质亚细胞定位分析和信号肽分析。
6. 列举其他蛋白质亚细胞定位和信号肽分析的工具，并熟练掌握。
7. 探索在 Unix 服务器中如何对核酸序列和蛋白质序列进行常规分析。

实验十一

基因和蛋白质的功能注释

在对单一物种或者多种物种组成的群落（一般是指微生物群落）进行高通量测序后，将测序数据进行质量控制和组装可得到单一物种或者群落的基因组，之后根据物种的不同选择特定的基因预测工具，可得到相应的基因和蛋白质。对这些基因和蛋白质进行功能注释，对进一步了解这些物种是非常重要的。一般来说，对于这些基因和蛋白质进行功能注释可依赖一键式注释工具，也可根据用户的需求进行个性化的注释。

实验原理

利用生物信息学工具（如 RAST、Prokka 等）对基因和蛋白质进行一键式功能注释。同时，利用一些常用的数据库，如碳水化合物数据库、抗生素抗性基因数据库和氮、磷、硫等生物地球化学循环等数据库，完成对基因和蛋白质的个性化功能注释。

实验目的

本实验旨在通过对一些生物信息学工具和生物数据库的使用完成对基因或蛋白质的功能注释，让学生掌握序列分析，培养学生的发散思维及迁移学习的能力。

设备与软件

配置 Windows 系统的个人电脑、网络、网络浏览器、Ubuntu 服务器、SSH 登录工具 MobaXterm、RAST、Prokka、CAZyme、ARG、METABOLIC。

实验内容与步骤

内容一　基因和蛋白质的一键式注释

示例一　基于 RAST 实现基因和蛋白质的功能注释

（Rapid Annotation using Subsystem Technology，RAST），是一款功能强大的基因

组注释工具，它可以对完整的或近完整的细菌或古菌的基因组进行快速注释，也可以用来预测 ORF、rRNA、tRNA 以及其他相应功能基因，并利用这些信息构建出相应的代谢网络。RAST 提供网页版服务，也可布置到 Ubuntu 等服务器中（RASTtk Toolkit），便于用户自行选择使用。此处我们对 RAST 网页版服务的使用进行介绍说明。

（1）打开 RAST 的网页。RAST 的网址为 https：//rast.nmpdr.org，在使用前，用户需要先进行注册（图 11-1），RAST 的用户注册需要审核之后才可使用。

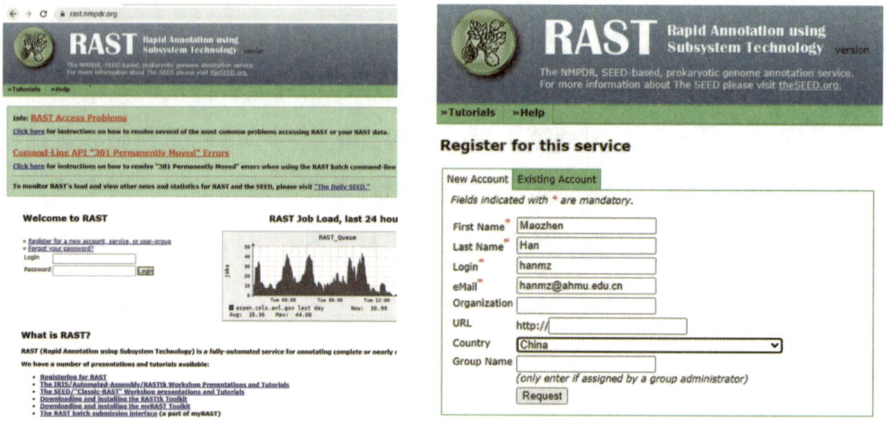

（a）RAST网站的首页展示　　　　（b）RAST用户注册示例

图 11-1　RAST 首页展示和用户注册示例

（2）登录 RAST 网页并提交任务。使用第一步中注册的用户名进行登录，进入任务提交界面（图 11-2）。点击 Your jobs 栏，选择 Upload New Jobs。上传需要注释的基因组文件，要求上传文件为 fasta 或 Genbank 格式［图 11-2（b）］。

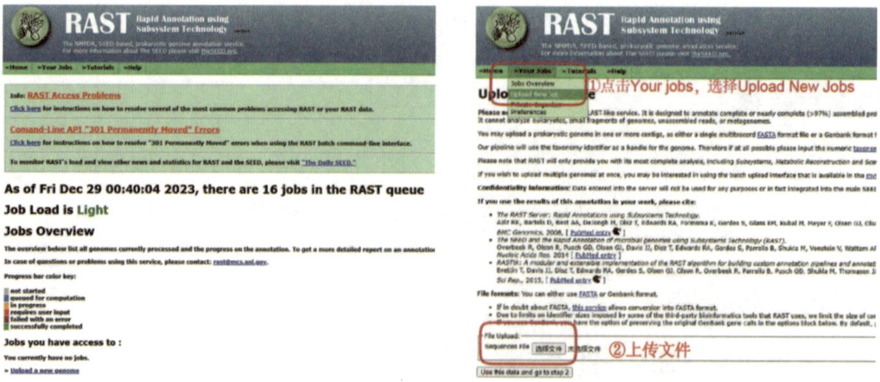

（a）RAST登录后的页面展示　　　　（b）RAST提交任务展示

图 11-2　RAST 登录和提交任务界面

（3）查看基因组信息并填写相关信息。在上一步上传基因组序列后，点击 Use this data and go to step 2 按钮，RAST 网站会提供对所使用序列的统计信息，包括序列长度、contigs 的数目、GC 含量、最短 contig 的长度、contigs 的平均长度、最长 contig 的长度、N50 和 L50 的值等［图 11-3（a）］。紧接着，用户需要填写一些必要的信息，如物种的 Taxonomy ID、Domain、Genus、Species 及密码子表等信息，点击 Use this data and go to step 3 以便进行后续的分析［图 11-3（b）］。

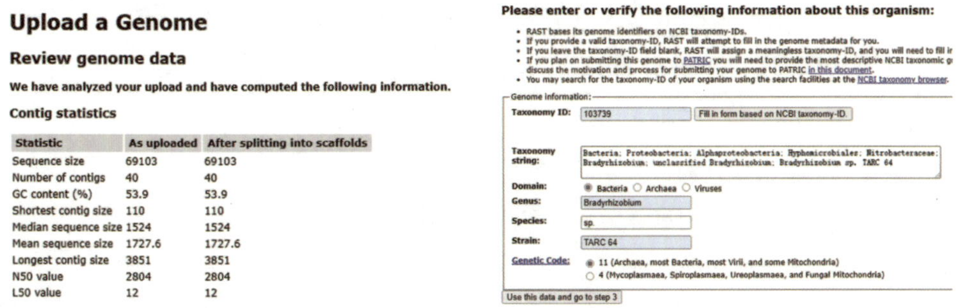

（a）RAST对所提供的序列进行统计返回的结果　　（b）RAST进行分析前需填写确认的信息

图 11-3　RAST 对序列的统计信息和需填写确认的信息

（4）完成提交序列。接第（3）步后，用户按照所需进一步进行设置，即可完成序列的提交，RAST 即可进行分析，并返回结果，用户可按照自己所需格式进行结果的下载和查看。

示例二　Prokka 实现对基因和蛋白质的功能注释

Prokka 是一款可用于细菌、古菌和叶绿体基因组注释的软件工具，它整合了多个注释步骤，包括预测基因、预测基因功能、注释基因功能、注释对应的蛋白质序列等，可为研究人员提供快速、准确的基因组注释解决方案。下面介绍在 Ubuntu 服务器中安装和使用的 Prokka 软件，以便快速掌握该软件的应用，实现对基因和蛋白质的快速注释。

（1）Ubuntu 服务器中 Prokka 的安装

参照 https：//github.com/tseemann/prokka。

```
#Prokka 的安装。
$ conda install Prokka   # 使用 conda 进行安装 Prokka。
```

（2）Prokka 的使用

Prokka 的详细使用方法按照之前对 Ubuntu 服务器中的软件使用方法，用户自行查看，此处不再赘述。用户可以到 https：//github.com/tseemann/prokka 网站中进行查看学习。运行命令如下。

```
#Prokka 的简单使用。
$ prokka --outdir /home/user/prokka --prefix sample_annotation /home/user/unicycler/
assembly.fasta # 使用 prokka 进行注释。
#--outdir 为输出结果的位置，--prefix 为输出结果的前缀，assembly.fasta 为输入文件。
```

此外，用户可按照实际需求进行进一步的设置，以便对基因组进行注释。

在这里，对结果文件中的文件后缀名也给出一定的解释，这些后缀名是生物信息学中约定俗成的，需要大家熟记。

```
Suffix  Description
.fna  # 输入的核苷酸序列文件。
.faa  # 输入的核苷酸序列翻译为氨基酸序列文件。
.ffn  # 注释的核苷酸序列文件。
.fsa  # 用于提交的核苷酸序列文件。
.tbl  # 用于提交的特征表格文件。
.sgn  # 用于提交的可编辑格式文件。
.gbk  #genbank 格式的注释文件。
.gff  #GFF 格式的注释文件。
.log  #prokka 运行日志。
.txt  #prokka 注释的各种类型序列统计信息。
.err  #prokka 对注释结果存在的一些疑问进行报告的信息。
.tsv  # 注释基因的列表。
```

（3）Prokka 的输出结果

Prokka 的输出结果如图 11-4 所示。根据第（2）步中介绍的文件的后缀名可知每个文件中的内容，进行查看和后续的使用。

```
(prokka) chenqr@cpu4:~/project/smx/prokka/1$ ls
smx5_0_annotation.err  smx5_0_annotation.fna  smx5_0_annotation.gff  smx5_0_annotation.tbl
smx5_0_annotation.faa  smx5_0_annotation.fsa  smx5_0_annotation.log  smx5_0_annotation.tsv
smx5_0_annotation.ffn  smx5_0_annotation.gbk  smx5_0_annotation.sqn  smx5_0_annotation.txt
```

图 11-4　Prokka 运行结束后的结果展示

内容二　基因和蛋白质的个性化注释

示例一　碳水化合物活性酶的注释

碳水化合物活性酶（CAZymes）是一种酶，主要以糖苷键为目标，降解、合成或修饰碳水化合物。其在植物和微生物中种类非常丰富。随着高通量测序技术的发展，大量的微生物组进行了测序，来自各种生态位的宏基因组组装得到的基因组现在可以在公共数据库中获得。如何对这些微生物的基因组进行 CAZymes 的注释，进而研究微生物对糖的代谢，是研究人员比较感兴趣的问题。内布拉斯加大学的团队在 Nucleic Acids Research 上发布了 dbCAN-seq 数据库，为注释得到 CAZyme 提供了便利。其基于蛋白质结构域中的氨基酸序列的相似性，将碳水化合物归入不同的蛋白质家族，该数据库提供了碳水化合物合成、代谢、转运等酶的分类和相关信息，当前已成为基因和蛋白质功能注释的重要组成部分。

（1）CAZyme 网站的访问

CAZyme 的网页为 http：//www.cazy.org。进入页面后，可看见其最近更新的日期为 2024 年 2 月。CAZyme 可分为糖苷水解酶（Glycoside Hydrolases，GHs）、糖苷转移酶类（GlycosylTransferases，GTs）、多糖裂解酶类（Polysaccharide Lyases，PLs）、碳水化合物酯酶类（Carbohydrate Esterases，CEs）、辅助模块酶类（Auxiliary Activities，AAs）、碳水化合物结合模块（Carbohydrate-Binding Modules，CBMs）。当前 CAZy 数据库中共收录了 29 845 个细菌、522 个古菌、483 个病毒、1 472 个真核生物基因组的相关数据。

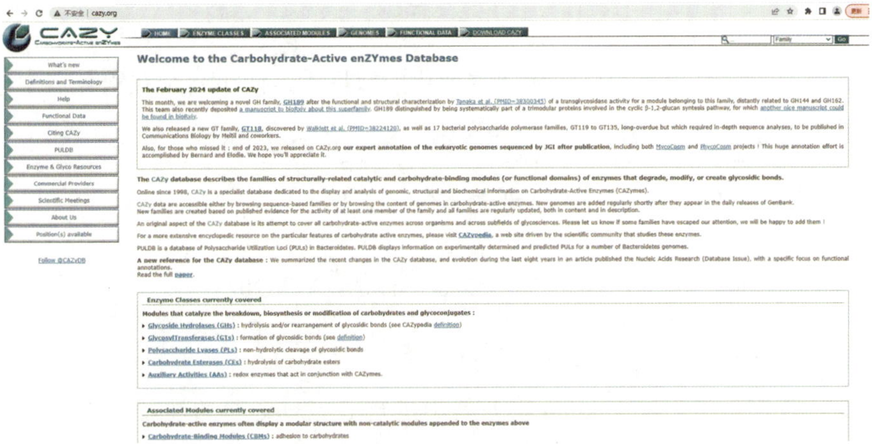

图 11-5　CAZyme 网站展示

（2）CAZyme 序列注释数据库 dbCAN3 的下载

dbCAN 是一个用于注释碳水化合物活性相关酶的在线服务器和数据库，其当前版本已经更新到 dbCAN3（图 11-6），网址为 https：//bcb.unl.edu/dbCAN2/index.php。此处不再介绍线上注释，重点关注在 ubuntu 服务器中如何进行大规模注释。在主页中点击 Download 跳转到数据库下载的地址（https：//bcb.unl.edu/dbCAN2/download），下载 CAZyDB.07262023.fa 程序到服务器的指定目录，如 /home/user/databases/dbCAN。也可下载适用于 HMMER 工具的数据库，如 dbCAN-HMMdb-V12.txt。

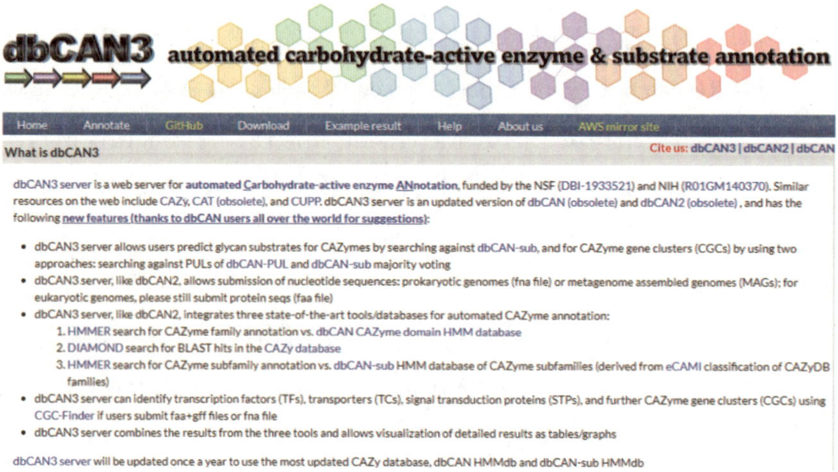

图 11-6 dbCAN3 网站展示

```
# 使用 wget 命令下载 CAZyDB 数据库。
$ cd /home/user/databases/dbCAN
$ wget -c https://bcb.unl.edu/dbCAN2/download/CAZyDB.07262023.fa
```

（3）构建本地化的数据库

此处以 Diamond 工具为例，构建本地化的数据库，便于后续在服务器中进行基因或者蛋白质的大规模注释。

```
# 使用 diamond 构建本地化的 CAzyme 数据库。
$ cd /home/user/databases/dbCAN
$ diamond makedb --in CAZyDB07262023.fa --db CAZYDB2023
```

（4）使用 diamond 进行 CAZyme 酶的注释

至此，我们就可以在 Ubuntu 服务器中进行 CAZyme 酶的注释工作，示例命令如下。

```
# 使用 diamond 构建本地化的 CAzyme 数据库。
$ diamond blastp -q /home/user/unicycler/assembly.protein.fasta -f 6 -k 1 -e 0.00001 -p 20 -d /home/user/databases/dbCAN/CAZyDB_2023.dmnd -o /home/user/unicycler/output/1CAZymes.txt
```

结果文件如图 11-7 所示，用户按照相似度、一致性或者覆盖度等进行筛选即可获得基因组或者微生物群落的碳水化合物酶的注释，以进行后续分析。

```
6     AKQ02536.1|GT51 52.1   121   54    3     173   289   458   578   4.48e-24        114
9     UOQ91880.1|GT2  55.8   77    34    0     204   280   80    156   2.48e-21        94.4
12    QWU86251.1|GT1  30.4   227   120   9     9     204   1676  1895  1.65e-14        80.5
17    CAN80640.1|GT47 43.8   416   230   4     6     418   944   1358  1.04e-106       348
18    AIZ42233.1|GT2  36.1   133   79    2     4     134   2     130   2.28e-17        85.5
19    CAD7252417.1|GH13      35.6  219   128   5     378   589   71    283   1.07e-28    128
22    APJ07999.1|GH51 51.2   86    42    0     178   263   127   212   6.13e-21        93.2
29    QBA78937.1|GT2  36.5   170   97    4     113   274   138   304   1.47e-19        92.0
34    AHC20320.2|GT5  25.9   197   140   4     64    257   246   439   1.34e-10        67.4
36    AWP12966.1|GT68 27.8   205   139   4     10    207   2376  2578  1.52e-19        95.1
40    USK91663.1|CBM66       30.3  244   149   7     3     237   436   667   1.12e-21    99.4
42    AOZ88982.1|GT51 25.3   328   165   13    321   620   298   573   1.50e-11        73.9
60    CCO10203.2|GH1  86.9   390   51    0     1     390   1     390   1.56e-244       674
74    CCO11681.2|GH25 30.1   219   148   4     6     222   4     219   1.37e-27        114
77    QFY42352.1|GT35 35.0   117   71    2     3     114   6     122   2.86e-14        77.0
78    QSW89119.1|GH43_28     23.6  237   148   8     130   351   229   447   9.90e-09    62.8
81    QBQ55156.1|CBM50       46.2  651   334   4     40    685   62    701   1.35e-181   545
82    CAB4112911.1|AA1       26.0  204   127   6     106   291   48    245   8.47e-13    76.6
91    CAD7274631.1|GT8       28.2  259   152   7     14    247   21    270   2.91e-16    88.6
101   CCO10203.2|GH1  86.9   390   51    0     1     390   1     390   1.56e-244       674
108   CUS04972.2|GT4  38.8   250   143   5     8     251   6     251   3.36e-35        131
109   QBA78937.1|GT2  36.5   170   97    4     113   274   138   304   1.47e-19        92.0
113   BAM69725.1|GT2  30.6   121   81    2     1     120   1     119   8.74e-08        58.5
119   AYY66012.1|GT8  67.7   65    21    0     1     65    1     65    5.39e-17        89.0
127   UHQ55346.1|CBM13       34.2  371   217   11    235   591   472   829   1.48e-52    199
130   QRW18391.1|AA3_2       25.8  306   168   12    1     271   7     288   6.94e-08    59.7
135   QPK65345.1|GT1  37.7   212   122   4     5     208   429   638   2.37e-28        129
137   WBO59353.1|GH15 27.2   261   166   6     5     254   26    273   4.46e-22        100
1CAZy_gms.gene.txt
```

图 11-7　CAZyme 的注释结果展示

示例二　抗生素抗性基因鉴定

抗生素抗性基因（Antibiotic Resistance Gene，ARG）的数据库前文已经进行了详细的讲解，当前 ARG 研究已成为环境领域的热点话题。如何利用环境样本的高通量测序数据快速、有效地鉴定出 ARG 的组成是本示例要解决的。此处我们使用 SARG 数据库（version3.2.1）进行讲解。

（1）SARG v3.2.1-S 数据库的下载

进入网页 https：//smile.hku.hk/ARGs/Indexing/download，获得下载地址，然后将数据库下载到本地。打开对应的 FASTA 文件可知，序列文件为蛋白质序列文件。

```
# 使用 wget 命令下载 SARG v3.2.1-S 数据库。
$ cd /home/user/databases/SARG3 # 如果没有这个文件夹，需自行创建。
$ wget -c https://smile.hku.hk/ARGs/dataset/indexingdownload/Short_subdatabase_
v3.2.1.zip
$ unzip Short_subdatabase_v3.2.1.zip -d ./
```

（2）使用 BLAST 工具中的 makeblastdb 命令创建本地化数据库

后续的比对使用 BLASTP 进行，所以这里我们使用 BLAST 工具中的 makeblastdb 进行数据库的本地化构建。

```
# 使用 makeblastdb 创建本地化数据库。
$ mv 4.SARG_v3.2_20220917_Short_subdatabase.fasta  SARGv32.fasta # 改下文件名称。
$ makeblastdb -in SARGv32.fasta -dbtype prot -out SARG3.prot.database
```

（3）使用BLASTP命令进行序列比对分析

在对单菌或者微生物群落组装后得到的基因进行预测时，我们可获得对应的蛋白质序列文件。此处使用BLASTP对这些蛋白质序列进行注释。使用的命令如下：

```
# 使用 BLASTP 进行序列比对分析。
$ BLASTP –query /home/user/unicycler/assembly.protein.fasta –db /home/user/databases/SARG3.prot.database –out /home/user/unicycler/output/2ARG_BLASTP.txt –evalue 1e-5 –max_target_seqs 1 –num_threads 72 –outfmt '6 qseqid qseq qlen qstart qend sseqid sgi ppos qcovs pident length sseq evalue bitscore stitle'
```

（4）筛选和分析序列注释文件

在使用BLASTP对蛋白质序列进行注释分析之后，用户可将相似性（≥80%）和覆盖度（≥70%）作为阈值进行筛选，并结合4.SARG_v3.2_20220917_Short_subdatabase_structure.txt文件对结果进一步分析，至此完成ARG的注释。

示例三　使用METABOLIC进行生物地球化学物质循环的注释

生物地球化学循环注释是指对生物地球化学循环中关键元素（如碳、氮、磷等）的转化和流动进行注释和解释的过程。在生物地球化学循环中，微生物扮演着重要的角色，如何对微生物基因组中物质循环相关的基因或蛋白质进行注释，也是科研人员比较关注的问题。通过对微生物中物质循环的基因或蛋白质进行注释，可对数据进行分析和模拟，从而对微生物介导的生物地球化学循环的各个环节进行解释和评价。当前关于物质循环的数据库也被相继开发应用，包括氮、磷和硫等数据库；也有相对应的生物信息学工具提供了集成化的服务，包括METABOLIC和Metascan等工具。此处我们以METABOLIC工具为例对微生物基因组中的基因和蛋白质进行生物地球化学物质循环基因的功能注释。

（1）METABOLIC的安装

METabolic And BiogeOchemistry anaLyses In miCrobes简称METABOLIC，其详细信息可参照https：//github.com/AnantharamanLab/METABOLIC。

```
# 使用 conda 安装 METABOLIC。
$ conda create –n metabolic  # 创建环境。
$ conda activate metabolic   # 激活环境。
$ conda install metabolic
```

也可采用完整版安装方式进行安装，安装流程参照Github的介绍，网址是https：//

github.com/AnantharamanLab/METABOLIC/wiki/Installation#Install_instructions。

```
# 切换到 tools 目录下。
$cd /home/user/tools
$ git clone https://github.com/AnantharamanLab/METABOLIC.git
$ cd METABOLIC
$ bash run_to_setup.sh # 这个步骤有 8 步，请注意下载数据库的完整性，也可自行安装。
```

对于 METABOLIC 的安装，用户需要在安装时查看其 Github 上的更新，确保安装成功。

（2）METABOLIC 的使用

METABOLIC 的使用有两种，包括 METABOLIC-G.pl 和 METABOLIC-C.pl 这两种程序。METABOLIC-G.pl 程序在运行时不需要输入测序的数据文件（sequencing reads），可注释出生物地球化学循环相关的基因和图谱。METABOLIC-C.pl 程序在运行时需要输入测序的数据文件，其输出的结果包括 METABOLIC-G.pl 程序的结果，另外还包括基因的丰度等。在这里我们使用 METABOLIC G.pl 程序作为示范。其运行命令如下：

```
# 切换到主目录下。
$ cd ~
$perl ./tools/METABOLIC/METABOLIC-G.pl -in ./unicycler/ -o ~/unicycler/metabolic_out
```

执行的过程和执行结果如图 11-8 所示。

```
[2023-12-28 11:40:33] The hmmsearch is running with 20 cpu threads...
[2023-12-28 11:50:10] The hmmsearch is finished
[2023-12-28 11:50:17] The hmm hit result is calculating...
[2023-12-28 11:50:17] Generating each hmm faa collection...
[2023-12-28 11:50:19] Each hmm faa collection has been made
[2023-12-28 11:50:19] The KEGG module result is calculating...
[2023-12-28 11:51:55] The KEGG identifier (KO id) result is calculating...
[2023-12-28 11:51:55] The KEGG identifier (KO id) seaching result is finished
[2023-12-28 11:51:55] Searching CAZymes by dbCAN2...
[2023-12-28 11:53:50] dbCAN2 searching is done
[2023-12-28 11:53:50] Searching MEROPS peptidase...
[2023-12-28 11:56:06] MEROPS peptidase searching is done
[2023-12-28 11:56:09] METABOLIC table has been generated
[2023-12-28 11:56:09] Drawing element cycling diagrams...
Loading required package: shape
[2023-12-28 11:56:11] Drawing element cycling diagrams finished
```

（a）METABOLIC-G.pl程序的执行过程

```
Each_HMM_Amino_Acid_Sequence  KEGG_identifier_result  METABOLIC_Figures_Input            METABOLIC_result.xlsx
intermediate_files            METABOLIC_Figures       METABOLIC_result_each_spreadsheet  METABOLIC_run.log
```

（b）METABOLIC-G.pl程序注释的结果文件展示

图 11-8　使用 METABOLIC-G.pl 程序进行生物地球化学循环进行注释的示例

（3）METABOLIC 注释结果的解读

在 METABOLIC 注释的结果中，最为重要的是 METABOLIC_result_each_spreadsheet

这个文件夹中的表单 1，即 METABOLIC_result_worksheet1.tsv，如图 11-9 所示。用户可根据相应的表格进行统计。同时 METABOLIC 也会提供对应的物质循环图，如图 11-10 所示。至此，对基因或者蛋白质的生物地球化学循环注释就完成了。

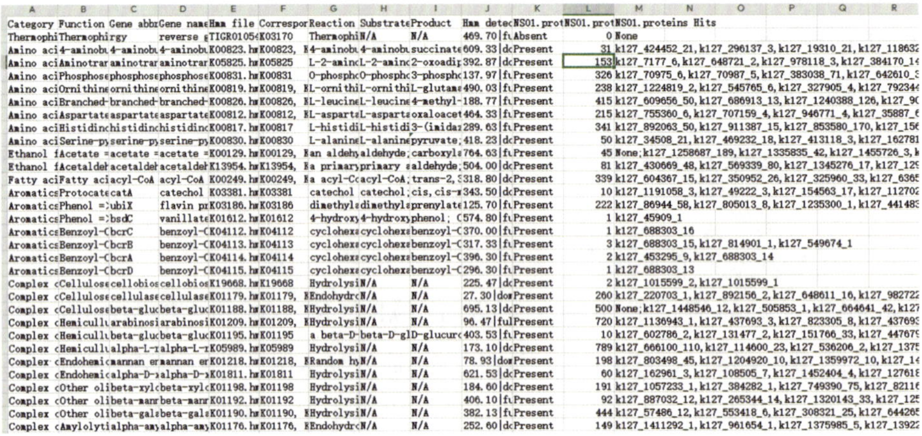

A	B	C	D	E	F	G	H	I	J	K	L	M
Category	Function	Gene abbr	Gene name	Hmm file	Correspor	Reaction	Substrate	Product	Hmm detec	NS01.prot	NS01.prot	NS01.proteins Hits
Thermophi	Thermophi	rgy	reverse g	TIGR0105	K03170	Thermophi	N/A	N/A	469.70|fu	Absent	0	None
Amino aci	4-aminobu	4-aminobu	4-aminobu	K00823.hm	K00823, K	4-aminobu	4-aminobu	succinate	609.33|dc	Present	31	k127_424452_21,k127_296137_3,k127_19310_21,k127_11863
Amino aci	Aminotrar	aminotrar	aminotrar	K05825.hm	K05825	L-2-aminc	L-2-aminc	2-oxoadir	392.87|dc	Present	153	k127_7177_6,k127_648721_2,k127_978118_3,k127_384170_1
Amino aci	Phosphose	phosphose	phosphose	K00831.hm	K00831	O-phosphc	O-phosphc	3-phosphc	137.97|fu	Present	326	k127_70975_6,k127_70987_5,k127_383038_71,k127_642610_
Amino aci	Ornithine	ornithine	ornithine	K00819.hm	K00819, K	L-ornithi	L-ornithi	L-glutama	490.03|fu	Present	238	k127_1224819_2,k127_545765_6,k127_327905_4,k127_79234
Amino aci	Branched-	branched-	branched-	K00826.hm	K00826, K	L-leucine	L-leucine	4-methyl-	188.77|fu	Present	415	k127_609656_50,k127_686913_13,k127_1240388_126,k127_9
Amino aci	Aspartate	aspartate	aspartate	K00812.hm	K00812, K	L-asparta	L-asparta	oxaloacet	464.33|fu	Present	215	k127_755360_6,k127_707159_4,k127_946771_4,k127_35887_
Amino aci	Histidinc	histidinc	histidinc	K00817.hm	K00817	L-histidi	L-histidi	3-(imidaz	289.63|fu	Present	341	k127_892063_50,k127_911387_15,k127_853580_170,k127_15
Amino aci	Serine-py	serine-py	serine-py	K00830.hm	K00830	L-alanine	L-alanine	pyruvate;	418.23|dc	Present	50	k127_34508_21,k127_469232_18,k127_413118_3,k127_162781
Ethanol f	Acetate =	acetate =	acetate =	K00129.hm	K00129, K	an aldehy	aldehyde;	carboxyla	764.63|fu	Present	45	None;k127_1258687_189,k127_1335835_42,k127_1455726_3,k
Ethanol f	Acetaldeh	acetaldeh	acetaldeh	K13954.hm	K13954, K	a primary	primary a	aldehyde;	504.00|dc	Present	81	k127_430669_48,k127_569339_80,k127_1345276_17,k127_12
Fatty aci	Fatty aci	acyl-CoA	acyl-CoA	K00249.hm	K00249, K	a acyl-Cc	acyl-CoA;	trans-2,3	318.80|dc	Present	339	k127_604367_15,k127_350952_26,k127_325960_33,k127_636
Aromatics	Protocate	catA	catechol	K03381.hm	K03381	catechol	catechol;	cis,cis-m	343.50|dc	Present	10	k127_1191058_3,k127_49222_3,k127_154563_17,k127_11270
Aromatics	Phenol =>	ubiX	flavin pr	K03186.hm	K03186	dimethyla	dimethyla	prenylate	125.70|fu	Present	222	k127_86944_58,k127_805013_8,k127_1235300_1,k127_44148
Aromatics	Phenol =>	bsdC	vanillate	K01612.hm	K01612	4-hydroxy	4-hydroxy	phenol; C	574.80|fu	Present	1	k127_45909_1
Aromatics	Benzoyl-C	bcrC	benzoyl-C	K04112.hm	K04112	cyclohexa	cyclohexa	benzoyl-C	370.00|fu	Present	1	k127_688303_16
Aromatics	Benzoyl-C	bcrB	benzoyl-C	K04113.hm	K04113	cyclohexa	cyclohexa	benzoyl-C	317.33|fu	Present	3	k127_688303_15,k127_814901_1,k127_549674_1
Aromatics	Benzoyl-C	bcrA	benzoyl-C	K04114.hm	K04114	cyclohexa	cyclohexa	benzoyl-C	396.30|fu	Present	2	k127_453295_9,k127_688303_14
Aromatics	Benzoyl-C	bcrD	benzoyl-C	K04115.hm	K04115	cyclohexa	cyclohexa	benzoyl-C	296.30|fu	Present	1	k127_688303_13
Complex c	Cellulose	cellobios	cellobios	K19668.hm	K19668	Hydrolysi	N/A	N/A	225.47|dc	Present	2	k127_1015599_2,k127_1015599_1
Complex c	Cellulose	cellulase	cellulase	K01179.hm	K01179, K	Endohydrc	N/A	N/A	27.30|dom	Present	260	k127_220703_1,k127_892156_2,k127_648611_16,k127_98272
Complex c	Cellulose	beta-gluc	beta-gluc	K01188.hm	K01188, K	Hydrolysi	N/A	N/A	695.13|dc	Present	500	None;k127_1448546_12,k127_505853_1,k127_664641_42,k127
Complex c	Hemicullu	arabinosi	arabinosi	K01209.hm	K01209, K	Hydrolysi	N/A	N/A	96.47|ful	Present	720	k127_1136943_1,k127_437693_3,k127_823305_8,k127_43769
Complex c	Hemicullu	beta-gluc	beta-gluc	K01195.hm	K01195	a beta-D-	beta-D-gl	D-glucurc	403.53|fu	Present	10	k127_602786_2,k127_131477_2,k127_151766_33,k127_44767
Complex c	Hemicullu	alpha-L-r	alpha-L-r	K05989.hm	K05989	Hydrolysi	N/A	N/A	173.10|dc	Present	789	k127_666100_110,k127_114600_23,k127_536206_2,k127_137
Complex c	Endohemic	mannan er	mannan er	K01218.hm	K01218, K	Random hy	N/A	N/A	78.93|dom	Present	198	k127_803498_45,k127_1204920_10,k127_1359972_10,k127_1
Complex c	Endohemic	alpha-D-x	alpha-D-x	K01811.hm	K01811	Hydrolysi	N/A	N/A	621.53|dc	Present	60	k127_162961_3,k127_108505_7,k127_1452404_4,k127_12761
Complex c	Other oli	beta-xylc	beta-xylc	K01198.hm	K01198	Hydrolysi	N/A	N/A	184.60|dc	Present	191	k127_1057233_1,k127_384282_1,k127_749390_75,k127_8211
Complex c	Other oli	beta-manr	beta-manr	K01192.hm	K01192	Hydrolysi	N/A	N/A	406.10|fu	Present	92	k127_887032_12,k127_265344_14,k127_1320143_33,k127_12
Complex c	Other oli	beta-gala	beta-gala	K01190.hm	K01190, K	Hydrolysi	N/A	N/A	382.13|fu	Present	444	k127_57486_12,k127_553418_6,k127_308321_25,k127_64426
Complex c	Amylolyti	alpha-amy	alpha-amy	K01176.hm	K01176, K	Endohydrc	N/A	N/A	252.60|dc	Present	149	k127_1411292_1,k127_961654_1,k127_1375985_5,k127_1392

图 11-9　METABOLIC 注释结果中 METABOLIC_result_worksheet1.tsv 程序的部分文件内容

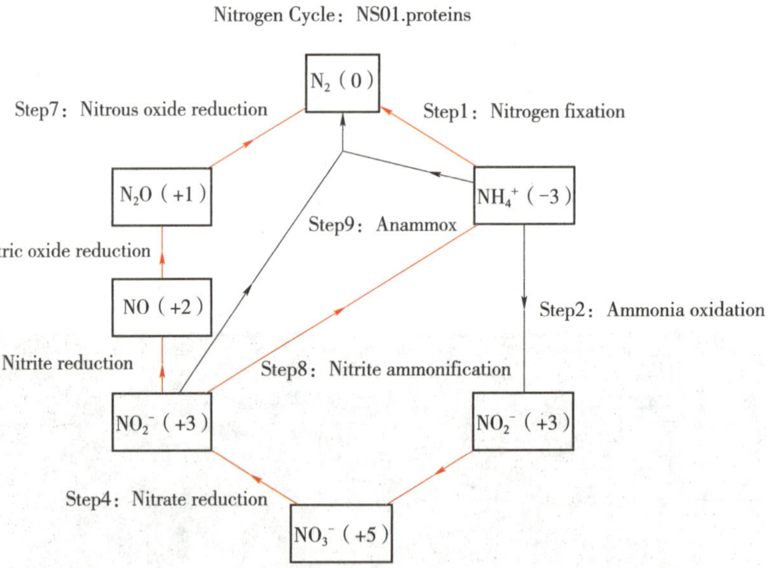

图 11-10　METABOLIC 注释结果中的氮循环代谢

练习与作业

1. 按照实验内容，熟练使用网页版 RAST 工具对基因组进行功能注释。
2. 试着将 RAST 工具布置到 Ubuntu 服务器中并对基因组进行功能注释。
3. 熟练掌握 Prokka 工具的使用，并对单菌基因组和微生物群落测序数据的组装结果进行注释。

4. 熟练掌握碳水化合物酶的注释方法。

5. 熟练掌握 Diamond 工具和 Blast 工具的使用，并学习 HMMER 工具的使用。

6. 熟练掌握单菌或者微生物群落中 ARGs 的鉴定。

7. 掌握其他 ARGs 数据库的下载和使用。

8. 掌握 METABOLIC 工具的安装和使用以及生物地球化学循环的注释。

9. 学习 Metascan 工具的使用方法。

10. 了解并学习氮循环、磷循环和硫循环的数据库，掌握其注释及结果分析。

实验十二

蛋白质结构预测与可视化

蛋白质结构预测是指根据蛋白质的一级序列推测其三维结构。这一工作具有极高的挑战性，目前已经有许多先进的算法。其中一些算法是使用物理原理来模拟蛋白质的折叠过程，另一些算法则是基于机器学习等技术来预测其空间结构。此外，在蛋白质结构预测领域，可视化技术是非常重要的，因为它可以帮助研究者更好地理解和分析预测得到的三维结构。常用的蛋白质结构可视化工具有 PyMOL 等。这些工具可以将预测得到的结构以三维模式展示，还能用不同的颜色和样式来区分不同的氨基酸，并且支持结构注释和编辑等功能，非常便于研究者们进行下一步的分析和研究。因此掌握蛋白质的结构预测和相关可视化技术是十分重要和必要的。

实验原理

蛋白质的折叠过程是受到物理和化学等多种因素影响的。因此，一些预测方法基于物理原理，尝试通过模拟分子间作用力、电荷分布和构象的能量最小化来预测蛋白质的三维结构，这些方法常被称为物理模拟方法或力场方法。另一些预测方法基于机器学习和统计学的原理。这些方法通过训练模型，使用已知的蛋白质结构和对应的序列信息来预测新的未知蛋白质的结构。其中，模板比对方法是根据已知的蛋白质结构库中的蛋白质结构来比对目标蛋白质的序列，寻找具有相似序列的蛋白质结构作为模板，通过拟合模板结构和目标序列，可以预测目标蛋白质的结构。在蛋白质结构预测的实验过程中，可视化技术起着关键的作用。可视化工具可以将预测得到的蛋白质结构以三维模型的形式展示出来，帮助研究者更加直观地观察和分析蛋白质的结构。这些工具通常可以根据不同的性质（如氨基酸类型、二级结构、电荷等）对蛋白质进行着色或标记，使研究者更好地理解蛋白质的结构和功能。此外，可视化工具还可以与其他分析工具结合使用，如和配体的互作分析等，进一步深入研究和预测蛋白质的功能和相互作用。

实验目的

本实验旨在通过对蛋白质结构预测和可视化的操作，学习蛋白质结构同源建模的原理，掌握同源建模的方法，并理解模型评估结果；学习并掌握蛋白质结构可视化软件的使用方法，能够从蛋白质结构的角度解释生物学现象；通过预测和可视化蛋白质结构，识别潜在的活性位点、配体结合区域和可能的相互作用关系等。

设备与软件

配置 Windows 系统的个人电脑、网络、网络浏览器、SWISS-MODEL 网站、MODELLER 软件、DeepFold 网站、Swiss-pdb Viewer 软件、VMD 软件和 PyMol 软件。

实验内容与步骤

内容一　蛋白质结构预测

蛋白质结构预测的问题从数学方面解释就是寻找一种从蛋白质的氨基酸线性序列到蛋白质所有原子三维坐标的一种映射。蛋白质结构预测旨在通过计算并根据氨基酸序列确定蛋白质分子中每个原子的空间位置。对于蛋白质结构的预测可分为从头预测和同源建模法等方法。

示例一　蛋白质结构从头预测

在既没有已知结构的同源蛋白质也没有已知结构的远程同源蛋白质的情况下，只能采用从头预测法（Abinitio），即根据序列本身来预测其结构。当前蛋白质结构的从头预测算法也比较多，此处我们主要以密西根大学 Zhang Yang 课题组研发的 C-QUARK 工具来作为示例。C-QUARK 是从 QUARK 扩展而来的一种从头预测蛋白质三维结构的工具，其将基于深度学习的预测结果集成到蛋白质的组装模拟中，其效果显著优于后者。

（1）C-QUARK 的预测网站

C-QUARK 的网址为 https：//zhanggroup.org/C-QUARK，如图 12-1 所示。

（2）使用 C-QUARK 提供的示例进行蛋白质从头预测

在 C-QUARK 预测的输入框中上传需要预测的蛋白质序列文件，格式为 fasta，蛋白质序列需小于 500 个氨基酸残基。在这里，我们使用 C-QUARK 提供的序列，即 116 hA。然后在 E-mail 处填写用于接收结果的邮箱地址，如图 12-1 所示。

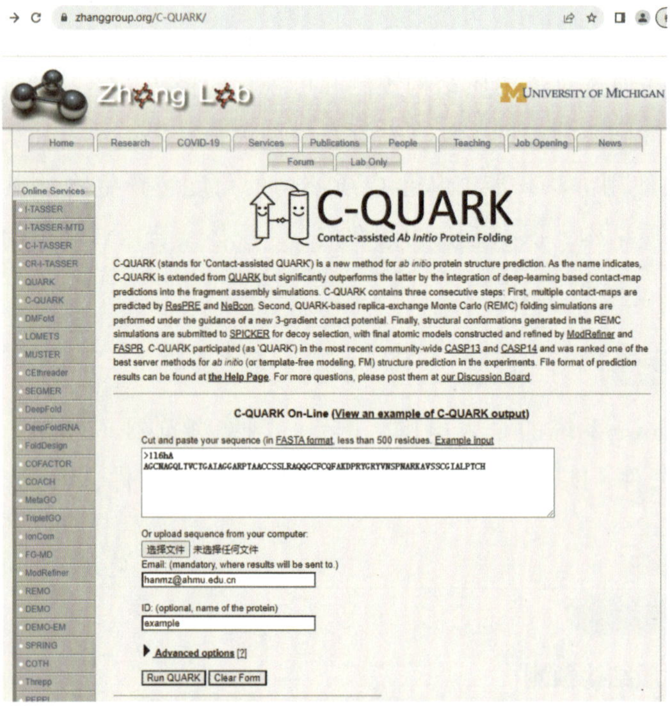

图 12-1　C-QUARK 提交蛋白质序列实现从头预测蛋白质结构的示例

（3）邮箱确认，进入预测的队列

进入邮箱中查看邮件，在邮件中确认提交的任务，之后服务器中开始进行排队，获得任务 id，开始从头预测蛋白质的三维结构。

（4）查看结果

C-QUARK 对蛋白质结构预测结束后会给用户发送邮件，并提供查看结果的链接。点击链接即可查看结果。结果中包含预测的二级结构（图 12-2）和氨基酸残基间的相互关系及 5 个最优的蛋白质三维结构。用户可以很方便地将这些结果下载到本地，这些结果会保存在服务器中 2 个月，但是 full backbone 只保存 72 h。

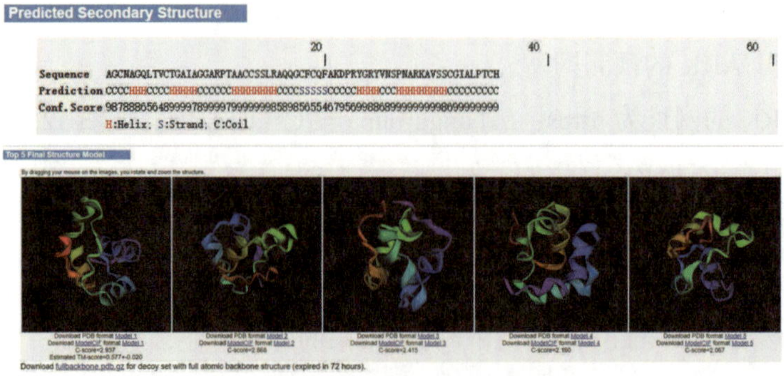

图 12-2　C-QUARK 从头预测蛋白质结构的结果展示

示例二　DeepFold 实现蛋白质结构预测

DeepFold 也是 Zhang Yang 课题组开发的一种基于深度学习的预测蛋白质结构方法。其从查询序列开始，从全基因组和元基因组序列库中收集序列进行多序列比对。然后通过卷积残差神经网络模型 DeepPotential 预测空间限制（接触/距离图和残基间方向）。最后，使用 L-BFGS 折叠算法构建全长结构模型。

（1）DeepFold 的预测网站

DeepFold 的网址为 https：//zhanggroup.org/DeepFold，如图 12-3 所示。

（2）使用 DeepFold 提供的例子进行蛋白质从头预测

在 DeepFold 预测的输入框中上传需要预测的蛋白质序列文件，格式为 fasta，蛋白质序列的长度为 30～500 个氨基酸残基。此处我们同样使用 DeepFold 提供的序列，即 116 hA。然后在 E-mail 处填写用于接收结果的邮箱地址，如图 12-3 所示。

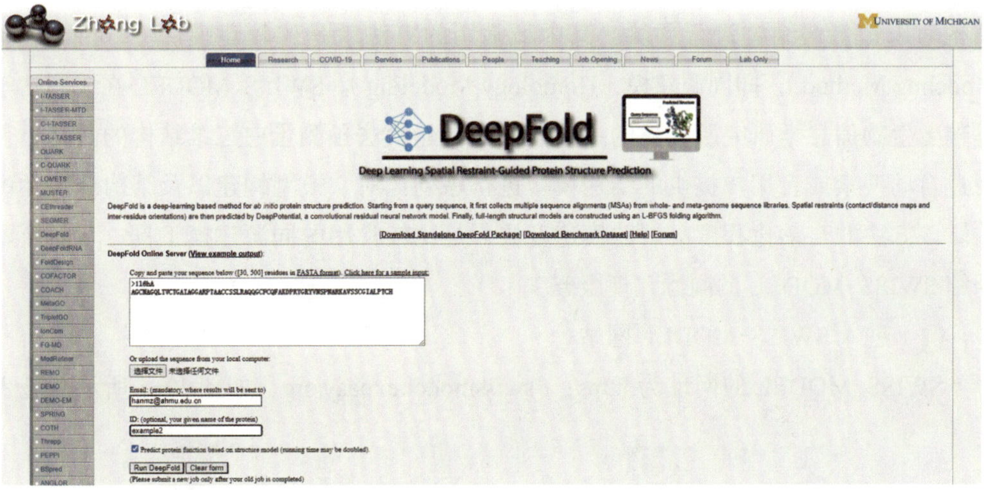

图 12-3　DeepFold 提交蛋白质序列实现蛋白质结构预测的示例

（3）邮箱确认，进入预测的队列

与 C-QUARK 一样，进入邮箱中查看邮件并确认提交任务，之后服务器开始排队进行蛋白质三维结构的预测。

（4）查看结果

DeepFold 结束对蛋白质的结构预测后会给用户发送邮件，并提供查看结果的链接。点击链接即可查看结果。结果中同样包含预测的二级结构和氨基酸残基间的相互关系及最优的蛋白质三维结构和相似结构的蛋白质三维结构（图 12-4）。用户可以很方便地将这些结果下载到本地，这些结果会保存在服务器中 60 d。

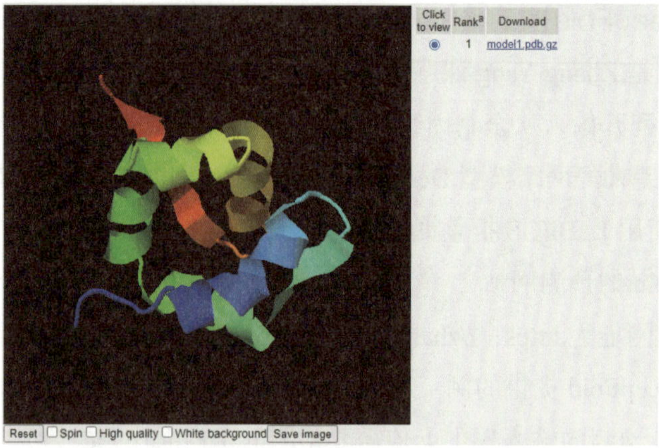

图 12-4　DeepFold 蛋白质结构预测的结果示例

示例三　蛋白质同源建模（Swiss-model）

蛋白质的一级结构决定了其高级结构，研究人员可以根据已有的天然蛋白质结构对未知蛋白结构进行预测。其中最常用的方法就是比较建模法（Comparative Modeling Method），即同源建模（Homology Modeling）。SWISS-MODEL 在线网站就是瑞士生物信息学研究所构建的一款使用同源建模法预测蛋白三维结构的网站。它通过自动搜索或者用户提供的结构模板进行序列比对、模型构建以及结构合理性评估。该方法的自动化程度高、建模速度快，是比较常用的同源建模工具。下面简要介绍 SWISS-MODEL 的同源建模服务。

（1）进入 SWISS-MODEL 网站

SWISS-MODEL 的网址为 https：//swissmodel.expasy.org，如图 12-5 所示。进入

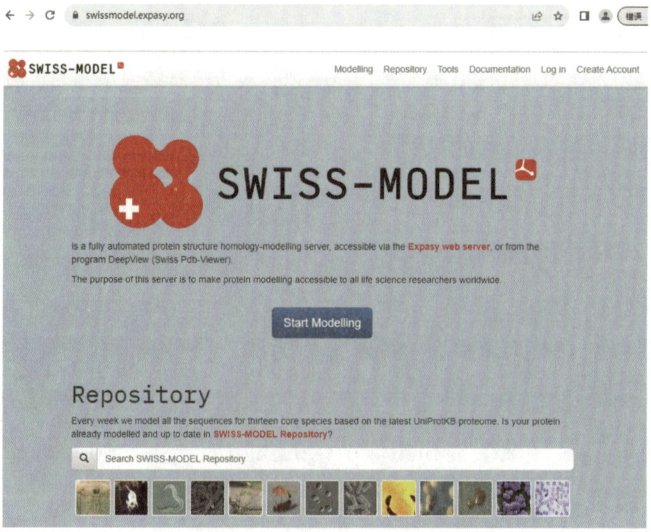

图 12-5　SWISS-MODEL 网页展示

网站后，点击 Start Modelling，进入预测界面。

（2）输入序列，开始预测

进入预测界面，用户可在输入框中输入蛋白质序列文件，如 KAI6065591.1。也可以文件的形式提交，SWISS-MODEL 支持序列或者比对文件等形式进行模型的构建。用户可以填写项目名称（Project Title）和邮箱。之后可点击搜寻模板（Search For Templates）或者直接建模（Build Model）。建议直接点击建模，如图 12-6 所示。预测结束后，服务器将通过 E-mail 将预测结果的链接发送给用户。

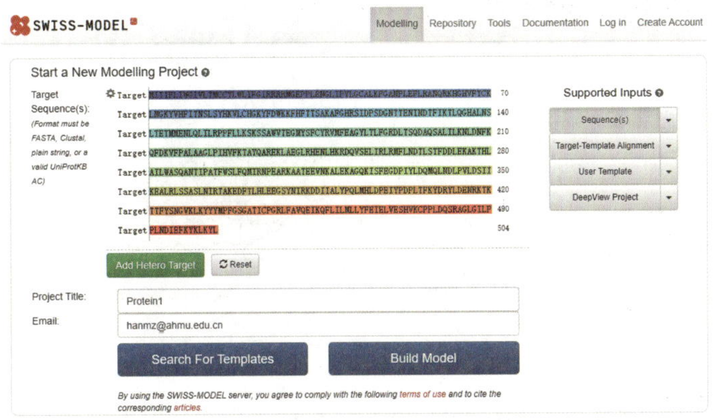

图 12-6　SWISS-MODEL 网页中启动新的同源建模项目

>KAI6065591.1 CYP7A1 [Marmota monax] MITIFLIWGIVLTMCCYLWLIFGIRRRRMGEPPLENGLIPYLGCALKFGANPLEFLRAN QRKHGHVFTCKLMGKYVHFITNSLSYHKVLCHGKYFDWKKFHFTTSAKAFGHRSID PSDGNTTENINDTFIKTLQGHALNSLTETMMENLQLILRPPFLLKSKSSAWVTEGMYS FCYRVMFEAGYLTLFGRDLTSQDAQSALILKNLDNFKQFDKVFPALAAGLPIHVFKTA YQAREKLAEGLRHENLHKRDQVSELIRLRMFLNDTLSTFDDLEKAKTHLAILWASQA NTIPATFWSLFQMIRNPEARKAATEEVNKALEKAGQKISFEGDPIYLDQMQLNDLPVL DSIIKEALRLSSASLNIRTAKEDFTLHLEEGSYNIRKDDIIALYPQLMHLDPEIYPDPLTF KYDRYLDENRKTKTTFYSNGVKLKYYYMPFGSGATICPGRLFAVQEIKQFLILMLLYF EIELVESHVKCPPLDQSRAGLGILPPLNDIEFKYKLKYL

（3）蛋白质同源建模结果查看

打开同源建模结果链接，如图 12-7 所示。左侧显示模型评估结果、模板信息和序列比对结果，右侧显示模型结构图，右下方可选择显示模型的类别。

质量评估（图 12-7）：其中相似度值，即序列同源性（sequence identity）经比对后结果在 40% 以上，则待预测蛋白与模板蛋白结构可能属于同一家族，即同源蛋白，则同源建模方法可用于预测该蛋白三维结构，预测模型可信度高。之后根据 GMQE 值（全球性模型质量估测）及 QMEAN 值评价同源建模的结果。GMQE 值为 0～1，越接近 1 说明建模质量越好，QMEAN 值为 -4～0，越接近 0 说明匹配度越好。

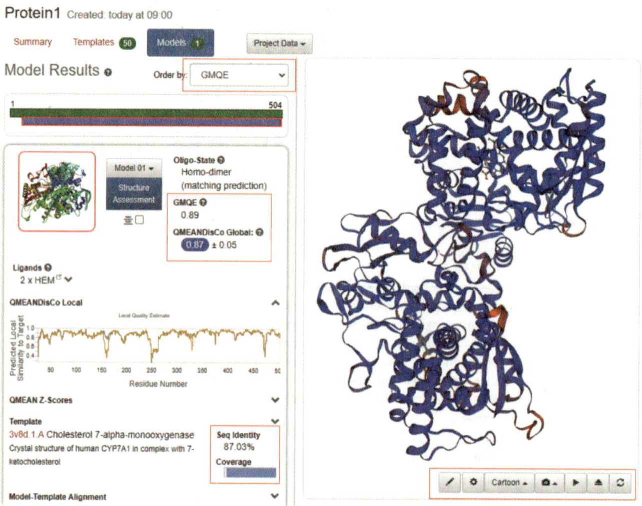

图 12-7　SWISS-MODEL 建模结果页面

细节查看（图 12-8）：点击“Structure Assessment”按钮可详细查看该模型细节信息，同时可根据其中的 Ramachandran Plots（拉式图）对蛋白构象的合理性进行评估。一般来说落在允许区（一般为深色区）和最大允许区（一般为浅色区）的氨基酸残基占整个蛋白质的比例高于 90% 可认为该模型的构象符合立体化学的规则。

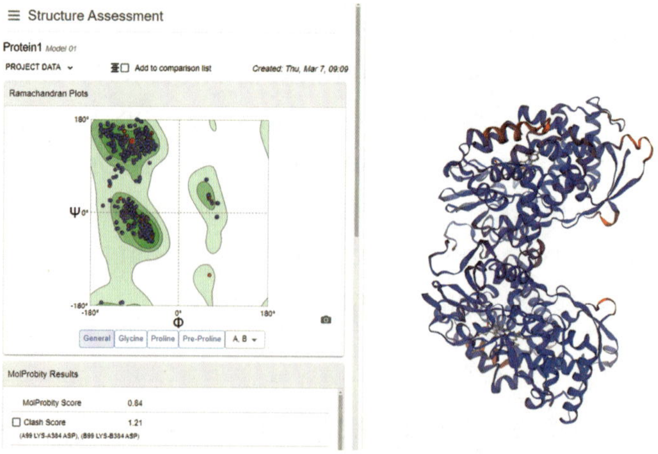

图 12-8　SWISS-MODEL 建模后的模型评价

蛋白结构文件的保存（图 12-9）：点击预测结果最好的模型，弹出窗口中可选择保存形式（一般保存成 PDB 格式即可）。至此完成使用 SWISS-MODEL 进行同源建模和模型评价整个过程。

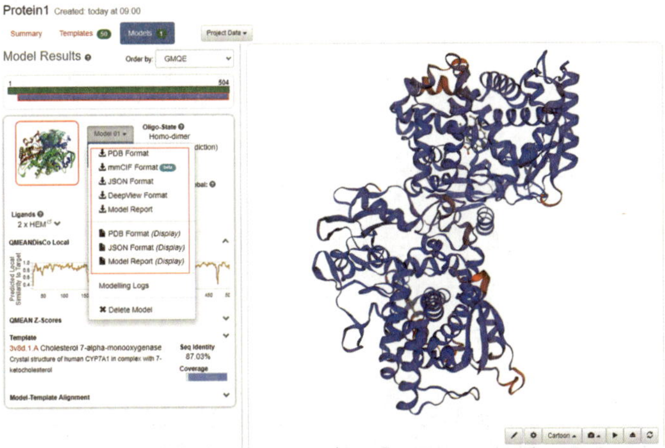

图 12-9　SWISS-MODEL 建模结果的下载

内容二　蛋白质结构的可视化

蛋白质结构的可视化可以帮助研究人员理解蛋白质的结构及其功能。蛋白质的可视化可以通过多种方法实现，其中最常用的方法是使用蛋白质结构可视化软件，如 Swiss-Pdb Viewer、PyMOL 等。这些软件可将蛋白质的三维结构可视化，并且可以对蛋白质结构进行分析和比较。

示例一　Swiss-Pdb Viewer

Swiss-Pdb Viewer 是一个用于观察和分析蛋白质及核酸结构的交互式分子图像软件，是一种界面友好且功能强大的三维图形软件工具，科研人员可以通过官方网站进行下载并使用（https：//spdbv.unil.ch，见图 12-10）。

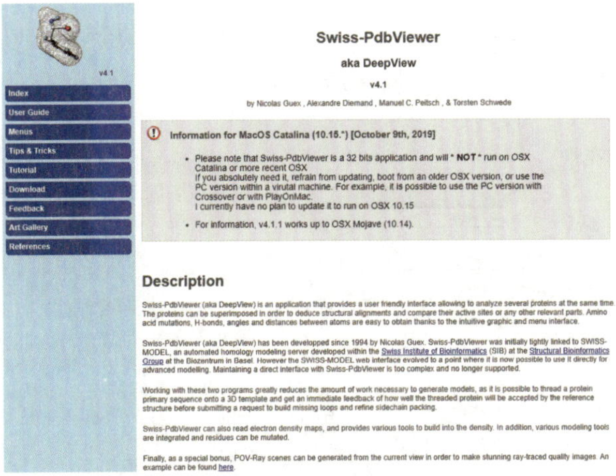

图 12-10　Swiss-Pdb Viewer 官方页面

（1）下载安装 Swiss-Pdb Viewer

在官网页面点击左侧的 Download 按钮，接受对应的许可条款，获得下载地址，选择 Windows 操作平台，下载 Swiss-Pdb Viewer 安装包到本地，解压后点击“spdbv”运行软件。用户也可下载对应的帮助文档等，以便于学习并使用 Swiss-Pdb Viewer 软件。

（2）载入蛋白质，查看结构

运行软件后，载入示例蛋白质分子可通过点击“File”→“open PDB file”，打开一个 pdb 文件（如软件自带的 1crn.pdb），如图 12-11 所示。

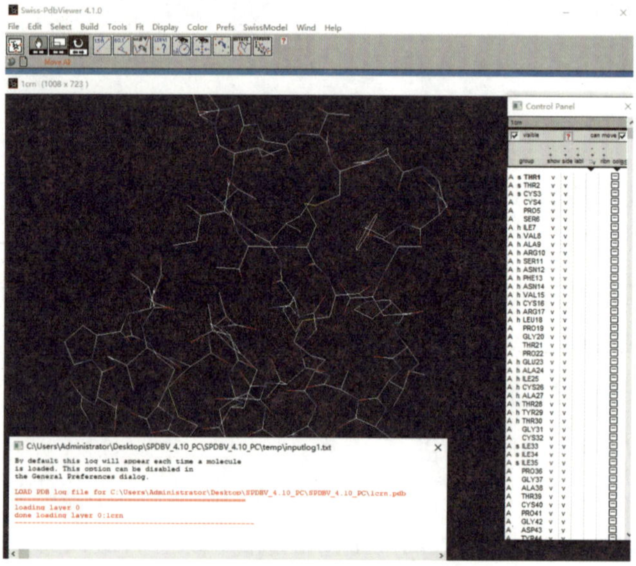

图 12-11　Swiss-Pdb Viewer 载入蛋白质分子后的界面展示

（3）部分功能介绍

用户可以在 Control Panel 中进行多种操作，包括活动分子的可见性和可移动性，氨基酸残基及其侧链等的显示等，具体功能见图 12-12。

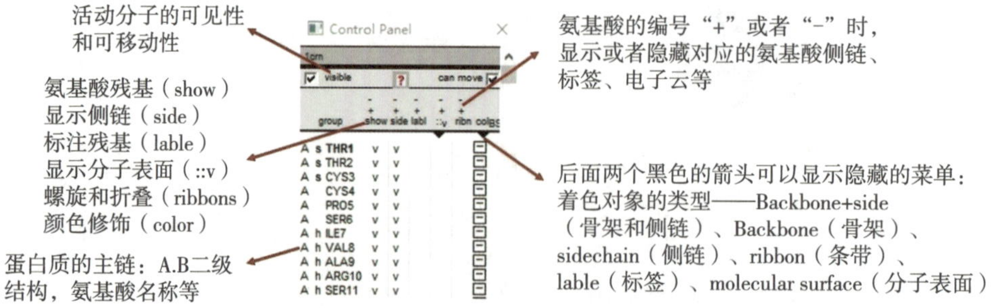

图 12-12　Control Panel 功能示意图

Tools 选项可计算蛋白质表面，检测活性区域、二级结构，寻找氢键，计算静电位和能量等（图 12-13）。

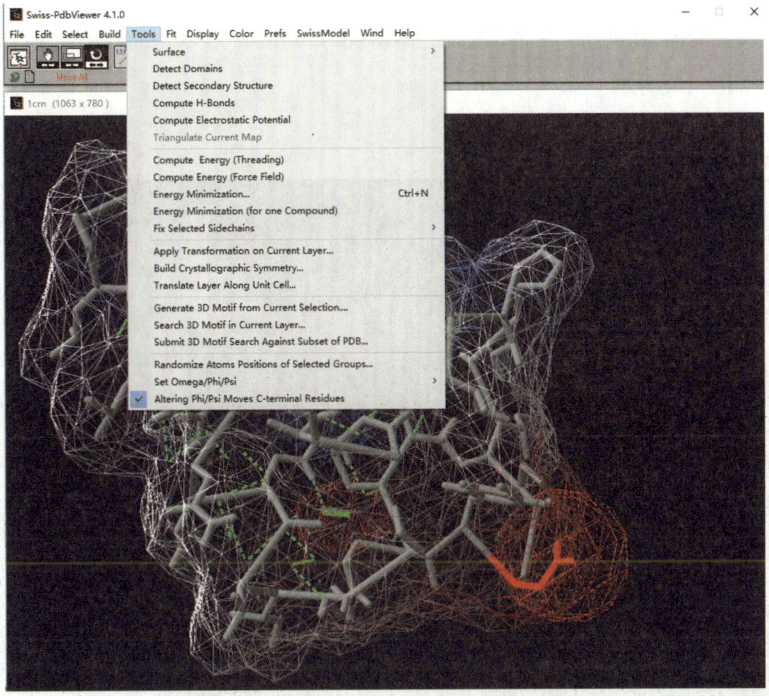

图 12-13　Swiss-Pdb Viewer 中 Tools 功能中显示氢键和静电位等的界面展示

关于 Swiss-Pdb Viewer 的其他功能，用户可根据其官网中的教程进一步学习，此处不再赘述了。

示例二　蛋白质可视化软件 PyMOL

PyMOL 是一款依赖 Python 的分子三维结构可视化软件，特别适用于创作高品质的小分子或生物大分子（特别是蛋白质）的三维结构图像。其官方网站为 https://pymol.org/2，当前已更新到 PyMOL2.5.8 版本。PyMOL 有企业版、政府和学术版、教学版、开源版。除开源版和教学版外，其他版本都是需要付费购买的。

（1）PyMOL 安装包的获取

在 PyMOL 官方网站，点击 DOWNLOAD NOW 按钮，即可进入下载界面。选择 Windows（EXE Installer）即可下载。

（2）注册许可证

按照要求进行许可证的注册，可申请 30 d 的免费使用版本。

（3）PyMOL 界面组成

PyMOL 的界面主要由两部分组成，即控制窗口（Control Window）和显示窗口

（Viewing Window）。其中控制窗口主要包括菜单栏（Pull-down Menus）、操作记录窗口（Feedback Window）、常用控制按钮窗口（Control Buttons）、命令窗口（Command Line）；显示窗口主要包括可视化窗口（Display Area）、对象列表（Object Menu）、鼠标模式（Mouse Hints）、动画控制（Movie Controls）以及命令窗口（Command Line），如图 12-14 所示。

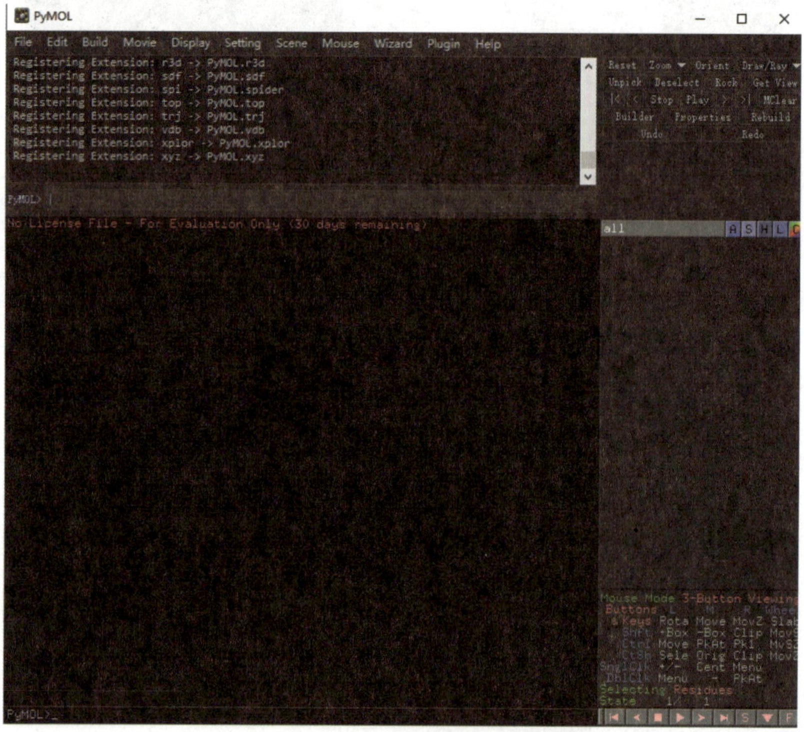

图 12-14　PyMOL 的主界面展示

显示窗口：PyMOL 中的 Viewer 是其系统工作的心脏。Viewer 是一个开放式图形语言（OpenGL）窗口，PyMOL 中所有的 3D 图形都在此展示，并且用户可直接操作这些图形。在 Viewer 窗口中也可以查看 PyMOL 的文本输出（text output），用户可按 ESC 在文本输出和图形模式间进行切换。Viewer 完全可以自己运行，它拥有 PyMOL 核心系统的全部功能。如果想这样的话，可去除命令和内部 GUI。通过标准菜单和控制，许多任务能更简单、高效地完成。在外部 GUI 可以找到绝大部分的功能选项。

（4）PyMOL 简单操作示范

导入蛋白文件：使用 Swiss-Pdb Viewer 中的示例蛋白文件（1crn.pdb）将其导入 PyMOL。可以通过菜单栏点击“File”→“Open”选择文件导入，如图 12-15 所示。

PyMOL 也有其他方式导入蛋白文件，用户可自行尝试。

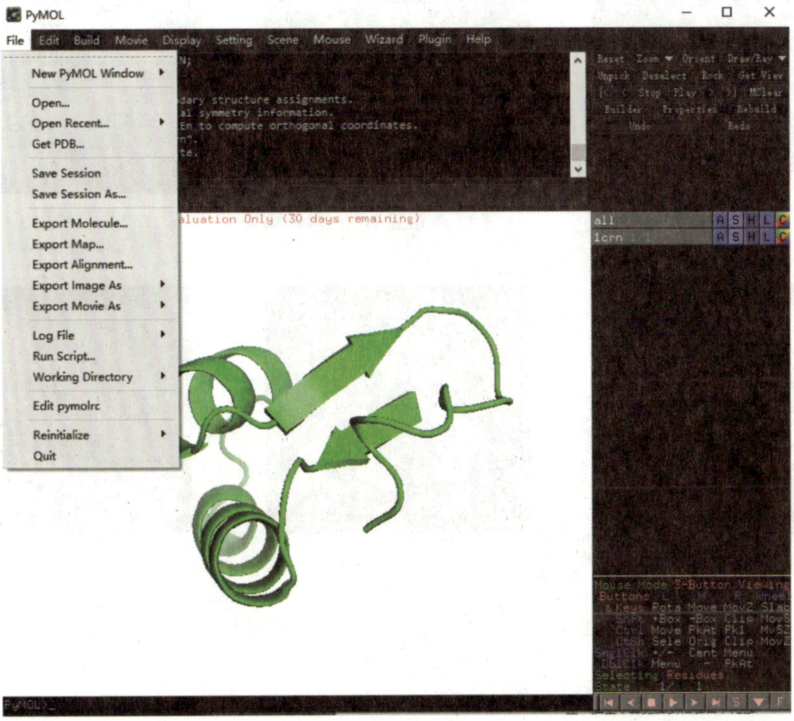

图 12-15 PyMOL 导入 1crn.pdb 后的显示结果

鼠标操作：导入结构后，用户可使用鼠标进行一些基本操作，以便查看蛋白质的结构。鼠标左键 + 上下左右移动鼠标可实现图像的旋转；鼠标右键 + 向上或向下移动鼠标，可放大 / 缩小图像；鼠标中键可实现截面效果；也可配合键盘进行多种操作。

选择对象：在 PyMOL 中，如果需要选择某部分结构，用户可以在右下角中点选或框选。当用户选中某些结构时，在对象列表窗口会出现新的条目“＜sele＞”，方便对选择对象执行一系列操作。例如，在鼠标模式窗口点击“Selecting”后方的红色文字，可以实现模式的更改，如 Atoms、Residues。

操作对象：在对象列表窗口中用户可以看到，每个对象背后都有 ASHLC 这 5 个字母的按钮，这 5 个按钮分别表示 Action、Show、Hide、Label、Color，可以对相应的对象完成对应的操作。

“A”按钮可对相应对象进行各种处理，如居中、重命名、标记、删除等；也可以使用预设的方案展示 3D 结构，如点击“A” - “preset” - “ligands sites” - “solid surface”来展示配体分子结合口袋［图 12-16（a）］。

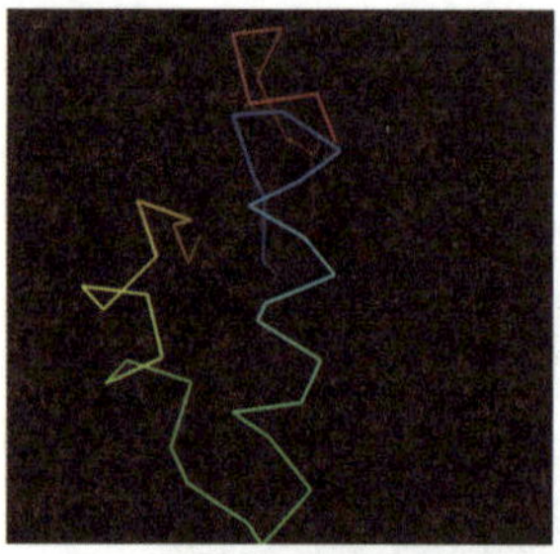

（a）“A”按钮的设置结果演示

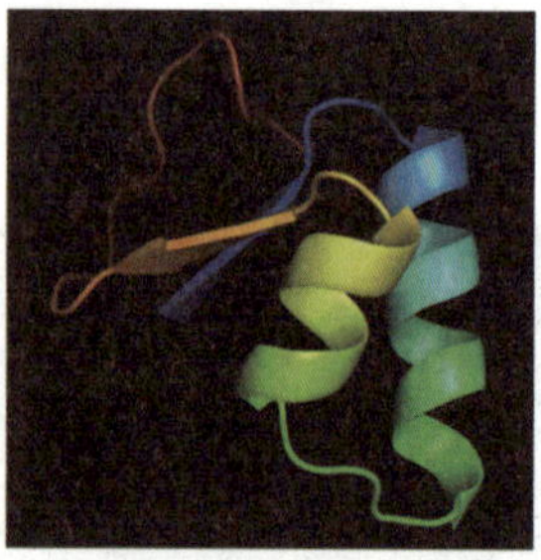

（b）“S”按钮显示的cartoon结果

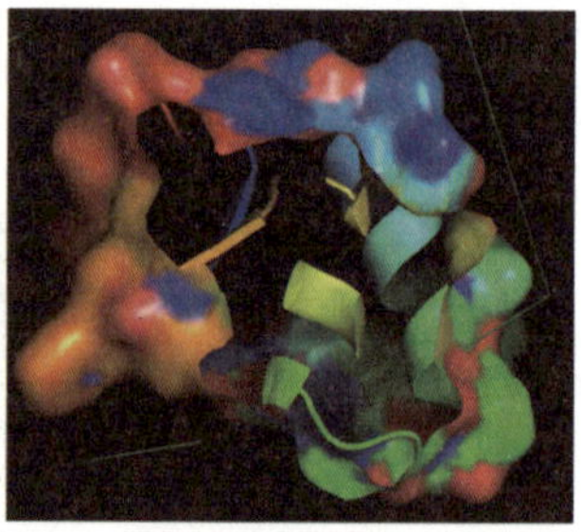

（c）“S”按钮中显示的cartoon和Surface结构

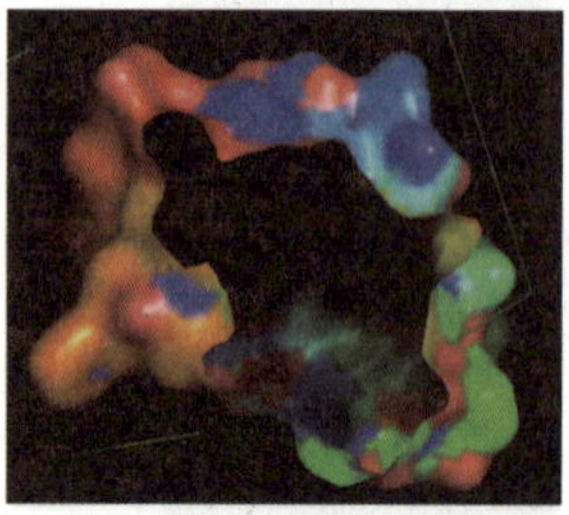

（d）“H”按钮实现cartoon的隐藏

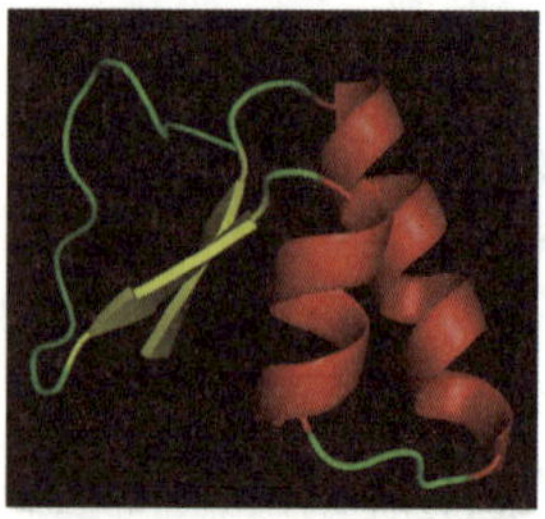

（e）“C”按钮实现根据二级结构着色

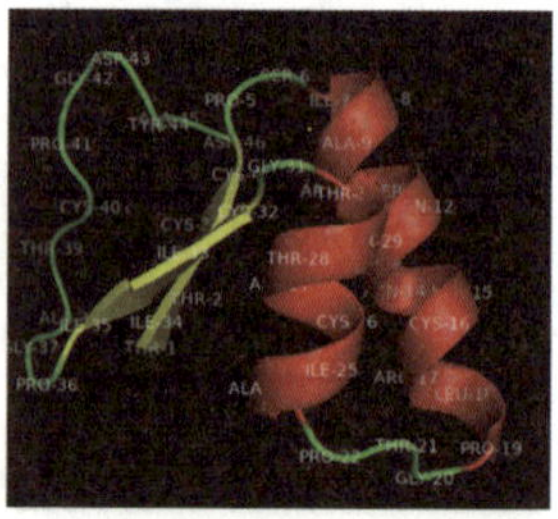

（f）“L”按钮实现各氨基酸残基名称的显示

图 12-16　PyMOL 中“ASHLC”按钮显示的结果演示

“S”按钮可设置相应对象的显示样式，如以卡通、线状、棒状、球状等显示 3D 结构［图 12-16（b）和图 12-16（c）］。

“H”按钮可隐藏相应对象的某种样式，也可以灵活地隐藏某些特定结构，如隐藏水分子、侧链原子、表面等［图 12-16（d）］。

“L”按钮可对相应对象添加标签，如对氨基酸残基进行标记；此外，可以在菜单栏点击“Setting” - “Label”对标签的字体、大小、颜色等进行更改；添加标签后，标签可能会被结构遮挡，此时就需要移动标签。在鼠标模式窗口，点击“Mouse Mode”后的“3-Button Viewing”变为“3-Button Editing”，然后按住键盘“Ctrl”键不放，将鼠标移动到残基标签上方，并按下鼠标左键不放，此时拖动鼠标就可以调整标签的位置［图 12-16（f）］。

“C”按钮可对相应对象的颜色进行更改，可选择使用系统预设的配色方案，如点击“C” - “byss” - “Helix Sheet Loop”使 3D 结构按照二级结构着色［图 12-16（e）］。

保存图片：通过菜单栏点击“File” – “export image as” - “png”可对当前窗口的图片进行保存。推荐大家使用命令行导出图片。默认情况下导出的图片大小与当前结构显示窗口的大小一致，为方便导出固定大小的图片，可通过以下命令修改窗口大小。

```
# 导出大小固定的图片。
viewport 1200, 900
```

此外，一般保存的图片都要进行渲染，可直接使用 ray 命令。

```
# 保存图片并渲染。
ray 1200, 900
```

也可以指定保存图片的格式以及 DPI 大小等，如输入命令：

```
# 保存成 png 的图片并以 my_protein_image.png 命名，并设置大小和 DPI。
png my_protein_image.png, 1200, 900, 300, 1
```

此时，图片保存在工作目录中，文件名为“my_protein_image.png”。

需要强调的是，想要熟练掌握 PyMOL 的使用，需要用户搜索更多相关演示的操作和教程，多加练习。

练习与作业

1. 熟练使用 C-QUARK 工具从头预测蛋白质结构。

2. 熟练使用 DeepFold 工具进行蛋白质结构的预测。

3. 熟练使用 SWISS-MODEL 工具进行蛋白质结构的预测。

4. 查阅资料列举蛋白质结构预测的其他软件，熟练使用并比较这些工具间的优、缺点。

5. 熟练使用 Swiss-pdb Viewer 和 PyMol 软件进行蛋白质的可视化。

6. 蛋白质结构的可视化软件还包括哪些？

7. 为什么掌握蛋白质结构预测和可视化的方法？

实验十三

16S rRNA 扩增子数据分析

16S 核糖体 RNA（16S ribosomal RNA，16S rRNA）是组成原核生物核糖体小亚基的组成成分。在微生物细胞内 16S rDNA 就是编码该部分的基因。细菌 16S rDNA 具有含量大（大约占细菌 DNA 含量的 80%）、分子量大小适中、在结构和功能上高度保守并且存在于所有微生物中的特点，其进化具有良好的分子时钟的性质，被称为“细菌化石”，被细菌学家和分类学家广泛用作细菌分类的标准。16S rDNA 的分子量约为 1.5 Kb 左右，其序列包含 9 个或 10 个可变区（hypervariable regions）以及 10 个或 11 个保守区（conserved region）。这些保守区的序列能反映出物种之间的亲缘关系，而可变区则能体现出物种之间的差异。此外，这些可变区的序列使用 PCR 扩增技术很容易获得且长度适合使用高通量测序技术进行测序。目前 16S rRNA 扩增子测序已成为研究微生物群落多样性的重要手段之一，其价格便宜，仅使用高通量测序中简单的测序手段就能获得比较理想的结果，而且不断更新的生物信息学分析技术，使研究人员可以对数据进行更全面的分析。虽然该技术比较基础，方法简单，但并不影响其成为微生物研究领域的一个革命性工具。

实验原理

16S rRNA 扩增子数据分析是一种研究微生物群落结构和多样性的常用的方法。它利用 PCR 扩增样本中的 16S rRNA 基因片段，并通过高通量测序技术获取相应的微生物 16S rRNA 的序列，再进行后续分析，解析微生物群落中的物种组成，以及预测功能或表型的组成。当前，16S rRNA 扩增子数据的分析流程和数据库比较完备，例如，分析软件包括 QIIME、R、Mothur 等和 Greengenes 数据库、Silva 数据库等。

数据分析的主要步骤如下：①质控。对测序数据进行质量控制，包括去除低质量序列、过滤接头序列、去除低复杂度序列和嵌合体序列等。②序列分析。对质控后的序列进行分类、比对和聚类分析，通常使用的是基于序列间的相似性，将序列归为 OTU（Operational Taxonomic Unit）/ASV（Amplicon Sequence Variants）。③稀释分析。在 OTU/ASV 分析的基础上，进行稀释曲线分析，估计菌群丰度、多样性和稳定性等指标。④功能分析。通过基于参考数据库的比对和注释，对不同 OTU/ASV 及相应菌群的代表性序列进行功能注释，以探索这些菌群具有的生物学特性。最终，通过以上步骤得到的数据和结果，可以进一步分析和比较样品的微生物组成、数量和功能，为后续的数据挖掘和解释提供基础。

实验目的

了解 16S rRNA 扩增子数据分析的原理，学会使用 R 语言中 DADA2 包和 QIIME2 分析 16S rRNA 扩增子数据。

设备与软件

Ubuntu 服务器配置 Windows 的系统个人电脑、SSH 登录工具 MobaXterm、R 与 RStudio、DADA2 和 QIIME2 等。

实验内容与步骤

内容一　基于 R 语言和 DADA2 包完成 16S rRNA 扩增子数据分析

示例一　Windows 系统下 R 语言 DADA2 包的安装

（1）在 R 语言中使用 Bioconductor 安装 DADA2 包

```
# 使用 R 安装 DADA2 包。
if(!requireNamespace("BiocManager", quietly = TRUE))
    install.packages("BiocManager")
BiocManager::install("dada2", version = "3.11")
```

（2）在 R 语言中从源安装 DADA2 包

源安装适用于 R 语言 3.4 版本或更高版本，最新和最强大的功能将首先通过开发分支的源安装提供。

①使用 devtools 安装。最简单的方法是使用 devtools 包直接从 github 安装和编译。

```
# 在 R 中使用 devtools 安装 DADA2 包。
install.packages("devtools")
library("devtools")
devtools::install_github("benjjneb/dada2", ref="v1.16")
```

②手动从源安装。首先下载压缩包并解压缩（或展开压缩包）。启动新的 R 会话，然后输入以下命令：

```
# 在 R 中手动从源安装 DADA2 包，“~/github/dada2” 为 dada2 源代码存放的位置。
install.packages("~/github/dada2", repos = NULL, type = "source",
                 dependencies = c("Depends", "Suggests", "Imports"))
```

（3）检查 DADA2 包的版本并进行加载，查看功能文档

```
# 查看 dada2 版本。
packageVersion("dada2")
# 加载包，浏览功能文档。
library("dada2")
# 加载包后，可以使用 R 帮助系统浏览文档。
help(package="dada2")
?derepFastq
?dada
```

示例二　Windows 系统中扩增子数据的质量控制

（1）首先加载相关 R 包

如果缺少对应的包，请参照前文 R 安装包的内容自行安装。

```
# 加载 R 包。
library(BiocManager)
library(dplyr)
library(scales)
library(grid)
library(reshape2)
library(dada2)
library(tidyr)
library(stringr)
library(phyloseq); packageVersion("phyloseq")
library(Biostrings); packageVersion("Biostrings")
library(ggplot2); packageVersion("ggplot2")
library(vegan)
library(lessR)
library(ape)
library(reshape2)
library(microbiome)
```

（2）定义路径变量，确定处理数据

在进行数据处理之前，用户需指定数据存放的位置，这样就可在指定的目录中进行数据分析，如下方的 D：/work/Rutincm/sample。

```
# 设置路径并列出路径中的文件。
path_to_files<-"D:/work/Rutincm/sample"
list.files(path_to_files)
```

（3）测序数据质量控制

完成加载包后，设置好路径，就可以执行读入数据、检查测序数据的质量（图 13-1）、进行质量控制。DADA2 保留了去重序列的质量信息，这些质量信息取自重复序列的均值。这一信息文件将作为参考错误模型用于后续序列处理，以提高 DADA2 算法的准确性。

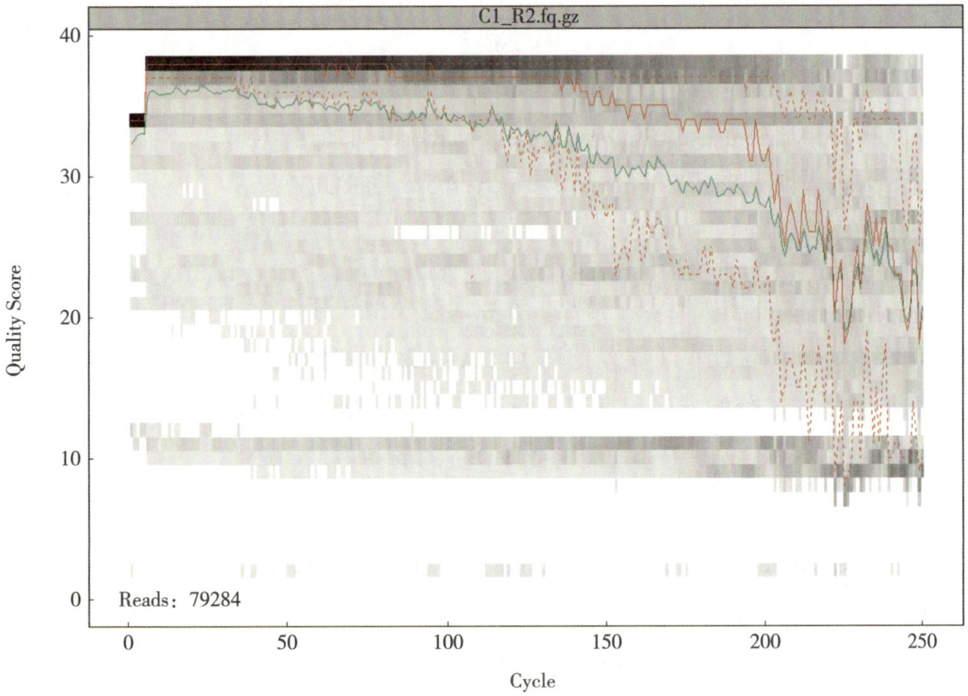

图 13-1　测序数据的质量文件查看

```
# 读取测序数据文件，例如正向数据是以 _R1.fq.gz 为结尾，反向数据是以 _R2.fq.gz 为结尾。
# 读取正向测序数据。
forward_seqs<-sort(list.files(path_to_files, pattern = "_R1.fq.gz", full.names = TRUE))
```

```
# 读取反向测序数据。
reverse_seqs<-sort(list.files(path_to_files, pattern = "_R2.fq.gz", full.names = TRUE))
# 获得样品名称。
sample_names<-sapply(strsplit(basename(forward_seqs), "_"), `[`, 1)
sample_names
# 检查测序质量文件。
plotQualityProfile(forward_seqs)
plotQualityProfile(reverse_seqs)
# 为筛选的 fq.gz 文件分配文件名。
filtered_reads<-filterAndTrim(forward_seqs, filt_forward_seqs, reverse_seqs, filt_reverse_seqs,
                              truncLen = c(250,225), maxN = 0, maxEE = c(2, 2),
                              truncQ = 2,
                              rm.phix = TRUE, compress = TRUE, multithread=
                              FALSE)
# 过滤修剪，去除重复序列。
derep_forward<-derepFastq(filt_forward_seqs, verbose = TRUE)
derep_reverse<-derepFastq(filt_reverse_seqs, verbose = TRUE)
```

（4）了解测序数据的错误率

DADA2 算法使用机器学习构建了参数误差模型，其认为每个测序样本的扩增子数据集都有不同的错误率（误差比率）。DADA2 的参数误差模型可通过交替估计错误率和推断样本成分的方式，直到它们得到共同一致的解决方案，从数据中学习该误差模型。这是 DADA2 中运行最耗费计算资源的一步。

```
# 错误率。
errors_F<-learnErrors(filt_forward_seqs, multithread = TRUE)
plotErrors(errors_F, nominalQ=TRUE)
errors_R<-learnErrors(filt_reverse_seqs, multithread = TRUE)
plotErrors(errors_R, nominalQ=TRUE)
```

DADA2 估算完错误率后，将相应的结果进行可视化，可视化结果表示了每种可能的错误（A-C、A-G、……），图 13-2 中点表示观察得到的错误率。图中的黑线表示通过算法学习评估得到的错误率，红色的曲线表示由 Q-score 的定义下预期的错误率。这里估计的错误率（黑线）和观察到的错误率（点）拟合程度很好，并且错误率随着预期的质量而下降。

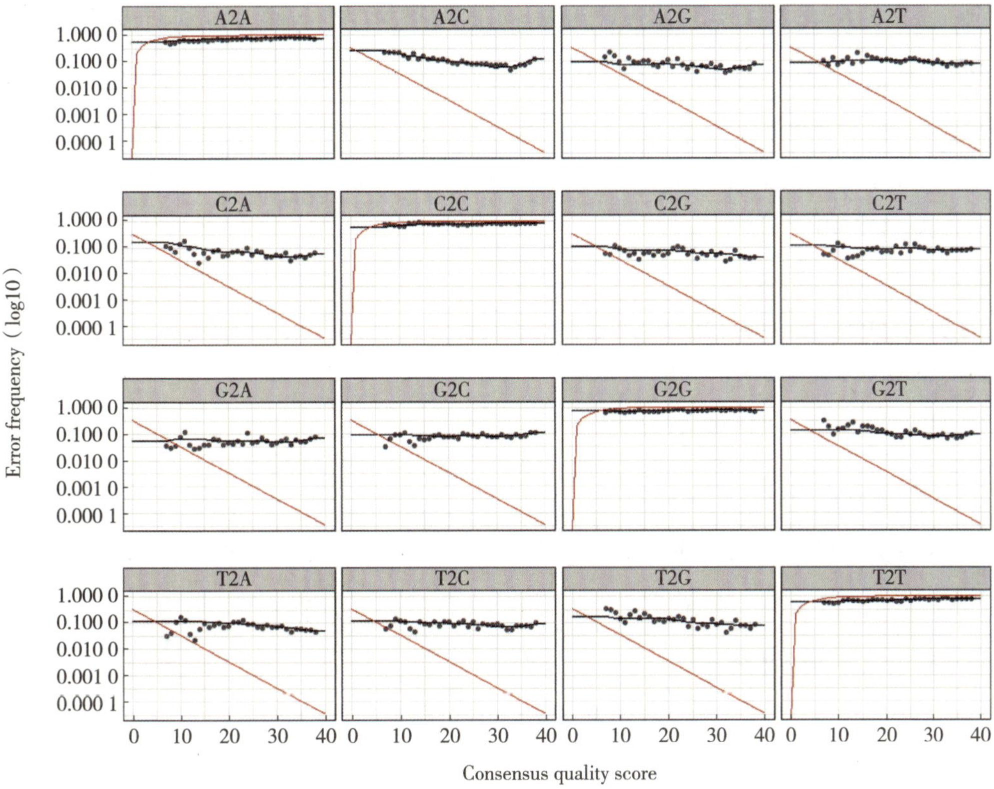

图 13-2　DADA2 中对测序数据错误率的估算结果

（5）基于错误模型进一步质控

基于 DADA2 对错误率构建的错误模型，进一步进行数据的质控，将“核心样本推理算法”应用于过滤和反复地学习错误率，进一步对测序数据进行质量控制。

```
# 基于错误模型进一步进行质量控制。
setDadaOpt(DETECT_SINGLETONS=TRUE, OMEGA_A=1e-30)
dada_forward_seqs<-dada(derep_forward, err=errors_F，, multithread=TRUE, pool = "pseudo")
dada_reverse_seqs<-dada(derep_reverse, err=errors_R, multithread=TRUE, pool = "pseudo")
dada_forward_seqs[[1]]
```

（6）合并、降噪并构建 ASV 表

紧接着，将得到的高质量正向和反向序列文件合并在一起获得完整的序列。将去噪的正向序列与相应的去噪反向序列的反向互补序列比对，然后构建合并的

"overlap"进行合并。默认情况下，仅当正向和反向序列重叠至少 12 个碱基并且在重叠区域中彼此相同时才输出合并序列，生成序列统计表。

```
# 合并、降噪并构建 ASV 表。
contigs<-mergePairs(dada_forward_seqs, derep_forward, dada_reverse_seqs, derep_reverse, verbose=TRUE)
head(contigs[[1]])
seqtable<-makeSequenceTable(contigs)
dim(seqtable)
table(nchar(getSequences(seqtable)))
```

（7）去除嵌合体

经过上面的质控后，序列中还可能存在嵌合体，需要进一步去除，以得到可用的 ASV 表。

```
#DADA2 去除嵌合体的操作。
seqtable_nochim<- removeBimeraDenovo(seqtable, method = "consensus", multithread=TRUE, verbose=TRUE)
dim(seqtable_nochim)
table(nchar(getSequences(seqtable_nochim)))
sum(seqtable_nochim)/sum(seqtable)
# 求和函数，计算分析过程中的 reads 数量。
getN <- function(x) sum(getUniques(x))
# 合并各样本数据量。
track_reads <- cbind(filtered_reads, sapply(dada_forward_seqs, getN), sapply(dada_reverse_seqs, getN), sapply(contigs, getN))
# 行名修改为样本名。
rowSums(seqtable_nochim))
head(track_reads) # 统计结果预览
```

示例三　ASV 的生成和物种分类地位的注释

（1）下载并设置数据库，进行物种注释

在对物种进行注释时，需要首先下载用以比对的数据库（如 Silva 数据库）并进行设置，之后对 ASV 进行注释便可得到每个 ASV 的物种分类地位，包括界、门、纲、目、科、属、种等的信息。

```
# 定义数据库存放的位置。
silva_trainset <- "D:/work/Rutincm/silva_nr99_v138.1_train_set.fa.gz"
# 确定文件是否存在。
file.exists(silva_trainset)
# 确定 ASV 的分类地位。
taxonomy <- assignTaxonomy(seqtable_nochim, silva_trainset, multithread = TRUE)
taxonomy_species <- addSpecies(taxonomy, "D:/work/Rutincm/silva_species_assignment_
v138.1.fa.gz")
```

（2）去除 ASV 表中的“垃圾”序列

在 ASV 的表格中有些序列是不想要的，如注释为叶绿体或者线粒体的序列。这时为了分析结果的准确，需要将这些“垃圾”序列加以清除，才能继续进行后续分析。

```
# 去除不合适的序列。
is.mitochondria<-taxonomy.nochloro[,"Family"] %in% "Mitochondria"
seqtable.nomito<-seqtable.nochloro[,!is.mitochondria]
taxonomy.nomito<-taxonomy.nochloro[!is.mitochondria,]
dim(seqtable.nomito) # 使用 dim() 命令可以查看表格的行列数，进而明确删除了多少
序列。
dim(seqtable.nochloro)
dim(seqtable_nochim)
seqtable_nochim<-seqtable.nomito
taxonomy<-taxonomy.nomito
write.csv(taxonomy, "D:/work/Rutincm/ASVs_taxonomy.csv")

taxonomy_species<-assignTaxonomy(seqtable_nochim,silva_trainset, multithread = TRUE)
taxonomy_species1<-addSpecies(taxonomy_species,
"D:/work/Rutincm/silva_species_assignment_v138.1.fa.gz")

write.csv(taxonomy_species1, "D:/work/Rutincm/ASVs_taxonomy_species.csv")
count.asv.tab<-t(seqtable_nochim)
write.csv(count.asv.tab, file="ASVs_counts.csv")
saveRDS(count.asv.tab, file="ASVs_counts.rds")
```

（3）将序列替换成“asv”，得到最终的物种组成

最后一步是将全长约 250 bp 的序列换成“asv”，使这些数据表更容易操作，这样就不会看到这些凌乱的序列，而会看到 asv1、asv2 等，结果如图 13-3 所示。

	Kingdom	Phylum	Class	Order	Family	Genus	Species
asv0001	Bacteria	Firmicutes	Clostridia	Lachnospir	Lachnospir	A2	NA
asv0002	Bacteria	Firmicutes	Clostridia	Lachnospir	Lachnospir	Acetatifact	NA
asv0003	Bacteria	Actinobact	Actinobact	Bifidobacte	Bifidobacte	Bifidobacte	NA
asv0004	Bacteria	Firmicutes	Bacilli	Lactobacill	Streptococ	Lactococci	NA
asv0005	Bacteria	Firmicutes	Clostridia	Lachnospir	Lachnospir	Lachnospir	NA
asv0006	Bacteria	Firmicutes	Clostridia	Oscillospira	Oscillospira	Intestinimc	NA
asv0007	Bacteria	Bacteroidc	Bacteroidia	Bacteroida	Rikenellace	Alistipes	NA
asv0008	Bacteria	Bacteroidc	Bacteroidia	Bacteroida	Tannerella	Parabacter	NA
asv0009	Bacteria	Firmicutes	Bacilli	Lactobacill	Lactobacill	HT002	NA
asv0010	Bacteria	Firmicutes	Clostridia	Lachnospir	Lachnospir	Tuzzerella	NA
asv0011	Bacteria	Bacteroidc	Bacteroidia	Bacteroida	Rikenellace	Rikenellace	NA
asv0012	Bacteria	Firmicutes	Clostridia	Lachnospir	Lachnospir	Lachnospir	NA
asv0013	Bacteria	Firmicutes	Clostridia	Lachnospir	Lachnospir	A2	NA
asv0014	Bacteria	Firmicutes	Clostridia	Lachnospir	Lachnospir	Lachnospir	NA
asv0015	Bacteria	Firmicutes	Clostridia	Oscillospira	Oscillospira	NA	NA
asv0016	Bacteria	Firmicutes	Clostridia	Lachnospir	Lachnospir	NA	NA
asv0017	Bacteria	Firmicutes	Clostridia	Lachnospir	Lachnospir	NA	NA
asv0018	Bacteria	Firmicutes	Clostridia	Lachnospir	Lachnospir	Lachnospir	NA
asv0019	Bacteria	Bacteroidc	Bacteroidia	Bacteroida	Bacteroida	Bacteroide	NA
asv0020	Bacteria	Firmicutes	Clostridia	Lachnospir	Lachnospir	NA	NA
asv0021	Bacteria	Bacteroidc	Bacteroidia	Bacteroida	Bacteroida	Bacteroide	acidifaciens
asv0022	Bacteria	Bacteroidc	Bacteroidia	Bacteroida	Rikenellace	Rikenella	NA
asv0023	Bacteria	Firmicutes	Clostridia	Lachnospir	Lachnospir	Lachnospir	NA
asv0024	Bacteria	Actinobact	Actinobact	Bifidobacte	Bifidobacte	Bifidobacte	NA
asv0025	Bacteria	Bacteroidc	Bacteroidia	Bacteroida	Muribacula	NA	NA
asv0026	Bacteria	Bacteroidc	Bacteroidia	Bacteroida	Tannerella	Parabacter	NA
asv0027	Bacteria	Firmicutes	Clostridia	Lachnospir	Lachnospir	Lachnospir	NA
asv0028	Bacteria	Firmicutes	Clostridia	Lachnospir	Lachnospir	NA	NA
asv0029	Bacteria	Firmicutes	Bacilli	Lactobacill	Lactobacill	Ligilactoba	NA
asv0030	Bacteria	Bacteroidc	Bacteroidia	Bacteroida	Muribacula	NA	NA
asv0031	Bacteria	Firmicutes	Clostridia	Lachnospir	Lachnospir	Roseburia	NA
asv0032	Bacteria	Firmicutes	Clostridia	Lachnospir	Lachnospir	NA	NA
asv0033	Bacteria	Firmicutes	Clostridia	Oscillospira	Ruminococ	NA	NA
asv0034	Bacteria	Bacteroidc	Bacteroidia	Bacteroida	Bacteroida	Bacteroide	NA
asv0035	Bacteria	Firmicutes	Clostridia	Lachnospir	Lachnospir	Dorea	NA
asv0036	Bacteria	Firmicutes	Clostridia	Lachnospir	Lachnospir	Dorea	NA
asv0037	Bacteria	Firmicutes	Clostridia	Lachnospir	Lachnospir	Acetatifact	NA
asv0038	Bacteria	Firmicutes	Clostridia	Lachnospir	Lachnospir	NA	NA
asv0039	Bacteria	Firmicutes	Clostridia	Lachnospir	Lachnospir	NA	NA

ASVs_taxonomy_species_new

图 13-3　ASV 物种分类表

```
library(lessR)
library(S4Vectors)
rows <- nrow(taxonomy_species1)
asvs <- lessR::to("asv", rows)
sample_asvs <- seqtable_nochim
flipped_sample_asvs <- t(sample_asvs)
sample_asvs <- flipped_sample_asvs
seqs <- rownames(sample_asvs)
length(seqs)
seqs <- DNAStringSet(seqs)
names(seqs) <- asvs
dim(seqs)
rownames(sample_asvs) <- asvs
rownames(taxonomy_species1) <- asvs
write.csv(taxonomy_species1, "D:/work/Rutincm/ASVs_taxonomy_species_new.csv")
write.csv(sample_asvs, file="D:/work/Rutincm/ASVs_counts_new.csv")
```

至此就完成了 16S rRNA 测序数据的分析，通过基于序列间的相似性将序列归为 ASV，得到了 ASV 的分类和相应的物种组成。需要说明的是，在 Windows 系统中进行 16S rRNA 扩增子数据分析，通常是比较耗计算资源的，此处我们分析的样本较少，在分析大量样本时，不建议使用这种方法。

内容二 Linux 服务器中 16S rRNA 扩增子数据的分析

QIIME2 基于插件的架构，允许第三方开发新功能（https://library.qiime2.org）。QIIME2 插件提供了支持不同测序平台的新一代序列质量控制工具 DADA2 和 Deblur、物种分类、系统发育等插件工具，与 QIIME1 和其他工具相比，可以得到更优的定量结果。插件也支持一些新的分析方法，如成对样本比较、时间序列分析（研究处理对微生物组的影响至关重要）和机器学习。训练的机器学习模型可以保存并应用于新数据，以鉴定重要的微生物组特征。最新发表的插件 q2-cscs、q2-metabolomics、q2-shogun、q2-metaphlan2 和 q2-picrust2 为分析宏代谢组和宏基因组提供了初步的支持。此外，许多现存的下游分析工具（如 q2-sample-classifier）可以单独或与其他软件配合处理特征表。因此，QIIME2 不仅可用于处理标记基因分析，也是一个多维度、强大的数据科学平台，可以快速发展为适应多种微生物组数据特征的平台。

示例一　QIIME2 的安装

在实验四中我们介绍了 QIIME2 的安装方法，可以返回进行查看。此处继续介绍使用 conda 安装最新 QIIME2 版本的方法，具体的安装操作说明可见 QIIME2 的官方网站：https：//docs.qiime2.org/2024.2/install/native/#install-qiime-2-within-a-conda-environment。

首先下载最新的安装配置文件，如 qiime2-amplicon-2024.2-py38-linux-conda.yml，之后按照下面的步骤进行安装，即可安装成功。

```
#QIIME2 扩增子配置文件的下载，对于该文件的下载，用户需要有耐心。
$ wget https://data.qiime2.org/distro/amplicon/qiime2-amplicon-2024.2-py38-linux-conda.yml
# 创建环境并 conda 安装。
$ conda env create –n qiime2-amplicon-2024.2--file qiime2-amplicon-2024.2-py38-linux-conda.yml
# 清理压缩包。
$ rm qiime2-amplicon-2024.2-py38-linux-conda.yml
# 激活环境。
$ conda activate qiime2-amplicon-2024.2
# 测试安装。
$ qiime –help
```

示例二　扩增子数据的物种注释

（1）确定数据在服务器中存放的位置，生成文件清单

根据项目文件存在的位置，生成原始数据的路径文件（file path），建立样本清单 rutinpath.txt，如图 13-4 所示。

```
sample-id       forward-absolute-filepath        reverse-absolute-filepath
C10     /home/gaoyue/16s/C10_R1.fq.gz   /home/gaoyue/16s/C10_R2.fq.gz
C16     /home/gaoyue/16s/C16_R1.fq.gz   /home/gaoyue/16s/C16_R2.fq.gz
C21     /home/gaoyue/16s/C21_R1.fq.gz   /home/gaoyue/16s/C21_R2.fq.gz
CT12    /home/gaoyue/16s/CT12_R1.fq.gz  /home/gaoyue/16s/CT12_R2.fq.gz
C29     /home/gaoyue/16s/C29_R1.fq.gz   /home/gaoyue/16s/C29_R2.fq.gz
M10     /home/gaoyue/16s/M10_R1.fq.gz   /home/gaoyue/16s/M10_R2.fq.gz
M16     /home/gaoyue/16s/M16_R1.fq.gz   /home/gaoyue/16s/M16_R2.fq.gz
M21     /home/gaoyue/16s/M21_R1.fq.gz   /home/gaoyue/16s/M21_R2.fq.gz
MT12    /home/gaoyue/16s/MT12_R1.fq.gz  /home/gaoyue/16s/MT12_R2.fq.gz
M29     /home/gaoyue/16s/M29_R1.fq.gz   /home/gaoyue/16s/M29_R2.fq.gz
rutinpath.txt (END)
```

图 13-4　rutinpath.txt 内容

（2）将数据导入 QIIME2 并进行质量控制

① fq/fastq 格式转化为 qza 格式

在使用 QIIME2 进行分析时，用户需要将测序得到的 fastq 数据转换成 QIIME2 分析时所用的 qza 格式，这一步中，测序数据导入 QIIME2 中，生成的文件名为 demux_seqs.qzv，继续分析。

```
#fq/fastq 数据导入 QIIME2 中。
$ qiime tools import
    --type 'SampleData[PairedEndSequencesWithQuality]'
    --input-path rutinpath.txt
    --output-path demux-summary.qza
    --input-format PairedEndFastqManifestPhred33V2
# 可视化。
$ qiime demux summarize
    --i-data demux-summary.qza
    --o-visualization demux-summary.qzv
```

②使用 DADA2 进行测序数据的质量控制

```
# 质控。
$ time qiime dada2 denoise-paired
    --i-demultiplexed-seqs demux-summary.qza
    --p-trim-left-f 0
    --p-trim-left-r 0
    --p-trunc-len-f 250
    --p-trunc-len-r 250
    --o-table table.qza
    --o-representative-sequences rep-seqs.qza
    --o-denoising-stats denoising-stats.qza
    --p-n-threads 0
# 生成 Feature 表和可视化 denoising stats（qzv 文件可在线查看）。
$ qiime metadata tabulate
    --m-input-file denoising-stats.qza
    --o-visualization denoising-stats.qzv
```

```
# 添加样本分组元数据信息 group-metadata.txt。
$ qiime feature-table summarize
    --i-table table.qza
    --o-visualization table.qzv
    --m-sample-metadata-file group-metadata.txt
# 代表序列统计。
$ qiime feature-table tabulate-seqs
    --i-data rep-seqs.qza
    --o-visualization rep-seqs.qzv
```

用户可在 QIIME2 view 中查看该文件，在 Interactive Quality Plot 页面最下面的表格有长度的中位数——250 nts，用户还可查看测序数据的质量范围，以便进行质量控制。需要说明的是，这步耗费的时间较长，可使用 --p-n-threads 0 参数调用所有 CPU 和线程资源，减少运算时间。需注意的是，需要 20 bp 以上的 overlap 才能使用 DADA2 拼接，否则会报错。

③代表性序列的比对和系统发育树的构建

在进行微生物组数据分析时，有时会对 alpha 多样性进行特殊分析，需要有序列间的进化关系，因此要构建系统发育树。

```
# 序列比对和系统发育树构建。
$ qiime phylogeny align-to-tree-mafft-fasttree
    --i-sequences rep-seqs.qza
    --o-alignment aligned-rep-seqs.qza
    --o-masked-alignment masked-aligned-rep-seqs.qza
    --o-tree unrooted-tree.qza
    --o-rooted-tree rooted-tree.qza
# 导出上一步生成的进化树，用于其他软件分析。
$ qiime tools export
    --input-path unrooted-tree.qza
    --output-path exported-tree
```

（3）多样性分析

在进行微生物组数据分析时，需要对微生物群落及其组间样本的分析，包括 alpha(α) 和 beta(β) 多样性分析。alpha 多样性指数包括丰富度指数和均匀度指数。

其中 Richness、Chao1、Shannon 3 个指数是常用的评估丰富度的指标，数值越高表明样品包含的物种丰富度就越高。Richness 指数是指样本中被检测到的 OTU 数目；Chao1 指数通过低丰度 OTUs 来进一步预测样品中的 OTUs 数量；Shannon 指数考虑到样品中的 OTUs 及其相对丰度信息，通过对数（如以 2 为底的 shannon_2，以自然对数为底的 shannon_e，以 10 为底的 shannon_10）转换来预测样品中的分类多样性。Simpson、Dominance 和 Equitability 3 个指数是常用的评估均匀度的指标。Simpson 指数表示随机选取两条序列属于同一个分类（如 OTUs）的概率（故数值为 0～1），数值越接近 1 表明 OTUs 的丰度分布越不均匀；Dominance 指数取值为 1-Simpson，表示随机选取两条序列属于不同分类（如 OTUs）的概率；Equitability 指数根据 Shannon 指数值计算，当其值为 1 时表明样品中的物种丰度分布绝对均匀，而其值越小则表明物种丰度分布呈现出越高的偏向。Beta 多样性指数包括 Jaccard 距离（群落差异的定性度量，即只考虑种类，不考虑丰度）；Bray-Curtis 距离（群落差异的定量度量）；非加权 UniFrac 距离（包含特征之间的系统发育关系的群落差异定性度量）；加权 UniFrac 距离（包含特征之间的系统发育关系的群落差异定量度量）。

QIIME2 集成的工具可以对样本及组间的 alpha 和 beta 多样性及稀疏曲线进行分析。

```
# 使用 QIIME2 进行多样性计算。
# 参数解释：--m-metadata-file：分组信息；--p-sampling-depth：这个参数要选择上面 table.qzv 里那个最小深度。
$ qiime diversity core-metrics-phylogenetic
   --i-phylogeny rooted-tree.qza
   --i-table table.qza
   --p-sampling-depth 9 600
   --m-metadata-file group-metadata.txt
   --output-dir core-metrics-results
# 生成可视化文件。
$ qiime diversity alpha-group-significance
   --i-alpha-diversity core-metrics-results/faith_pd_vector.qza
   --m-metadata-file group-metadata.txt
   --o-visualization core-metrics-results/faith-pd-group-significance.qzv
#Alpha 多样性分析结果可视化和组间显著性分析。
$ qiime diversity alpha-group-significance
   --i-alpha-diversity core-metrics-results/evenness_vector.qza
```

```
    --m-metadata-file group-metadata.txt
    --o-visualization core-metrics-results/evenness-group-significance.qzv
#Beta 多样性分析结果可视化和组间显著性分析。
$ qiime diversity beta-group-significance
    --i-distance-matrix core-metrics-results/unweighted_unifrac_distance_matrix.qza
    --m-metadata-file group-metadata.txt
    --m-metadata-column donor_status
    --o-visualization core-metrics-results/unweighted-unifrac-site-significance.qzv
    --p-pairwise
# 稀疏曲线分析，--p-max-depth：重采样深度。
$ qiime diversity alpha-rarefaction
    --i-table table.qza
    --i-phylogeny rooted-tree.qza
    --p-max-depth 18594
    --m-metadata-file group-metadata.txt
    --o-visualization alpha-rarefaction.qzv
```

（4）物种注释

在对物种进行注释时，可使用 QIIME2 针对不同分析提前训练好的数据模型对我们的数据进行分析，以获得对物种的注释。

```
# 下载官网提供的训练模型。
$ wget -c https://data.qiime2.org/2022.8/common/silva-138-99-nb-classifier.qza
# 数据注释。
$ time qiime feature-classifier classify-sklearn
    --i-classifier /home/gaoyue/database/silva-138-99-nb-classifier.qza
    --i-reads rep-seqs.qza
    --o-classification taxonomy.qza
# 可视化。
$ time qiime metadata tabulate
    --m-input-file taxonomy.qza
    --o-visualization taxonomy.qzv
```

```
#QIIME2 view 查看 bar-plots 图。
$ qiime taxa barplot
  --i-table table.qza
  --i-taxonomy taxonomy.qza
  --m-metadata-file group-metadata.txt
  --o-visualization taxa-bar-plots.qzv
```

示例三　扩增子数据的功能注释

（1）使用 PICRUSt2

PICRUSt2（Phylogenetic Investigation of Communities by Reconstruction of Unobserved States）是一款基于标记基因序列预测功能丰度的软件。“功能”通常是指基因家族，如 KEGG 同源基因和酶分类号。预测通常基于 16S rRNA 基因测序数据，但也可以使用其他标记基因。

①下载并安装 PICRUSt2

```
# 下载并安装 PICRUSt2。
$ wget https://github.com/picrust/picrust2/releases/download/v2.0.3-b/picrust2-2.0.3-b.zip
$ unzip picrust2-2.0.3-b.zip
$ cd picrust2-2.0.3-b
$ conda env create -f picrust2-env.yaml
$ pip install --editable
```

②测试安装

```
# 测试。
$ pytest tests/test_hsp.py tests/test_metagenome_pipeline.py tests/test_run_minpath.py tests/test_util.py
```

③下载 q2-picrust2 插件 GitHub Repo 并安装

```
# 下载 q2-picrust2 插件 GitHub Repo 并安装。
$ cd ..
$ wget https://github.com/gavinmdouglas/q2-picrust2/releases/download/v0.0.1/q2-picrust2-0.0.1.zip
$ unzip q2-picrust2-0.0.1.zip
$ cd q2-picrust2-0.0.1
```

```
$ python setup.py install
$ qiime dev refresh-cache
$ cd ..
```

④准备需使用的文件

在这一步中，使用的文件为之前生成的 rep-seqs.qza。

⑤格式转化，导入文件

在这一步中，需要使用 99_otus.fasta 这个文件，用户可以在下载的文件中找到。将该文件导入 QIIME2，转换成可以使用的格式。

```
$ qiime tools import
    --type 'FeatureData[Sequence]'
    --input-path 99_otus.fasta
    --output-path 99_otus.qza
```

⑥功能注释

```
$ qiime vsearch cluster-features-closed-reference
    --i-sequences rep-seqs.qza
    --i-table table.qza
    --i-reference-sequences 99_otus.qza
    --p-perc-identity 0.99
    --p-threads 10
    --output-dir picrust/closed_ref_99_otu
```

⑦格式转换并保存

```
# 将 qza 转换成 biom 格式。
$ qiime tools export
    --input-path closed_ref_*_otu/clustered_table.qza
    --output-path closed_ref_*_otu
$ qiime tools export
    --input-path picrust/closed_ref_99_otu/clustered_sequences.qza
    --output-path closed_ref_99_otu
```

```
# 将 biom 格式转换成 tsv 格式。
$ qiime tools export
    --input-path clustered_table.qza
    --output-path exported-seqs
$ biom convert --to-tsv --input-fp feature-table.biom --output-fp feature-table.tsv
```

至此完成了基于 QIIME2 平台使用 PICRUSt2 实现对 16S rRNA 扩增子数据的功能注释。

练习与作业

1. 熟练掌握 16S rRNA 扩增子数据分析的原理。
2. 熟练掌握 16S rRNA 扩增子数据分析的流程。
3. 熟练掌握在 Windows 系统中使用 DADA2 进行 16S rRNA 扩增子数据分析。
4. 在 Linux 服务器中熟练使用 QIIME2 进行扩增子数据分析。
5. 思考得到微生物群落物种组成和功能组成后，可用来解析什么问题。
6. 除 16S rRNA 扩增子数据外，你还能列举哪些类型的扩增子数据类型？
7. 除了本实验中讲到的扩增子数据分析软件，你还知道哪些同类工具？请列举，并将这些工具进行比较。
8. 列举扩增子数据分析时常用的数据库有哪些（包括物种注释数据库和功能预测的数据库）？

实验十四

短序列读长的宏基因组数据分析

宏基因组数据是指对一个生物群落中所有 DNA 进行测序产生的结果，包括细菌、古菌、病毒、真菌和宿主基因组等。这些 DNA 来自生物群落中的不同物种，因此宏基因组数据是一个混合的数据集，包含了不同物种的 DNA 序列信息。当前对于样本的宏基因组进行测序的平台包括 Illumina 平台的不同仪器（包括 Hiseq 平台、Novaseq 平台等）、BGI 的 T7 这些短序列读长（short read sequence）的平台和长序列读长的测序平台（包括 Nanopore 测序平台等）。目前最为常见的是短序列读长的宏基因组数据，可通过高通量测序技术（二代测序技术或下一代测序技术）进行获取。具体而言，将生物群落中的 DNA 提取出来，进行末端配对测序，得到大量的序列读段。这些读段包含了不同物种的基因序列，需要进行数据分析以挖掘其中的生物信息。熟练掌握短读长的宏基因组的数据分析对于分析微生物群落组成、功能组成和代谢组成以及微生物组大数据的深入挖掘具有重要意义。

实验原理

短读长的宏基因组数据分析步骤可包括测序数据的质量控制（去除低质量和含 N 的序列和去除宿主污染）、基于 reads 水平的物种和功能组成的预测和基于 contigs 水平的测序数据组装、ORF 预测、基因功能注释、物种分类和丰度分析等。本实验就是基于当前流行的处理短读长的宏基因组数据的工具（如 MetaPhlAn/HUMAnN、Megahit、MEGAN、Diamond 等）实现对短读长宏基因组数据基于 reads 水平和 contigs 水平的分析。

实验目的

本实验旨在通过对短读长的宏基因组数据进行分析，使学生能够了解分析中各种软件的使用，建立起对宏基因组数据分析的整体框架，形成自己的分析思路，培养学生搭建分析流程的能力。

设备与软件

配置 Windows 系统的个人电脑、SSH 登录工具 Mobaterm、fastp、MetaPhlAn、HUMAnN、Megahit、Diamond、Bowtie2、BWA、Megan、bbmap 等。

实验内容与步骤

内容一　短读长宏基因测序数据的质量控制

基于样本的复杂性与研究对象的不同，宏基因组数据在分析或组装之前常需要过滤掉一些序列以防止干扰研究。对于短读长宏基因组测序数据的质量控制主要包括两部分。第一部分是去除短读长宏基因组数据中的宿主污染；第二部分是去除低质量的测序数据。在质控时，这两部分内容的执行与否与样本的类型密切相关，例如，大鼠、小鼠或人类肠道菌群等样本就需要进行宿主数据的去除，而像水体或者土壤样本就不需要进行这一步的操作。下面对每个部分的分析进行简要介绍。

示例一　短读长宏基因测序数据的宿主污染去除

去除宿主污染的基本原理就是通过将原始的 fastq 序列跟宿主的参考基因组进行比对，去除比对上的 read 或者高度匹配的 read 实现去除宿主污染。

本示例以 bwa 和 samtools 为例进行去除宿主污染的操作。当然，还有其他软件也可用于去除宿主污染，如 kneaddata、bowtie2 等。BWA 是一款将短读长的序列比对（mapping）到参考基因组上的软件。使用 BWA 进行比对的过程主要分为两步：第一步是建立参考基因组，也就是宿主基因组的索引；第二步是使用 BWA MEM 进行比对。具体安装和使用方法以及去除宿主污染的操作如下。

```
#bwa 和 samtools 的安装。
$ conda install bwa
$ conda install samtools
# 下载人类基因组索引。
$ wget -c ftp://ftp-trace.ncbi.nih.gov/1 000genomes/ftp/technical/reference/human_g1k_v37.fasta.gz
$ tar -zxvf human_g1k_v37.fasta.gz
# 或者从下面这个链接下载。
$ wget -c wget --timestamping 'ftp://hgdownload.cse.ucsc.edu/goldenPath/hg19/chromosomes/*'
$ tar -xzvf * | cat >hg19.fa
```

```
# 构建索引数据库。
$ bwa index human_g1k_v37.fasta
#bwa 比对。
$ bwa mem –t 40 /path/human_g1k_v37.fasta /path/Sample_1.fq.gz /path/Sample_2.fq.gz >
host_align.sam
#sam 转 bam。
$ samtools view –Sb host_align.sam > host_align.bam
# 获得没比对上的 reads 数据。
$ samtools view –b –f 12 –F 256  host_align.bam > host_Unmapped.bam
#sort。
$ samtools sort –n –m 5G –@ 2 host_Unmapped.bam –o host_Unmapped_sorted.bam
# 获得最终序列。
$ samtools fastq –@ 8 host_Unmapped_sorted.bam /
    –1 SAMPLE_host_removed_R1.fastq.gz /
    –2 SAMPLE_host_removed_R2.fastq.gz /
    –0 /dev/null –s /dev/null –n
```

除此之外，也可使用 bowtie2 进行宿主序列比对，具体示例如下。

```
# 使用 Bowtie2 的 ––un–conc–gz 命令。
$ bowtie2 –p 55 –x /path/hg19 –1 Sample_1.fq.gz –2 Sample_2.fq.gz ––un–conc–gz Sample_
host_removed > Sample_mapped_and_unmapped.sam
$ mv Sample_host_removed.1 Sample_host_removed_R1.fq.gz
$ mv Sample_host_removed.2 Sample_host_removed_R2.fq.gz
```

示例二　短读长宏基因测序数据的低质量 reads 的去除（fastp）

fastp（https：//github.com/OpenGene/fastp）是一种广泛采用的 FASTQ 数据预处理和质量控制工具。它的处理速度快且用途广泛，可以在单次数据扫描中执行接头移除、全局或质量修整、读长过滤、去冗余、碱基校正和许多其他操作。fastp 的具体使用方式可能会因为不同的测序平台和数据类型而有所不同，因此建议在使用前仔细阅读 fastp 的官方文档以了解更多细节和注意事项。安装和使用方法如下。

```
# 安装
# 方法一。
$ wget http：//opengene.org/fastp/fastp
$ chmod a+x ./fastp
# 方法二。
$ conda install -c bioconda fastp
# 运行。
# 单端数据。
$ fastp -i /path/in.fq -o /path/Sample_clean.fastq
# 双端数据。
$ fastp --in1 /path/Sample_host_removed_R1.fq.gz --in2 /path/Sample_host_removed_R2.fq.gz --out1 /path/Sample_R1.fq.gz --out2 /path/Sample_R2.fq.gz -w 40 -h /path/Sample.fastp.html -j /path/Sample.fastp.json
```

内容二　基于 read 水平的微生物群落的物种和功能注释

示例一　使用 MetaPhlAn 解析群落物种组成

MetaPhlAn 是一种常用的基于短读长宏基因组数据的物种注释工具，其网址为 https：//github.com/biobakery/MetaPhlAn 和 https：//huttenhower.sph.harvard.edu/metaphlan。用户可从这两个网站中详细了解 MetaPhlAn 的工作原理、安装方法、使用方法和结果解读等信息。MetaPhlAn 使用序列比对 marker 基因来获得物种的相对丰度信息，相对于其他策略而言，物种检出较少，但假阳性较低，只能检出数据库内的物种。当前，MetaPhlAn 软件已经更新到第四个版本，即 MetaPhlAn4。下面以 MetaPhlAn4 为例，介绍其安装和使用方法，结果如图 14-1 所示。

```
#SampleID
#clade_name	relative_abundance
k__Bacteria	100
k__Bacteria|p__Actinobacteria	50.79698
k__Bacteria|p__Proteobacteria	47.82831
k__Bacteria|p__Nitrospirae	0.68104
k__Bacteria|p__Bacteroidetes	0.52263
k__Bacteria|p__Firmicutes	0.16824
k__Bacteria|p__Planctomycetes	0.0028
k__Bacteria|p__Actinobacteria|c__Actinobacteria	50.79698
```

图 14-1　单一样本 MetaPhlAn4 的输出结果

```
# 使用 conda 进行安装。
$ conda create --name metaphlan4 python=3.7 metaphlan # 按照默认安装方式即可。
$ conda activate metaphlan4 # 激活安装的 metaphlan3 环境。
```

```
$ metaphlan --install    # 下载安装所需的数据库。
# 输入原始测序数据，默认输出相对丰度数据，单端测序。
$ metaphlan Sample_clean.fastq --input_type fastq -o Sample_metagenome.txt
# metaphlan 也支持双端序列分析。
$ metaphlan Sample_R1.fq.gz, Sample_R2.fq.gz --bowtie2out /path/Sample.bowtie2.bz2
--nproc 40 --input_type fastq > /path/Sample_metagenome.txt
# 多个样本依次完成物种解析，将结果进行合并，并输出每个分类水平的物种组成。
$ merge_metaphlan_tables.py metaphlan_output1.txt metaphlan_output2.txt metaphlan_
output3.txt > output/merged_abundance_table.txt
# 或者是
$ merge_metaphlan_tables.py metaphlan_output*.txt > output/merged_abundance_table.txt
# 转换物种分类方法。
$ sgb_to_gtdb_profile.py -i metaphlan_output.txt -o metaphlan_output_gtdb.txt
```

示例二　使用 HUMAnN 解析群落功能组成

HUMAnN（https：//github.com/biobakery/humann）是基于宏基因组、宏转录组数据分析微生物通路丰度的有效工具。HUMAnN 为研究人员提供了一种快速、精确地查找微生物群落功能组成的方法，当前其版本更新到了第三版，即 HUMAnN3，下面简要介绍其安装和使用方法。

```
# 安装。
# 使用 conda 建立一个 python 3.7 的环境 humann。
$ conda create -n humann3 python=3.7
# 启动这个环境。
$ conda activate human3
# 使用 pip 安装 humann3。
$ pip install human
# 安装相关依赖，Bowtie2。
$ conda install -c bioconda bowtie2
# 安装 biom-format。
$ pip install numpy
$ pip install biom-format（conda install biom-format）
$ pip install h5py
```

```
# 安装 MetaPhlAn3（3.0.2 以上版本）。
$ conda install metaphlan
# 安装 Diamond。
$ conda install diamond=0.9.24
# 下载数据库，包括 chocophlan 泛基因数据库，uniref 基因家族数据库，utility_
mapping 注释数据库。
#http：//huttenhower.sph.harvard.edu/humann_data/chocophlan（网页下载）。
$ humann_databases --download chocophlan full /path/to/databases --update-config yes
#http：//huttenhower.sph.harvard.edu/humann_data/uniprot/uniref_annotated/（网页下载）。
$ humann_databases --download uniref uniref90_diamond /path/to/databases --update-
config yes
##http：//huttenhower.sph.harvard.edu/humann_data/full_mapping_v201901b.tar.gz（网页下载）。
$ humann_databases --download utility_mapping full /path/to/databases --update-config yes
# 解压数据库。
$ tar -zxvf full_chocophlan.v296_201901.tar.gz -C ./chocophlan_v296_201901/
$ tar -zxvf uniref90_annotated_v201901.tar.gz -C uniref90_v201901
$ tar -zxvf full_mapping_v201901.tar.gz -C ./mapping_v201901/
$ tar -zxvf full_chocophlan.v296_201901.tar.gz -C ./chocophlan/
# 更新数据库位置。
$ humann_config --update database_folders nucleotide /path/to/chocophlan
$ humann_config --update database_folders protein /path/to/uniref
$ humann_config --update database_folders utility_mapping /path/to/utility_mapping
# 更新后查看设置。
$ humann_config
# 使用示范。
$ humann --input-format fastq.gz --input Sample_1.fq.gz --input Sample_2.fq.gz --output ./
output_dir --threads 32 --search-mode uniref90
```

在对多个样本进行分析时，可以依次解析样本的功能组成，然后再使用 merge_metaphlan_tables.py 命令将多样本的功能注释结果进行合并，完成对多个样本的功能解析。

内容三　基于 contig 水平的微生物群落的物种和功能注释

短序列读长的宏基因组数据基于 MetaPhlAn 和 HUMAnN 可快速实现对微生物

群落样本的物种组成和功能组成分析，但是这些分析严重依赖于软件内置的数据库，不能完成对微生物群落中的其他功能基因的分析，因此需要将短读长宏基因组数据进行组装，获得 contigs 文件后，进行基于 contigs 水平的微生物群落的物种和功能注释。

此处简要列举一些常用的宏基因组序列组装工具、基于 NR 数据库完成物种和功能的注释以及基因丰度的计算，从而进一步对微生物群落数据进行分析。

示例一 MetaSPAdes

MetaSPAdes（https：//cab.spbu.ru/software/spades）是一款用于宏基因组数据组装的软件，其主要特点是能够组装出高质量的基因组草图。与其他组装软件相比，MetaSPAdes 具有更高的组装速度和准确性，尤其适用于处理大规模的宏基因组数据。MetaSPAdes 的主要特点如下。

（1）组装速度快：采用并行化算法，能够同时处理多个序列，显著提高了组装速度。

（2）组装质量高：采用创新的组装算法，能够更准确地组装出基因组草图，特别是对于低丰度物种的组装效果尤为突出。

（3）支持混样组装：可同时对多个样本的混样数据进行组装，提高组装效率和准确性。

（4）可扩展性强：具有较强的可扩展性，能够根据不同的需求进行定制化配置，适应不同规模的宏基因组数据。

总之，MetaSPAdes 是一款优秀的宏基因组数据组装软件，具有高速度、高质量、高易用性和高可扩展性等优点，为研究人员提供了强有力的支持，有助于推动宏基因组学领域的发展。

现对其安装和使用方法如下。

```
#1.Conda 安装。
$ conda install –c bioconda spades
#2. 官网下载安装。
$ wget –c http://cab.spbu.ru/files/release3.13.0/SPAdes–3.13.0–Linux.tar.gz
$ tar –xzf SPAdes–3.13.0–Linux.tar.gz
$ cd SPAdes–3.13.0–Linux/bin/  # 设置全局路径，请按照之前方法进行设置。
#3. 使用示范。
$ metaspades.py –t 8 –k 21, 33, 55, 77, 99, 127 ––careful ––pe1–1 Sample_1.fq.gz ––pe–2
Sample_2.fq.gz –o spades_output
```

示例二　MEGAHIT

MEGAHIT 是一款超速的宏基因组从头组装工具，由港大—华大基因联合实验室（HKU-BGI）共同开发（https：//github.com/voutcn/megahit）。与其他基因组组装软件相比，MEGAHIT 在计算时间和内存消耗方面有着巨大优势，适用于土壤等复杂环境样本的组装和大量样本的混合组装。

其安装和使用方法如下。

```
#1.Conda 安装。
$ conda install –c bioconda megahit
# 查看安装版本。
$ megahit –v
#MEGAHIT v1.2.9
#2. 直接下载安装文件进行安装。
$ wget –c http: //cab.spbu.ru/files/release3.13.0/SPAdes–3.13.0–Linux.tar.gz
$ tar –xzf SPAdes–3.13.0–Linux.tar.gz
$ cd SPAdes–3.13.0–Linux/bin/  # 设置全局路径，请按照之前的方法进行设置。
# 源码编译安装此处不再进行讲述。
$ wget https: //github.com/voutcn/megahit/releases/download/v1.2.9/MEGAHIT–1.2.9–
Linux–x86_64–static.tar.gz
$ tar zvxf MEGAHIT–1.2.9–Linux–x86_64–static.tar.gz
$ cd MEGAHIT–1.2.9–Linux–x86_64–static/bin/  # 设置全局路径，请按照之前的方法进
行设置。
#3. 使用示范。
# 双端序列组装。
$ megahit –1 Sample_1.fq.gz –2 Sample_2.fq.gz –o out
#–1：pair–end 1 序列，–2 pair–end 2 序列，–o 输出目录
# 单端序列组装。
$ megahit –r Sample_clean.fq.gz –o out
# 交错的双端序列组装。
$ megahit ––12 interleaved.fastq.gz –o out
# 多样本混合组装。
$ megahit –1 S1_R1.fq.gz，S2_R1.fq.gz, ...... –2 S1_R2.fq.gz，S02_R2.fq.gz, ...... –o
output –m 0.9 ––min–contig–len 500 –t 56 ––continue ––presets meta–large ––out–prefix all
```

示例三 基于 Diamond+Megan 实现群落的物种和功能注释

MEGAN6 是交互式分析微生物组数据的综合性工具，查看网址 https：//uni-tuebingen.de/en/fakultaeten/mathematisch-naturwissenschaftliche-fakultaet/fachbereiche/informatik/lehrstuehle/algorithms-in-bioinformatics/software/megan6 可以进一步了解其功能。该工具可实现物种和功能分析，并提供部分简单画图功能，如条形图等。MEGAN6 支持的输入文件多种多样。MEGAN6 当前分为社区版本（Community Edition）和至尊版本（Ultimate Edition），两者都可以进行物种注释，但前者的功能注释不包括 KEGG，后者包括 KEGG 注释，但需要申请许可证，用户在使用时需要按照自己的需求进一步甄选，并下载相应的数据库进行使用（https：//software-ab.cs.uni-tuebingen.de/download/megan6/welcome.html）。此处我们介绍 MEGAN6 搭配 Diamond 实现物种和功能的相关注释。

```
# 直接安装，许可证自行申请。也可使用 conda 进行安装。
$ wget -c https: //software-ab.cs.uni-tuebingen.de/download/megan6/MEGAN_Ultimate_unix_6_25_9.sh
$ sh MEGAN_Ultimate_unix_6_25_9.sh # 可以将其放在 ~/databases/megan6 中进行安装
# 下载数据库 megan-map-Feb2022-ue.db.zip
$ wget -c https://software-ab.cs.uni-tuebingen.de/download/megan6/megan-map-Feb2022-ue.db.zip
$ unzip megan-map-Feb2022-ue.db.zip  # 可以将其放在 ~/databases/megan6 中
# 其他数据库下载。
# NCBI-nr 编号与物种和功能注释
$ wget -c https://software-ab.informatik.uni-tuebingen.de/download/megan6/megan-map-Oct2019.db.zip
$ unzip megan-map-Oct2019.db.zip  # 解压可以将其放在 ~/databases/megan6 中
# 核酸与物种信息
$ wget -c https://software-ab.i nformatik.uni-tuebingen.de/download/megan6/megan-nucl-Oct2019.db.zip
$ unzip megan-nucl-Oct2019.db.zip  # 解压可以将其放在 ~/databases/megan6 中
# NCBI-nr 完整蛋白序列库和建 diamond 索引
$ wget -c ftp://ftp.ncbi.nlm.nih.gov/blast/db/FASTA/nr.gz
# 尝试使用 pigz 多线程解压缩
$ time unpigz -k -p 16 nr.gz # 可以将其放在 ~/databases/megan6 中
$ time diamond makedb --in nr -d nr -p 32 # 建立索引
```

安装完成后，使用 Diamond 进行比对，之后使用 MEGAN6 进行物种或者功能分析。可使用 reads 进行分析，也可对组装后预测的基因进行分析。下面首先介绍基于 reads 水平的物种和功能注释。

```
# 使用 nr 数据框对前端数据进行比对。
$ diamond blastx -c 1 --db /path/to/database/nr/db/nr.dmnd -t /tmp -p 34 -q Sample_clean.1.fastq.gz --daa Sample_1.daa
# 使用 nr 数据框对后端数据进行比对。
$ diamond blastx -c 1 --db /path/to/database/nr/db/nr.dmnd -t /tmp -p 34 -q Sample_clean.2.fastq.gz --daa Sample.2.daa
# 转化双端 daa 文件为 MEGAN 特有额 rma 文件。
$ /path/to/megan/tools/daa2rma -i Sample.1.daa Sample.2.daa --paired -ms 50 -me 0.01 -top 50  -mdb /path/to/megan/megan-map-Oct2019.db -o Sample.rma
# 物种注释。
$ /path/to/megan/tools/rma2info -i Sample.rma -r2c Taxonomy -n true -v > Sample.Taxonomy.txt
# 功能注释。
# 提取 EGGNOG 注释。
$ /path/to/megan/tools/rma2info -i Sample.rma -r2c EGGNOG -n true --paths true --ranks true --list true --listMore true -v > Sample.eggnog.txt
# 提取 SEED 注释。
$ /path/to/megan/tools/rma2info -i Sample.rma -r2c SEED -n true --paths true --ranks true --list true --listMore true -v > Sample.SEED.txt
# 提取 INTERPRO2GO 注释。
$ /path/to/megan/tools/rma2info -i Sample.rma -r2c INTERPRO2GO -n true --paths true --ranks true --list true --listMore true -v > Sample.INTERPRO2GO.txt
```

其次介绍基于组装后的基因或者蛋白序列的注释。

```
# 以 KEGG 注释为例。
$ diamond blastp -q sample.proteins.faa -d /path/to/database/nr -o sample.diamond.daa -f 100 -p 40
$ /path/to/megan/tools/daa-meganizer -i sample.diamond.daa -mdb /path/megan-map-Feb2022-ue.db
$ /path/to/megan/tools/daa2info -i sample.diamond.daa -r2c KEGG -n > sample_kegg.txt
```

示例四 BBmap 实现丰度的计算

短读长的宏基因组数据组装后得到基因 / 蛋白质序列后，还会对其丰度进行计算。目前，计算基因 / 蛋白质丰度的方法多种多样，单位也不同，用户在使用时可以按照自己的需求进行选择性使用。此处以 BBmap 为例介绍如何计算基因 / 蛋白质的丰度。

BBMap/BBTools 是一种用于 DNA 和 RNA 测序 reads 比对（mapping）到全局的比对工具。它可以处理不同平台的 reads，包括 Illumina、454、Sanger、Ion Torrent、Pac Bio 和 Nanopore。BBMap 快速且极其准确，对处理基因组大小或 contigs 数量没有上限。此外，与其他比对工具相比，其构建索引阶段非常便捷。它可以输出许多不同的统计文件，如质量直方图、插入大小分布和基因组覆盖，有或没有生成 sam 文件。下面对其安装和使用方法进行简要介绍。

```
#conda 安装
$ conda install –y bbmap
# 下载安装包安装，地址 https://sourceforge.net/projects/bbmap/
$ wget https://excellmedia.dl.sourceforge.net/project/bbmap/BBMap_38.16.tar.gz
$ tar –xvfz BBMap_38.16.tar.gz
# 计算丰度
# 构建索引
$ bwa index Sample.fa
$ bwa mem –k 30 Sample.fa Sample_1.fq.gz Sample_2.fq.gz –t 40 > Sample.sam
# 利用 pileup.sh 进行覆盖率计算（sam 文件作为 input 文件）
$ pileup.sh in= Sample.sam ref= Sample.fa rpkm= Sample_rpkm.txt
```

至此，完成基于短读长宏基因组数据组装后的基因丰度计算，用户可根据基因的各种注释结果进一步进行统计分析。

练习与作业

1. 熟练掌握短读长序列宏基因组数据的测序原理。

2. 熟练掌握短读长序列分析的分析框架。

3. 熟练安装进行短读长序列质量控制的软件和短序列读长的宏基因组数据的质量控制。

4. 列举其他可以进行测序数据质量控制的生物信息学软件。

5. 熟练安装并使用 MetaPhlAn/HUMAnN 工具对短读长宏基因组数据的物种和功能注释。

6. 列举基于 reads 水平进行物种和功能注释的生物信息学软件。

7. 熟练安装并使用 MetaSPAdes 和 MEGAHIT 工具进行短读长的宏基因组数据的组装。

8. 列举其他用于短读长宏基因组数据组装的软件。

9. 熟练使用 Diamond+MEGAN 工具进行物种群落和功能的注释。

10. 列举其他可以进行功能注释的软件。

11. 熟练使用 BBMap 工具进行基因丰度的计算。

12. 列举其他计算基因丰度的方法。

13. 比较 TPM、RPKM 和 FPKM 的异同。

实验十五

长序列读长的宏基因组数据分析

随着测序技术的发展，牛津纳米孔（Nanopore）等测序技术涌现，使科研人员能够快速进行测序且能获得长读长的测序数据。长读长测序技术由于在读长上所具备的优势，使研究人员能够检测到结构变异、短串联重复，也可以检测到单体型，区分真假信息，还可以捕捉到其他复杂序列结构信息。随着测序技术的发展，长读长序列的准确性得到了很大提升，应用也变得越来越广泛。因此掌握长读长测序数据的处理，特别是长读长测序技术产生的长序列读长的宏基因组数据的分析处理具有重要意义。

实验原理

长读长的宏基因组数据的分析可包括对测序数据的质量进行控制、基于 reads 水平的基因识别和物种解析、宏基因组数据的组装等。本实验就是基于当前流行的处理长读长的宏基因组数据的工具，包括 nanoQC、Nanofilt、Fitlong、Centrifuge、ARGpore2、Canu、Flye、Raven 和 nextPolish 等，实现对长读长序列数据的生物信息学分析。

实验目的

本实验旨在通过对长读长的宏基因组数据的分析，实现对长读长测序数据的质控、物种注释、组装和抗生素抗性基因的识别等，使学生能够掌握长读长测序数据处理时所使用的软件的原理和使用方法，建立起长读长宏基因组测序数据的分析框架，培养学生的生物信息数据分析能力。

设备与软件

配置 Windows 系统的个人电脑，SSH 登录工具 Mobaterm、nanoQC、Nanofilt、Fitlong、Centrifuge、ARGpore2、Canu、Flye、Raven 和 nextPolish 等。

实验内容与步骤

内容一　长读长测序数据的质量控制、物种注释和基因鉴定

示例一　长读长测序数据的质量控制

当前，相较于二代测序平台所产生的数据，长读长测序平台所产的测序数据的准确性依然不高，所以在进行长读长测序数据分析时，首先要对长序列的测序质量进行评估和修建。目前，已有很多软件开发用以长读长测序数据的质控。此处我们以 nanoQC、Nanofilt 和 Fitlong 为例进行介绍，测序数据为 Nanopore（ONT）平台产出。

（1）质控软件 nanoQC

nanoQC 对标二代测序数据的质控软件 fastQC，nanoQC 被设计开发用以长读长测序数据的质量控制。对于 nanoQC 的安装和使用可以参照网址 https：//github.com/wdecoster/nanoQC。下面简要介绍 nanoQC 的安装和使用。

① nanoQC 的安装

```
# 使用 pip 安装。
$ pip install nanoQC
# 使用 conda 进行安装。
$ conda install –c bioconda nanoqc
```

② nanoQC 的使用（单一样本）

```
# 安装之后，用户可以查看 nanoQC 的使用说明。在这里我们直接举例，大家注意路径问题。
$ mkdir nanoQC
$ nanoQC SAMPLE.fq.gz –o nanoQC/SAMPLE  # 结果保存在 nanoQC 文件夹中。
```

③ nanoQC 的使用（多个样本）

```
# 对于多个样本的使用，用户可以参照下面的 bash 脚本进行设置运行。
#!/usr/bin/bash
SAMPLES="sample1 sample2 sample3"
mkdir nanoQC
for SAMPLE in $SAMPLES; do
    nanoQC  ${SAMPLE}.fq.gz –o nanoQC/${SAMPLE}
done
```

使用 nanoQC 进行质控后，每个样本会生成两个文件，即“nanoQC.html”和“NanoQC.log”，其中“NanoQC.log”是记录 nanoQC 执行过程中的文件，“nanoQC.html”文件是对测序数据质量进行可视化，如图 15-1 所示，用户可以根据结果对长读长测序数据质控前后有整体的认识。

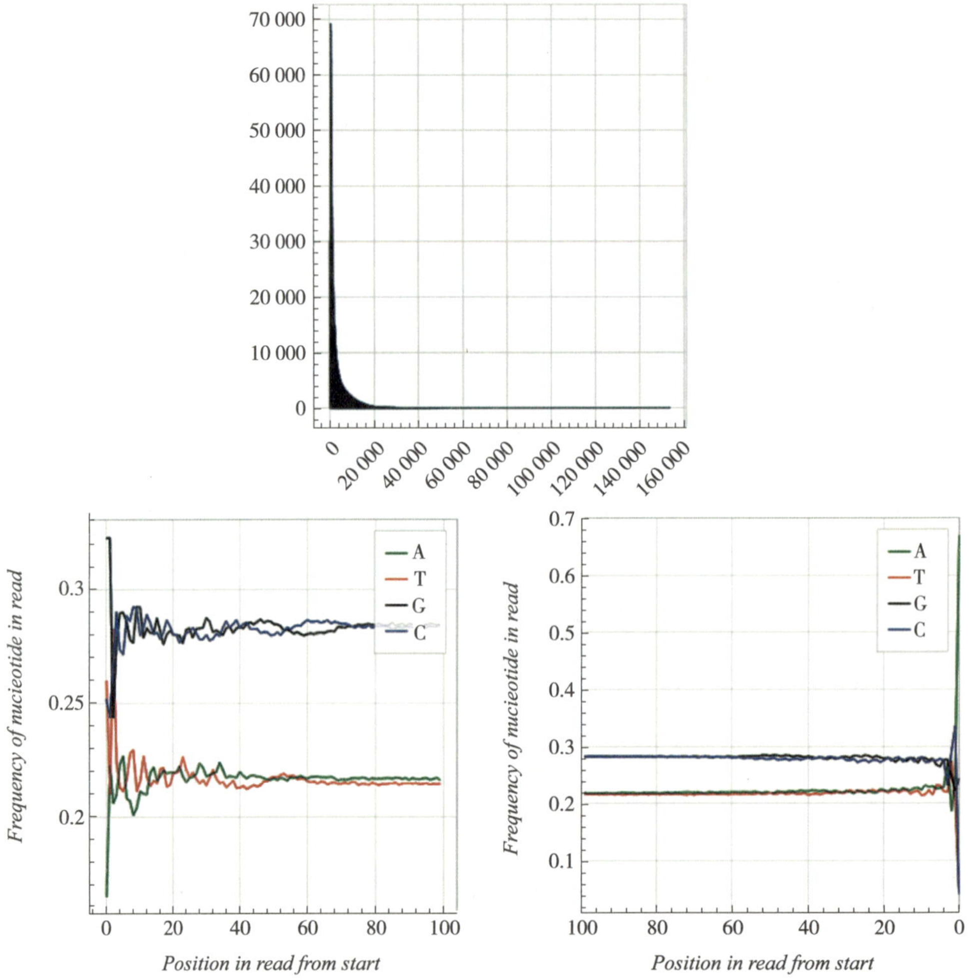

图 15-1　nanoQC 的结果文件 nanoQC.html 展示

（2）质控软件 Nanofilt

Nanofilt 也是设计用来处理长读长测序数据的质量控制，在 Github 网站中可见其详细描述，网址为 https：//github.com/wdecoster/nanofilt，其根据碱基的质量或者序列的长短进行质控。需要说明的是，Nanofilt 将不再更新，因为其大多数的功能都被整合到 chopper 工具中，其速度更好，对其感兴趣的可查看 https：//github.com/wdecoster/chopper 进行学习。

① Nanofilt 的安装和升级

```
# 使用 pip 安装（Python 3）。
$ pip install nanofilt
$ pip install nanofilt --upgrade
# 使用 conda 进行安装。
$ conda install -c bioconda nanofilt
```

② Nanofilt 的使用

```
# 安装后，用户可查看 Nanofilt 的使用说明。多样本的使用参照前面。
$ gunzip -c SAMPLE.fq.gz | NanoFilt -q 10 | gzip > Sample_highQuality-reads.fq.gz
```

（3）质控软件 fitlong

Filtlong 也是一款用于 nanopore 测序数据的质量控制软件。需要说明的是，尽管其是“fillter” + “long”，但这款软件不仅可以过滤长片段，也可以过滤固定长度序列，还可以根据选定的质量值进行过滤。同时，该软件还具备对数据进行剪切的能力。相比 nanofilt，其更友好，网址为 https：//github.com/rrwick/Filtlong。

① fitlong 的安装和升级

```
# 安装。
$ git clone https://github.com/rrwick/Filtlong.git
$ cd Filtlong
$ make -j
$ bin/filtlong -h
# 设置全局路径。参照之间的介绍。
```

② fitlong 的使用

```
# 安装后，用户可查看 fitlong 的使用说明。多样本的使用参照前面。
$ filtlong --min_length 100 --min_mean_q 7 SAMPLE.fq.gz | gzip > SAMPLE.filtlong.fq.gz
```

当前，对于长读长测序数据的质量控制工具还有很多，在这里由于篇幅有限，我们仅介绍了上述几款，其他工具，学生可以在课下时间自行学习。在完成测序质量的控制后，用户就可以对这些高质量测序数据进行物种鉴定、基因识别和组装等工作了。

示例二　长序列读长数据的物种解析（Centrifuge）

Centrifuge 是一款用于进行快速和准确的微生物物种注释的工具，它基于

Burrows-Wheeler transform（BWT）和 Ferragina-Manzini（FM）index 变换索引技术，能够处理大规模的 DNA 或 RNA 测序数据，并快速将序列比对到物种数据库中进行注释。Centrifuge 具有高效的性能和较低的内存消耗，适用于快速而准确地识别样本中存在的微生物种类及其相对丰度，具有比其他工具更高的灵敏度和相当程度的准确性。通过使用 Centrifuge 进行物种注释，研究人员可以轻松地了解复杂微生物群落的组成，为微生物学研究提供重要的数据支持。

当前 Centrifuge 也被用于对长序列读长的宏基因组数据进行分析获得长序列 reads 的物种分类。因此，我们需要更加关注 Centrifuge，下面对 centrifuge 的安装和使用进行介绍。

Centrifuge 的官方网站为 https：//ccb.jhu.edu/software/centrifuge/。在网页中，用户可以获得 Centrifuge 的下载方式和对应的数据下载信息（图 15-2）。

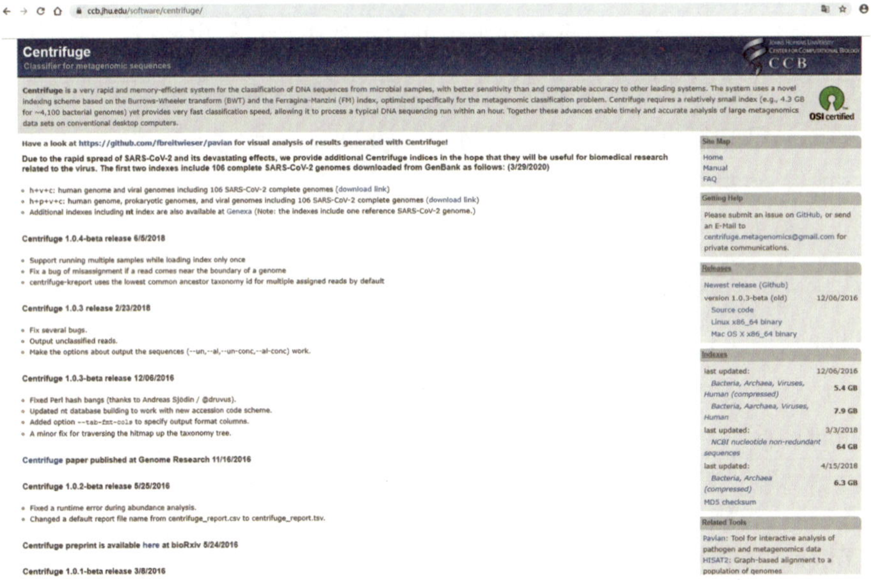

图 15-2　Centrifuge 的官方网站及安装包和索引文件的位置

（1）Centrifuge 的安装

```
#Centrifuge 的安装。
$ cd /home/user/tools
$ git clone https://github.com/infphilo/centrifuge
$ cd centrifuge
$ make
$ make install prefix=/path/to/install
```

（2）Centrifuge 所需数据库的下载

与实现 BLAST 本地化较为类似，Centrifuge 实现本地化需要将其所需的数据库下载到服务器。在宏基因组数据处理中，Centrifuge 需要 h+p+v+c 数据库（包括人类基因组、原核生物基因组和病毒基因组，在其官方网站中可找到下载链接），文件大小约为 19.8 G。建议使用 axel 下载该数据库。我们已将该数据库下载，详见对应实验电子资源。

```
# 使用 axel 下载 Centrifuge 的 h+p+v+c 数据库。
$ cd /home/user/databases
$ axel https://zenodo.org/record/3732127/files/h+p+v+c.tar.gz?download=1
$ tar –xzvf h+p+v+c.tar.gz
```

（3）Centrifuge 的使用

下载完所需的数据库，就可以对质控后的长读长数据进行物种注释，以实现对群落的物种分类。使用示例如下。

```
# 使用 Centrifuge 及其 h+p+v+c 数据库对序列进行物种注释。
$ centrifuge –p 40 ––met 5 ––time ––ignore–quals –S sample_result.tsv ––report–file sample_
report.tsv –x /path/to/databases/h+p+v+c/hpvc –U /data/path/Sample_highQuality–reads.fq.gz
```

产生的结果会记录在文件“sample_report.tsv”中，结果部分展示如图 15-3 所示。用户可以据此进行后续的可视化分析。

1	name	taxID	taxRank	genomeSiz	numReads	numUniqueRe	abundance
2	Pseudomonas	286	genus	0	6	0	0
3	Pseudomonas aeruginosa	287	species	22457305	27	20	0
4	Pseudomonas fluorescens	294	species	14826544	1	1	0
5	Pseudomonas putida	303	species	6888188	10	7	0
6	Acinetobacter	469	genus	0	1	0	0
7	Acinetobacter baumannii	470	species	11595472	233	200	0
8	Kingella kingae	504	species	2140065	2	0	0
9	Alcaligenes	507	genus	0	1	0	0
10	Alcaligenes faecalis	511	species	4248684	1	0	0
11	Enterobacteriaceae	543	family	0	9	1	0
12	Citrobacter freundii	546	species	16193243	57	31	0
13	Enterobacter	547	genus	0	1	0	0
14	[Enterobacter] aerogenes	548	species	10750562	2	1	0
15	Escherichia coli	562	species	12319210	72	16	0
16	Klebsiella	570	genus	0	2	0	0
17	Klebsiella oxytoca	571	species	16779606	22	0	0
18	Klebsiella pneumoniae	573	species	15713353	80	47	0
19	Proteus mirabilis	584	species	5337360	4	0	0
20	Proteus vulgaris	585	species	3794983	4	0	0
21	Serratia marcescens	615	species	8465231	1	0	0
22	Shigella flexneri	623	species	4763519	14	5	0
23	Yersinia	629	genus	0	1	0	0
24	Edwardsiella	635	genus	0	2	0	0

图 15-3　使用 Centrifuge 对长读长的宏基因组数据进行物种注释的结果展示

示例三　长序列读长数据中抗生素抗性基因的识别（ARGpore2）

随着长序列读长技术的发展，越来越多的长读长测序数据产生，随之而来的是很多软件被开发用来解析这些数据。其中解析 Nanopore 数据的 ARGs 和 ARGpore2 应运而生。

ARGpore2 是一种基于纳米孔测序技术的工具，用于检测和分析抗生素抗性基因（ARGs）。其原理是基于将 DNA 样本经过纳米孔测序仪测序，通过测序数据的比对和分析，识别和定量样本中存在的抗生素抗性基因。具体说来就是 ARGpore2 使用 last 工具将 reads 比对到 SARG 数据库中，并根据条件筛选潜在的 ARG 基因，再使用 centrifuge 软件对筛选的 ARG 基因进行物种注释。ARGpore2 利用抗生素抗性基因的特异序列信息，结合先进的数据处理和算法技术，能够快速、准确地鉴定和定量各种类型的 ARGs，为抗生素抗性研究提供重要支持，使其在抗生素抗性研究和环境监测等领域以及检测病原菌或患者样本中的 ARGs 方面有着广泛的应用。下面对 ARGpore2 的安装和使用进行介绍。

（1）ARGpore2 的安装

```
#ARGpore2 的安装。
$ cd /home/user/tools
$ git clone https://github.com/sustc-xylab/ARGpore2.git
$ cd ARGpore2
$ bash ./setup.sh
# 安装后，设置全局路径，确保 argpore.sh 能被全局调用。
```

用户在 Github 中将 ARGpore2 复制下载到 Linux 服务器中，解压并执行安装文件，将安装 blast++、Centrifuge，然后下载 Centrifuge 的细菌 + 古细菌 + 病毒数据库、MetaPhlan2 Markergene 和 PLSDB 数据库（此步骤会花费数小时，依据网络情况而定）。

（2）fastq 数据的转换

用户在执行完长序列读长测序数据的质控后得到的是 fastq 文件，这时用户可以使用 seqtk 将 fastq 文件转换成 fasta，以备后续分析使用。

```
#seqtk 将 fastq 转换成 fasta。
$ seqtk seq -a input.fastq > output.fasta
```

在这个命令中，seqtk 是执行转换操作的工具。seq -a 表示将 fastq 文件转换为 fasta 格式。“input.fastq”是输入的 fastq 格式文件。“output.fasta”是输出的 fasta 格式文件，其中存储了转换后的序列数据。

（3）使用 ARGpore2 鉴定 ARGs

将 fastq 文件转换成 fasta 文件后，用户就可以使用 ARGpore2 对数据进行处理，处理的命令如下。“output.fasta”是用户的输入数据，“-t”是使用的线程数。

```
#ARGpore2 鉴定 ARGs。
$ mkdir test
$ cp /path/to/output.fasta test
$ cd test
$ argpore.sh -f output.fasta -t 60 > Sample_ARGpore.log
```

（4）结果解读

ARGpore2 鉴定到的 ARGs 序列信息都存储在当前的工作目录（test）下名为“$INPUT_FASTA_ARGpore_nowtime”的文件夹中的四个文件中。其中“input_arg.w.taxa.tab”是主要输出文件，也是对鉴定结果的总结，如图 15-4 所示。

subtype	type	No. reads	aminoglycoside
aac(6')-31	aminoglycoside	3	bacitracin
aac(6')-I	aminoglycoside	5	beta-lactam
aac(6')-II	aminoglycoside	1	chloramphenicol
aad(6)	aminoglycoside	1	macrolide-lincosamide-streptogramin
aadA	aminoglycoside	10	multidrug
aadE	aminoglycoside	1	sulfonamide
aph(3'')-I	aminoglycoside	1	tetracycline
bacA	bacitracin	3	trimethoprim
class A beta-lactamase	beta-lactam	1	
GES-group1	beta-lactam	8	
IMP-group2	beta-lactam	1	
MOX-group1	beta-lactam	1	
OXA-46/205	beta-lactam	1	
OXA-5/129	beta-lactam	2	
OXA-58/97/164	beta-lactam	1	
OXA-group2	beta-lactam	3	
OXA-group3	beta-lactam	2	
VEB-group1	beta-lactam	1	
catB	chloramphenicol	3	
ereA	macrolide-lincosamide-:	1	
omp36	multidrug	1	
ompR	multidrug	1	
sul1	sulfonamide	37	
sul2	sulfonamide	2	
tetA	tetracycline	3	
tetQ	tetracycline	1	
dfrA12	trimethoprim	1	
dfrA1/A5	trimethoprim	2	
dfrB2	trimethoprim	1	
dfrB3	trimethoprim	2	

图 15-4　使用 ARGpore2 鉴定长读长的宏基因组数据中 ARGs 的结果展示

内容二　长序列读长宏基因组的组装

在实验十四中，我们介绍了短序列读长的宏基因组数据的组装，其实对于长序列读长的宏基因组数据也是可以进行组装的。此处将介绍两种常见的组装工具以及对组装结果的校正和合并。

示例一　使用 Canu 实现长序列读长宏基因组数据的组装

Canu 是一个广泛使用的三代数据组装工具，专门用于进行长读长数据（如 PacBio 或 Oxford Nanopore）的组装。Canu 采用了一系列先进的算法和技术，使其能够有效地处理长读长数据，产生高质量的基因组组装文件。Canu的设计旨在处理大规模的基因组项目，并且具有并行化处理功能，可加快组装速度。

Canu主要特点包括：①支持长读长数据。Canu被设计用于处理长读长数据，可以有效处理PacBio和Nanopore等第三代测序技术生成的数据。②自动化处理。Canu能够自动识别并校正潜在的长读长测序错误，同时还能进行重叠图构建和组装。③高质量组装。Canu能够生成高质量的基因组组装文件，且较少需要人工干预。④并行处理。Canu支持并行处理，能够利用多核处理器和计算资源来加速组装过程。⑤开源免费。Canu是开源软件，可自由下载和使用。

总的来说，Canu是一个功能强大的三代数据组装工具，适用于处理长读长数据并生成高质量基因组组装文件。下面介绍其安装和使用方法。

（1）Canu的安装（https：//github.com/marbl/canu）

```
#1.ubuntu 服务器中 root 用户安装，需要注意的是 Ubuntu 系统版本不同，安装的 Canu 版本会不同，用法也就存在不同，这里我们以 ubuntu22.04 为例。
$ sudo apt update
$ sudo apt-get -y install canu
#2.conda 安装。
$ conda install bioconda::canu
$ conda install bioconda/label/cf201901::canu
#3.Github。
$ sudo apt update # 确保系统更新至最新软件版本。
$ sudo apt upgrade
$ sudo apt install git gnupg # 安装 Canu 安装的依赖包。
$ git clone https://github.com/marbl/canu.git # 克隆 Canu 存储库。
$ cd canu/src
$ make -j 10 # 编译和安装。
$ canu --version # 如果看到 Canu 的版本信息，则表示安装成功，当前 Canu 的版本为 v2.2。
$ canu -options # 查看参数。
```

（2）使用Canu组装长读长测序数据

由于长读长测序平台产生的reads的测序错误率较高，Canu首先会校正这些reads并进行修剪reads，再将reads组装成unitig。注意，Canu需要知道大致的基因组大小以确定输入读数的覆盖率和所使用的测序平台是什么，即PacBio或者

Nanopore。

第一步：Canu 对测序数据纠错（correct）。

```
$ canu -correct -p sample_canu -d sample genomeSize=4.8m -nanopore-raw sample_pass.
fq.gz
```

在这里，-correct 是纠错命令；-p 是输出文件的前缀命名；-d 是输出文件夹位置及名称；genomeSize 是估计的基因组大小，因为是细菌，因此这里设置为 4.8 M；-nanopore-raw 指使用 Nanopore 平台产的测序数据；sample_pass.fq.gz，是所纠错文件的位置及文件。其他参数在此就不详细介绍了，用户可自行查看。

第二步：Canu 对测序数据修剪（trim）。

```
$canu -trim -p sample_trim genomeSize=4.8m -nanopore-corrected sample_canu.
correctedReads.fasta.gz
```

trim 的作用是得到 read 之间高质量的 overlap 区域，便于后面通过 overlap 进行连接组装。

第二步：Canu 对测序数据组装（assemble）。

```
$ canu -assemble -p sample_assemble genomeSize=4.8m correctedErrorRate=0.035
-nanopore-corrected sample_trim.trimmedReads.fasta.gz
```

其中，correctedErrorRate 默认是 0.144，指的是两个 read 交叠部分的差异程度的忍受程度，降低此值可以减少运行时间。sample_assemble.contigs.fasta 为最后结果文件。

这里的三步是分开对长读长测序数据的组装，用户也可直接一条命令执行组装，命令如下：

```
$ canu -p sample -d sample_canu genomeSize=1g -nanopore-raw sample_pass.fq.gz
stopOnReadQuality=false
```

组装的结果如图 15-5 所示，Hno2Opass.contigs.fasta 为组装的组装结果。

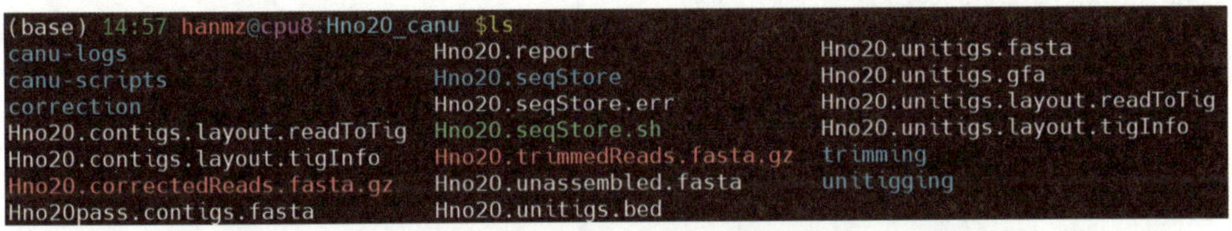

图 15-5 使用 Canu 对长序列读长宏基因组数据的组装结果展示

需要指出的是，在使用 Canu 对长序列读长的测序数据进行组装后，还需要使用专门的软件对组装结果进行 polish，如 Racon、nextpolish 等工具。下面对这两个工具进行介绍，以便大家能够很好地掌握这两种工具，首先我们介绍下 Racon 的安装使用。

```
#1.Racon 的安装。
$ git clone --recursive https://github.com/isovic/racon.git
$ cd racon
$ mkdir build
$ cd build
$ cmake ..
$ make
$ make install
#2.polish
$ racon -t <num_threads> <long_reads.fa> <overlaps.paf> <assembly.fa> > polished_assembly.fa
# 其中 -<num_threads>：指定线程数；-<long_reads.fa>：第三代长读序列文件；-<overlaps.paf>：第三代长读序列的比对结果文件（可能需要通过 minimap2 生成）；-<assembly.fa>：初始的组装结果序列文件；-polished_assembly.fa：执行 polishing 后的输出文件。
```

下面介绍 Nextpolish 的安装和使用。Nextpolish 是某公司开发的一个三代基因组 polish 工具（https：//github.com/Nextomics/NextPolish），其可以使用二代短读长序列或三代长读长序列或两者结合去纠正三代长读长在序列组装时导致的碱基错误，其运行速度和所需内存都优于别的软件。其在运行时需要根据用户的测序数据进行设置。

```
#1.nextpolish 自动安装。
$ conda install bioconda::nextpolish
#2.nextpolish 手动安装。
$ pip install paralleltask
$ wget https://github.com/Nextomics/NextPolish/releases/download/v1.4.1/NextPolish.tgz
$ tar -vxzf NextPolish.tgz && cd NextPolish && make
#3.nextpolish 的运行命令。
$ nextPolish sample.nextpolish.run.cfg
```

可以看到，在运行 nextpolish 时，我们需要准备一个配置文件（sample.nextpolish.run.cfg）。该文件的内容，在这里我们提供一个实际案例，请见下方内容。

```
#sample.nextpolish.run.cfg
[General]
job_type = local #运行方式是本地还是集群（local、sge、pbs）。
job_prefix = nextPolish
task = best #运行测序，2 轮三代纠错 +4 轮二代纠错，如果后面只有一种数据，则只运行一种。
rewrite = yes
rerun = 3
parallel_jobs = 6 #平行任务数。
multithread_jobs = 10 #每个任务所给的线程数。
genome = ./AHmu2_canu/AHmu2pass.contigs.fasta #初始基因组。
genome_size = auto #自动计算上面所提供基因组的大小。
workdir = ./AHmu2_canu11_nextpolish_rundir #建工作路径。
polish_options = -p {multithread_jobs} #按照上面配置的策略跑任务。
[sgs_option] #短序列读长数据的设置。
sgs_fofn = ./AHmu2.nextpolish.sgs.fofn #生成的二代测序数据的路径文件。
sgs_options = -max_depth 100 -bwa #使用 bwa 比对，用最大 100* 的数据去纠错，也可以用全部。
[lgs_option] #长序列读长数据的设置。
lgs_fofn = ./AHmu2.nextpolish.lgs.fofn #生成的三代测序数据的路径文件。
lgs_options = -min_read_len 1k -max_depth 100 #使用 minimap2 比对，用最大 100* 的数据去纠错。
lgs_minimap2_options = -x map-pb #minimap2 比对方式，pacbio 数据比对到基因组上。
```

这里还需提供短序列读长和长序列读长的测序数据的路径文件。AHmu2.nextpolish.sgs.fofn 文件内容如下：

```
#AHmu2.nextpolish.sgs.fofn
../../Hospital2/good/AHmu2_R1.fastq.gz #短序列读长的测序数据位置用户根据自己的实际情况设置。
../../Hospital2/good/AHmu2_R2.fastq.gz
```

AHmu2.nextpolish.lgs.fofn 文件内容如下：

```
#AHmu2.nextpolish.lgs.fofn
../fasta/AHmu2pass.fa ## 长序列读长的测序数据位置用户根据自己的实际情况设置。
```

至此，就可完成三代数据组装并且进行 polish 的步骤。

示例二　使用 Flye 实现长序列读长宏基因组数据的组装

相较于 Canu，Flye 是另一个广泛使用的三代数据组装工具，专门用于长读长数据（如 PacBio 和 Nanopore）的基因组组装。Flye 采用了一种高效的图形化算法，能够有效地处理长读长数据，提供高质量的基因组组装结果。

Flye 的主要特点包括：①高效图形算法：Flye 使用了一种创新的图形化算法，可以有效地处理大规模的长读长数据，从而提高组装的质量和准确性。②深度覆盖：Flye 能够处理不同深度的覆盖度数据，对于具有不均匀覆盖度的基因组数据也能够产生较好的组装结果。③自动容错：Flye 具有自动容错机制，能够有效地处理读取错误和嵌合的数据，提高组装结果的准确性。④并行处理：Flye 支持并行处理，能够充分利用计算资源加快组装速度。⑤开源免费：Flye 是开源软件，免费提供给研究人员使用，并有活跃的社区支持。

总的来说，Flye 是一个强大的三代数据组装工具，利用其高效的图形算法和自动容错功能，可生成高质量的基因组组装文件，适用于处理长读长数据的基因组组装项目。下面介绍其安装和使用方法。

（1）Flye 的安装（https：//github.com/fenderglass/Flye）

```
#Flye 的安装。
$ conda install flye
```

（2）Flye 的使用

```
#Flye 的使用示范。
$ flye --nano-raw ${SAMPLE}.fq.gz --out-dir ${SAMPLE}_nano_assembly --meta -i
3 --threads 48
```

对 flye 的部分参数解释如下：

Oxford Nanopore：使用 --nano-raw。

PacBio HiFi：使用 --pacbio-hifi 的参数来选择这个模式。

PacBio CLR：使用 --pacbio-raw 的参数。

error-corrected reads：可使用 --pacbio-corr 或者 --nono-corr 这个参数来支持校

正后的序列。

--min-overlap：最小 overlap 长度，默认是 reads N90。如果设置，可设置到 3～5 k。

--meta：Metagenome mode，这个模式用于高度不均匀覆盖度的序列，对于低至 2 x 的覆盖度的区域也可以进行组装。在一些简单的 metagenome 中，使用普通的模式，会获得更多的长的序列，而用 meta 模式，序列会更加片段化一些。对于复杂的 metagenome，建议使用 --meta 模式。

--iterations：打磨的迭代次数，程序的最后会进行 polish。默认只进行一次 polish，进行多次 polish 会矫正更多的错误，如果设置为 0，那么就不会进行 polish。

（3）Flye 的组装结果

Flye 的组装结果见图 15-6，最后的组装结果文件为 assembly.fasta 文件。assembly_info.txt 为对组装后得到的 contig 的信息总结。Flye 本身自带 polish 设置，用户得到的结果是否需要打磨根据自己的设置而定。

```
(base) 10:03 hanmz@cpu4:Hno20_flye $ls
00-assembly    30-contigger    assembly_graph.gfa  flye.log
10-consensus   40-polishing    assembly_graph.gv   params.json
20-repeat      assembly.fasta  assembly_info.txt
```

图 15-6　使用 Flye 对长序列读长宏基因组数据的组装结果展示

练习与作业

1. 熟练掌握长序列读长测序的原理。
2. 为什么进行长序列读长测序，其有哪些优、缺点？
3. 熟练掌握长序列读长测序数据的质控，除了本实验列举的工具，还有哪些？
4. 三代数据组装的工具有哪些？
5. 熟练掌握 Canu 和 Flye 的安装和使用。
6. 请查询资料，构思三代数据处理的流程。
7. 考虑如何基于三代数据计算丰度信息？
8. 熟练掌握 Centrifuge 的使用，实现物种注释。
9. 熟练使用 ARGpore2 以识别长序列读长的 ARGs。
10. 三代数据组装后，如何进行评价组装质量？

实验十六

转录组数据分析

转录组是特定物种、组织或细胞转录的所有RNA（转录本）的集合，包括mRNA和非编码RNA（non-coding RNA）。当前转录组测序已成为揭示生物学现象或疾病发生分子机制的一个常用策略。利用高通量测序技术研究转录组可以全面快速得到基因表达谱的变化，还可以通过测定的序列信息精确地分析转录本的cSNP（编码序列单核苷酸多态性）、可变剪接等序列及结构变异，以及发现新转录本，极具独特的优势。当前转录组测序已经成为十分普及的组学手段，也是组学的入门技术，是很多初学者进行生物信息数据分析的入手训练项目。综上可见，掌握转录组数据分析是十分必要的且具有重要意义。

实验原理

转录组数据的分析包括对测序数据的预处理、序列比对（有参或者无参转录组）、表达量计算分析、差异分析、功能富集等分析。本实验就是基于当前常用的生物信息学工具对转录组数据进行分析。

实验目的

本实验旨在通过对转录组数据的分析，使学生能够掌握转录组数据分析中各种生物信息软件的使用，建立起对转录组数据分析的整体框架，揭示基因差异表达和功能富集，培养学生搭建生物信息分析流程的能力。

设备与软件

配置Windows系统的个人电脑、网络、网络浏览器、SSH登录工具Mobaterm、fastp、SortMeRNA、hisat2、samtools、featureCounts、R及Rstudio、g：Profiler等。

实验内容与步骤

转录组数据分析的步骤可分为以下几步：

（1）测序数据的预处理：包括质量控制、低质量序列过滤、去除噪声数据等步骤，以确保数据的质量和准确性。

（2）序列比对：将质控后得到的高质量测序序列与参考基因组进行比对，以确定每个序列在基因组中的位置和方向。常用的比对软件有 Bowtie、Burrows-Wheeler Aligner（BWA）、STAR 等。

（3）表达量分析：对每个基因或转录本的测序数据进行计数或读段累积，计算其在不同样本或处理条件下的表达量。常用的表达量分析方法有基于 counting 的方法和基于 read-depth 的方法。

（4）差异分析：比较不同样本或处理条件下的基因表达差异，筛选出显著差异表达的基因或转录本。常用的差异分析方法有基于 counting 的 DESeq2、edgeR 等和基于 read-depth 的 Cuffdiff 等。

（5）生物信息学分析：对差异表达基因进行生物信息学分析，包括功能注释、通路分析、聚类分析、网络分析等，揭示基因表达变化与生物学过程和疾病的关系。

以上是转录组数据分析的一般流程，具体操作可能会因实验设计、数据来源和分析目的而有所不同。建议参考相关文献或软件手册进行操作。

内容一 转录组数据的质控、序列映射和转录本定量

示例一 转录组数据的质控

转录组数据的质控包括两部分，第一部分是去除低质量的测序数据；第二部分是去除一些宿主 RNA 和细菌的核糖体 RNA 序列。

第一部分的分析，我们可以使用 fastp 对原始数据进行质量控制（详情请见实验十四），此处不再赘述。

此处详细讲解第二部分的分析。转录组测序一般期望得到的是 mRNA 的信息，但是总 RNA 当中绝大部分是 rRNA。rRNA 的信息一般是无用的，所以需要去除总 RNA 中的 rRNA，获得较纯的 mRNA。真核生物成熟的 mRNA 一般带有 polyA 尾巴，因此可以使用 oligo dT 富集 mRNA 间接去除 rRNA。但是，原核生物的 mRNA 不具有 polyA 尾巴，因此只能选择 rRNA 直接去除的方法。去除 rRNA 可以是在建库时（使用化学试剂），也可以是在测序后（使用生信软件），当然联用效果会更佳。

SortMeRNA 的官方网址是 https：//github.com/sortmerna/sortmerna，这是一款能够快速、灵敏地分析核酸序列，鉴定和过滤转录组数据中的 rRNA 序列。SortMeRNA 软件包自带细菌 16S rRNA、细菌 23S rRNA、古菌 16S rRNA、古菌 23S rRNA、真核生物 18S rRNA、真核生物 28S rRNA 以及 rfam 数据库中的 5S rRNA 和 5.8S rRNA 数据。使用 SortMeRNA 时，需要提供参考序列 fasta 文件，并指定运行 index 操作。去除 rRNA 的命令可以对双端测序文件进行 rRNA 去除，并保留双端测序中成对的序列到两个文件中。在使用 SortMeRNA 之前，还需要进行数据质控和预处理，以确保数据的准确性和可靠性。其安装和使用方法介绍如下。

```
#1. Conda 安装。
$ conda create --name SortMeRNA -c bioconda SortMeRNA
$ conda activate SortMeRNA
#2. 下载数据库。
# 数据库的地址为 https：//github.com/sortmerna/sortmerna/tree/master/data/rRNA_databases
#3. 运行，注意下载序列的路径。
$ sortmerna --threads 48 --ref silva-bac-16s-id90.fasta --ref silva-bac-23s-id98.fasta --ref silva-arc-16s-id95.fasta --ref silva-arc-23s-id98.fasta --ref silva-euk-18s-id95.fasta --ref silva-euk-28s-id98.fasta --ref rfam-5s-database-id98.fasta --ref rfam-5.8s-database-id98.fasta --workdir ./ --reads Sample_1.fq.gz --reads Sample_2.fq.gz --aligned "NR/ Sample_rRNA" --other "NR/ Sample_clean" --paired_in --fastx --out2
```

至此就完成了转录组数据的质量控制，得到高质量的测序数据，留作后续的分析使用。

示例二　转录组数据的序列映射

转录组数据在进行分析时，需要先明确样本的物种信息，确定是否有参考基因组。此处以有参考基因组为例进行分析。首先，需要从公共数据库下载得到该物种的基因组信息或者完整的转录本信息；其次，将质控过后得到的高质量测序数据比对到参考基因组上；最后，根据测序数据比对基因组或其他参考序列上的位置及匹配等信息，对基因或转录本进行注释和定量。具体步骤如下。

1. 参考基因组下载

参考基因组的下载可以从不同的网站中下载，如 NCBI、UCSC、GENCODE、Ensemble 等。下面介绍从 NCBI 中下载斑马鱼的参考基因组（图 16-1）。

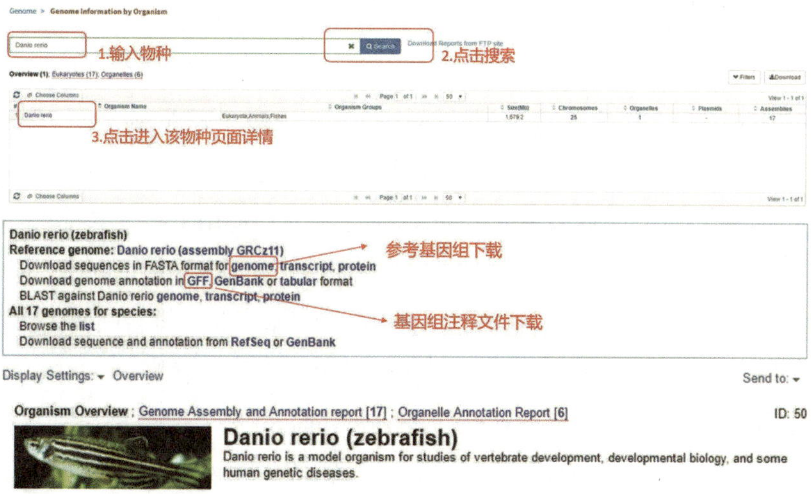

图 16-1 从 NCBI 中下载斑马鱼的参考基因组

进入网站：https：//www.ncbi.nlm.nih.gov/genome/browse#!/overview，在搜索框中输入斑马鱼的英文（Zebrafish）或学名（*Danio rerio*），之后点击物种详情界面，进入下载界面。

2. 构建参考基因组索引并比对

Hisat2 是目前转录组分析过程中用来作比对的主要工具之一，具有比对速度快，节省资源，比对算法优良的特点。安装和使用方法如下。

```
#1. 下载与安装 Hisat2。
## 使用 conda 安装
$ conda install -c bioconda hisat2
## 官网下载安装包并安装。
$ wget -c ftp：//ftp.ccb.jhu.edu/pub/infphilo/hisat2/downloads/hisat2-2.1.0-Linux_x86_64.zip
$ unzip hisat2-2.1.0-beta-Linux_x86_64.zip
## 设置环境变量，将 hist2 变成全局变量。方法按照之前实验中的内容进行。
#2. 构建基因组索引。
$ hisat2-build -p 30 GCF_000002035.6_GRCz11_genomic.fna genome
#3. 测序数据比对到参考基因组中。
$ hisat2 -x /path/to/genome/genome -1 Sample_R1.fq.gz -2 Sample_R2.fq.gz -S Sample.sam
# 转化为 bam 文件
$ samtools view -S Sample.sam -b > Sample.bam
#bam 文件转变为 sorted bam
$ samtools sort Sample.bam -o Sample.sorted.bam
```

示例三　转录组数据的转录本定量

转录本定量是对转录组数据进行测量和评估，以确定每个转录本的表达水平。定量的方法有很多种，最直接的方式是统计 mapping 到每个转录本的 reads 数，将 reads 数作为表达量，称为 raw count，这个过程也被称为 read summarization。Featurecounts 是一款适用于 RNA-seq 和 DNA-seq 的 read summarization 工具，应用了高效率的染色体哈希算法和 feature 区块技术。它比目前存在的工具速度都快，而且需要的内存少，同时可以用于单端和双端的测序数据。在此基础上，可以利用外显子长度进行归一化，得到 TPM（Transcripts Per Million）值的定量方式。此外，常用的定量方法还有 RPKM（Reads Per Kilobase Million）、FPKM（Fragments Per Kilobase Million）等。这些方法可以消除测序深度对结果带来的影响，从而更准确地评估每个转录本的表达水平。现介绍下分析过程。

```
#1.featureCounts 安装。
$ conda install subread
# 安装 rnanorm。
$ pip install rnanorm
#2. 计算。
$ featureCounts -T 40 -p -t exon -g gene_id -a Danio_rerio.GRCz11.107.gtf -o Sample_featurecount.txt Sample.sorted.bam  # 注意相关文件的路径，在这里默认在一个目录中。
# 删除第一行。
$ tail -n +2 Sample_featurecount.txt | sed '1s/Geneid/FEATURE_ID/g' | cut -f 1, 7->Sample.count.csv
# 计算丰度。
$ rnanorm Sample.counts.tsv --annotation Danio_rerio.GRCz11.107.gtf --cpm-output Sample.cpm.tsv --tpm-output Sample.tpm.tsv --fpkm-output Sample.fpkm.tsv
```

内容二　转录组数据差异表达分析和功能富集分析

在得到每个样本的基因表达量之后，用户就可以根据样品的分组情况进行统计分析得到差异表达基因和进行功能富集分析，进而挖掘深层次的机制问题。

示例一　转录组数据差异表达分析

差异表达分析就是分析两组或多组数据之间是否存在差异。通常的做法是对两组或多组数据的差异倍数进行统计学检验，设定统计学差异的阈值进而找出显著差异的基因。一般情况下，在转录组数据的基因差异表达分析中，筛选标准是基因表达差异倍数大于 2，并且 fdr-p≤0.05 的为显著差异的基因。当然这个标准也可以根据实际情况进行调整，如差异倍数下调为 1.5、fdr-p≤0.01 等。

当前，R 语言中进行差异表达分析的常用软件为 DESeq2 和 edgeR 包。本实验使用 edgeR 包进行差异表达分析的演示，用到的输入文件为内容一种生成合并的表达矩阵（Sample_merge_fpkm.tsv）文件。简要介绍如下：

1. 准备表达矩阵结果文件（Sample_merge_fpkm.tsv）

将 Linux 服务器上运行的结果下载到本地，通过 Mobaterm 软件将 Sample_merge_fpkm.tsv 下载到本地中，如 D：//DEG 文件夹下。当然，也可以在 Linux 服务中进行分析。

2. 打开 RStudio，安装及加载需要的 R 包

```
#edgeR 安装。
if(!require("BiocManager", quietly = TRUE))
    install.packages("BiocManager")
BiocManager::install("edgeR")
#limma 安装。
BiocManager::install("limma")
library(edgeR)
library(limma)
```

3. 载入文件并矩阵化

```
rm(list = ls())
options(stringsAsFactors = F)
setwd("D://DEG")
data<-read.table("Sample_merge_fpkm.tsv", sep="\t", header=T, row.names=1)
data<-as.matrix(data)
```

4. 设置分组信息

```
data<-as.matrix(data)group<-c(rep("Group1", n), rep("Group2", n))  #n 代表样本数量
```

5. 鉴定差异表达基因

```
deg<-DGEList( counts = methy, group = group);
deg<-estimateCommonDisp(deg, verbose=T)
deg<-estimateTagwiseDisp(deg)
de.tgw<-exactTest(deg)
result<-de.tgw$table
result$FDR<-p.adjust(method="fdr", p=result$PValue)
```

6. 输出结果

```
write.table(result, "F-edgeR_diffexp_fold_all.txt", sep="\t", quote=F)
```

对于转录组数据中基因的差异分析方法还有很多，用户可以自行尝试探索，并比较不同方法得到结果的异同。

示例二　转录组数据基因集功能富集分析

基因富集分析（gene set enrichment analysis）是在一组基因或蛋白中找到一类过表达的基因或蛋白。一般是高通量实验，如基因芯片、RNA-Seq、蛋白质组学的后续步骤。依据富集分析过程中基因选择、注释数据库的不同，常用的富集分析可分为以下四种类型：GO term 功能富集、KEGG pathway 通路富集、MSigDB 基因集富集和单基因富集等。以下推荐两个常用的基因功能富集分析工具进行简要介绍。

1. DAVID 数据库

DAVID（Database for Annotation，Visualization and Integrated Discovery）是一个广泛使用的基因功能富集分析网站，网址为 https：//david.ncifcrf.gov/home.jsp。它可以对基因列表进行注释、分类和富集分析，并提供了多种可视化工具来展示结果。使用方法如下：

打开 DAVID 网站的网址，进入后点击 Start Analysis 开始分析。在跳出的页面中输入基因（图 16-2）。

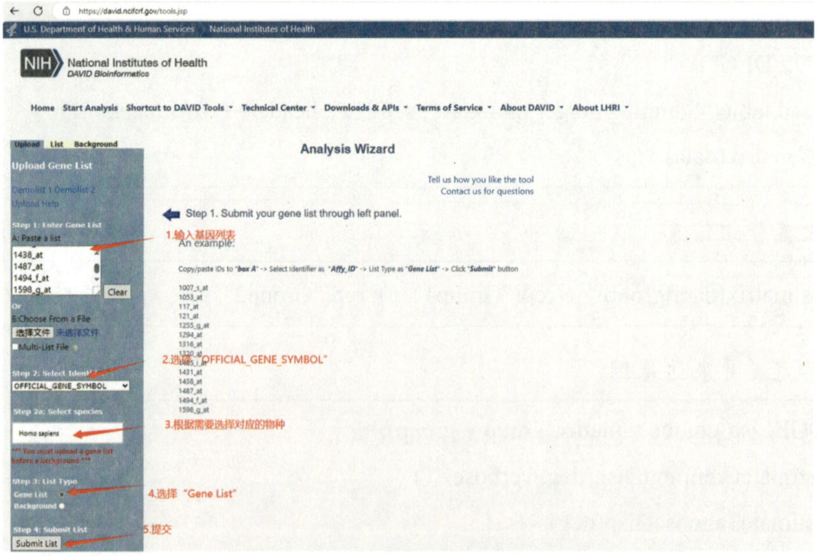

图 16-2　使用 DAVID 进行富集分析时输入差异基因的界面

点击"Functional Annotation Tool"进入后续分析（图 16-3）。

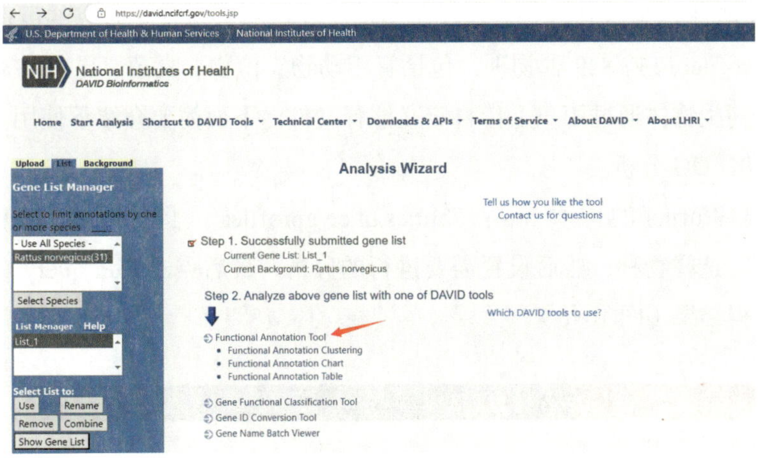

图 16-3 使用 DAVID 进行富集分析时的演示

点击“Gene_Ontology（3 selected）”和“Pathways（1 selected）”，还可以根据需要选择其他注释（图 16-4）。

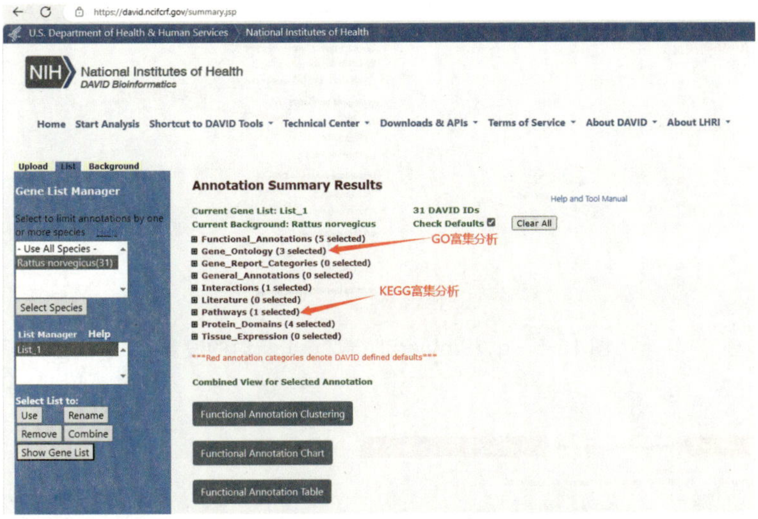

图 16-4 DAVID 进行富集分析的分析结果

2. g：Profiler

g：Profiler 是一个可靠的和最新的功能富集分析工具。该工具集集成了包括 Gene Ontology、KEGG 和 TRANSFAC 在内的多个数据库，提供了一个全面而深入的基因列表分析。还提供交互式和直观的用户界面，并支持有序查询和自定义统计背景，以及其他设置。g：Profiler 提供了多个可编程接口来访问其功能。这些可以很容易地集成到自定义工作流和外部工具中，使它们成为想要开发自己的解决方案的研究人员的宝贵资源。g：Profiler 自 2007 年以来一直可用于查询分析数百万个基因。

通过维护 2015 年以来所有过去数据库版本的工作版本，实现了研究的可重复性和透明度。g：Profiler 支持 849 种物种，包括脊椎动物、植物、真菌、昆虫和寄生虫，并可以分析任何生物体通过用户上传自定义注释文件。下面简要介绍下使用 g：Profiler 进行 GO 和 KEGG 分析。

打开 g：Profiler 的网页 http：//biit.cs.ut.ee/gprofiler/，将 gene list 粘贴到 Query 下面的框中。选择物种，然后设置需要进行的分析，最后点击 Run query（图 16-5），等待即可获得结果（图 16-6）。

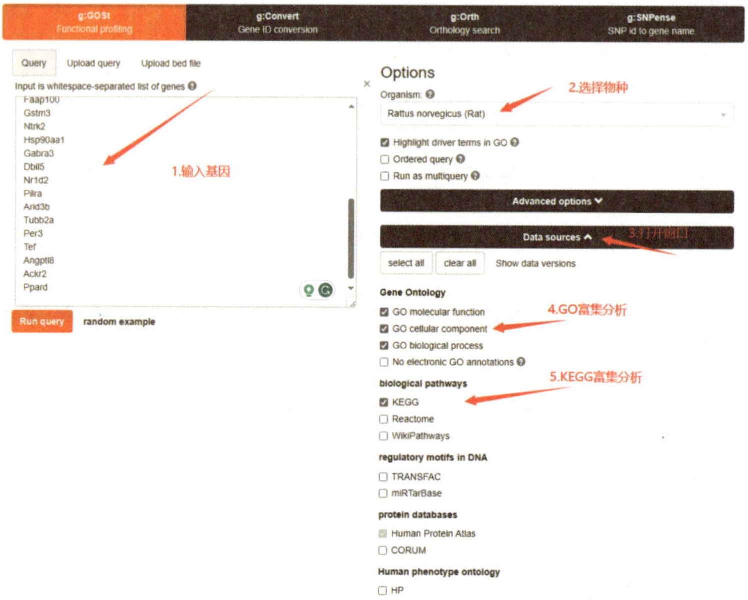

图 16-5　g：Profiler 进行富集分析时的设置

图 16-6　使用 g：Profiler 进行 GO 数据库的富集分析结果

需要说明的是，g：Profiler除了提供网页版的服务，还支持CRAN的R包（gProfileR），用户可自行查看其文档进行使用。

在得到基因功能富集分析结果之后，用户可进行后续的可视化，进一步进行分析，此处就不过多阐述了。

练习与作业

1. 熟练掌握转录组数据测序的原理。

2. 熟练掌握转录组数据分析的流程。

3. 熟练安装转录组数据分析所需的软件，包括Linux平台上的软件，分析所用的R包等。

4. 列举其他进行分析转录组数据分析的软件。

5. 熟练下载模式生物的参考基因组和基因组注释文件。

6. 熟练掌握本实验中讲到的基因差异分析的方法，并列举其他方法。

7. 熟练掌握转录组基因功能富集分析的软件和网站。

8. 掌握用于比较差异基因分析的统计学方法。

实验十七

宏病毒组数据分析

病毒是地球上丰富度最高的生物个体，几乎能够侵染任何形式的生命体，在全球生态系统中占据着重要位置、扮演着不可或缺的角色。近年来，病毒已成为研究人员的重点研究对象，并使用宏病毒组学去研究它们。宏病毒组学（viral metagenomic）是一种利用高通量测序技术分析特定环境中病毒群落组成的技术，旨在探究宏观环境中病毒的多样性、分布和功能。与宏基因组学关注微生物群落中的细菌或古菌的基因组不同，宏病毒组学专注于分析病毒在环境中的存在、组成和作用。通过宏病毒组学技术，研究人员可以通过高通量测序技术识别环境样品中的病毒 DNA 或 RNA 序列，了解不同环境中的病毒种类、丰度和多样性。这有助于人们更好地理解病毒在环境中的传播途径、生态功能以及对宿主生物的影响。另外，宏病毒组学也可以用于监测病毒在环境中的动态变化，为预防与控制病毒传播提供重要信息。当前，宏病毒组学提供了一种全新的视角，帮助我们认识到病毒在自然界中的重要性和复杂性，为生态学、传染病学等领域的研究提供了新的思路和方法。

实验原理

利用生物信息学工具有效识别宏基因组或宏病毒组中的病毒序列、进行病毒的分类和功能注释、生活方式的预测、代谢辅助基因的预测以及宿主预测等。

实验目的

本实验旨在通过对深度宏基因组测序数据或宏病毒组数据的分析，鉴定出病毒序列，并进行后续的病毒分类、基因功能注释和生活方式、代谢辅助基因以及宿主的预测，加深学生对数据处理和宏病毒组的了解，掌握相关生物信息学软件的使用。

设备与软件

配置 Windows 系统的个人电脑，网络，网络浏览器，SSH 登录工具 Mobaterm、

fastp、Megahit、Diamond、Bowtie2、BWA、bbmap、vContact2、VIBRANT、genomad、CHERRY 等。

实验内容与步骤

当前，为了获得样本中的病毒序列（特指 DNA 病毒）信息有两种策略可以使用。第一种是直接提取样本中病毒的 DNA 进行测序，获得宏病毒组数据（病毒样颗粒富集测序）；第二种是提取样本中微生物的总 DNA 进行测序，通过加大产出的测序数据量（超 16 G），获得样本中的病毒序列信息（宏基因组学）。在对这些数据处理时，就像之前介绍的宏基因组数据的处理一样，需要进行质控、组装、鉴定和基因预测等。总体而言，二者的数据处理方法比较类似。我们将其分为两个内容分别介绍：第一，宏病毒组数据的质控、组装、鉴定和基因预测；第二，进行病毒序列的分类注释、代谢辅助基因的识别、生活史和宿主的预测。在这两部分，主要是对宏病毒组数据的处理，我们也会穿插处理宏病毒组数据时的注意事项。

内容一 宏病毒组数据质控、组装、鉴定和基因预测

示例一 宏病毒组数据质控

宏病毒组数据的质量控制与实验十四中讲到的质量控制是一样的。此处我们使用 fastp 对双端数据进行处理。

```
# 双端数据。
$ fastp --in1 X5_R1.fq.gz --in2 X5_R2.fq.gz --out1 X5_good_R1.fq.gz --out2 X5_good_R2.fq.gz -w 40 -h X5.fastp.html -j X5.fastp.json
```

示例二 宏病毒组数据组装

宏病毒组数据的组装可使用 MEGAHIT 或者 MetaSPAdes。其中在使用 MEGAHIT 进行组装时，参数的 --presets 的设置可以是 meta-large，也可以是 meta-sensitive。这两种模式在宏病毒组数据组装都有使用，对于组装的效果，用户可以进行评估后，最终决定使用 meta-large 还是 meta-sensitive。

```
# 双端序列组装。
$ megahit -1 X5_good_R1.fq.gz -2 X5_good_R2.fq.gz -o ./assembly/X5/ -m 0.9 --min-contig-len 500 -t 48 --continue --presets meta-large --out-prefix X5
# 或者另一种模式。
$ megahit -1 X5_good_R1.fq.gz -2 X5_good_R2.fq.gz -o ./assembly/X5/ -m 0.9 --min-contig-len 500 -t 48 --continue --presets meta-sensitive --out-prefix X5
```

示例三　宏病毒组 contigs 的重识别

对测序数据进行组装后，用户会得到长度大小不一的 contigs 片段。如果用户的数据是直接通过对样本中提取的病毒基因组进行测序的，那么就认为这些序列是潜在的 contigs 序列。如果是深度测序的宏基因组数据，那么用户就需要首先使用病毒序列鉴定工具对这些序列进行鉴定，如 Virsorter、Virsorter2（https：//github.com/jiarong/VirSorter2）、VirFinder、DeepVirFinder（https：//github.com/jessieren/DeepVirFinder）或 CheckV 等。之后对这些序列中长度大于 5 kb 的 contigs 进行重新鉴定。当其满足以下三条原则中的一条时，就认为其是病毒 contigs：①病毒 contigs 中至少要包含 5 个属于病毒蛋白质家族的蛋白，这条 contigs 上的基因能比对到 KEGG 数据库的基因数目占总基因数的比例要小于 0.2，且能比对到 Pfams 的比例小于等于 0.4；②这条 contigs 上病毒蛋白的数目要大于等于比对的 Pfams 的蛋白数目；③这条 contigs 上病毒蛋白的数目要占总蛋白的 60% 以上。这个方法也被称为 vHMM 法，用户可以进行实现。当然也可直接使用其他软件进行病毒 contigs 的鉴定，此处就简单介绍 Virsorter2、DeepVirFinder、CheckV 的使用。

```
#Virsorter2 的安装使用。
$ conda create -n vs2 virsorter=2
$ conda activate vs2
$ virsorter setup -d db -j 4  # 数据库下载。
$ virsorter config --set HMMSEARCH_THREADS=40
$ virsorter run -i X5.contigs.fa -j 40 --min-length 100 -w X5_virus all --keep-original-seq
$ conda deactivate
```

参数说明：-i 为输入文件（组装后的文件）；-j 为线程数；-w 为输出文件名。输出的文件中，final-viral-combined.fa 为最后鉴定的病毒序列。

```
#DeepVirFinder 的安装使用。
$ conda create --name dvf python=3.6 numpy theano=1.0.3 keras=2.2.4 scikit-learn Biopython h5py
$ conda activate dvf
$ git clone https://github.com/jessieren/DeepVirFinder
$ python3 /path/DeepVirFinder/dvf.py -i X5.contigs.fa -o X5_virus -l 100 -c 40
```

```
$ conda deactivate
# 提取超过 5 kb 的序列。
$ seqtk seq –L 5000 X5.contigs.fa > X5.contigs_5 kb.fasta
# 对于长度大于 5 kb 的 contigs，用户可按照 vHMM 法进行鉴别或使用 CheckV 进行确认。
```

参数说明：–i 为输入文件（组装后的文件）；–o 为输出结果到文件夹；–l 为长度阈值（默认是 1）；–c 为线程数。

```
#CheckV 的安装使用。
$ conda install –c conda–forge –c bioconda checkv
$ checkv download_database ./
$ checkv end_to_end X5.contigs.fa X5_final –t 40
```

参数说明：–t 线程数。

研究表明，对于病毒序列的识别，多种工具的联合使用会增加鉴定病毒序列的准确性，用户在具体的数据分析中需要根据实际情况而定。

示例四 病毒 contigs 的基因预测

得到病毒的 contigs 后需要对基因进行预测，预测方法在这里不再重复讲述，见实验九和实验十四。

```
# 基因预测。
$ prodigal –i X5_final.contigs.fa –o X5_final.genes –d X5_final.nucl.faa –a X5_final.
proteins.faa –p meta
```

示例五 病毒 contigs 的基因丰度计算

病毒 contigs 上基因的丰度计算与实验十四的丰度计算方法一样，可使用 bbmap 进行。

```
# 计算丰度。
# 构建索引。
$ bwa index X5_final.contigs.fa
$ bwa mem –k 30 X5_final.contigs.fa X5_good_R1.fq.gz X5_good_R2.fq.gz –t 40 > X5.sam
# 利用 pileup.sh 进行覆盖率计算（sam 文件作为 input 文件）。
$ conda install –y bbmap
$ pileup.sh in= X5.sam ref= X5_final.contigs.fa rpkm= X5_rpkm.txt
```

内容二 病毒的分类注释、代谢辅助基因的识别、生活史和宿主的预测

示例一 病毒的分类注释

鉴定出的病毒序列需要进一步对其分类地位进行注释，目前的方法包括使用 BLAST 将病毒序列与 IM-GVR 数据库（https：//img.jgi.doe.gov/cgi-bin/vr/main.cgi）进行比对、geNomad（https：//github.com/apcamargo/genomad）和 vConTACT2 等。

（1）BLAST+IM-GVR

```
# 利用 BLAST+IM-GVR，用户需要下载 IM-GVR 数据库到本地并且本地化（详见电子资源）。
$ blastn -query sample_virus_final.fa -out sample_IM-GVR.blastn.out -max_target_seqs 1 -num_threads 45 -db /path/IMG_VR/IMG_VR_2020-09-10_5/IMGVR_nucleotides.database -outfmt "6 qseqid qseq sseqid pident length staxid sseq evalue bitscore stitle" -evalue 1e-10
```

接着，用户可根据 IM-GVR 配套的分类文件信息（IMGVR_all_Sequence_information.tsv）进行整合，获得病毒的分类。Python 脚本示例如下。

```
#!/usr/bin/env python
# -*- coding: utf-8 -*-
import glob, os, datetime, types, csv
dict_taxonomy={}
with open('/path/database/IMG_VR/IMG_VR_2020-09-10_5/IMGVR_all_Sequence_information.tsv') as f:
        for line in f:
                list1=line.split("\n")[0].split("\t")
                dict_taxonomy[list1[0]]=list1[11]

sample=["X05"]
for item in sample:
    outfile1=open("./final_virus/%s_taxonomy_from_IM-GVR_for_viral_contigs.txt"%item,'w')
    with open('./final_virus/%s_IM-GVR.blastn.out'%item) as f:
        all_list=[]
        for line in f:
```

```
            list2=line.split（"\n"）[0].split（"\t"）
            if list2[0] not in all_list:
                str1=list2[2]
                if "|" in str1 and str1 not in dict_taxonomy.keys( ):
                    str1=str1.split("|")[0]
                if len(dict_taxonomy[str1])==0:
                    dict_taxonomy[str1]=";;;;;;;"
                outfile1.writelines("%s\t%s\n"%(list2[0], dict_taxonomy[str1]))
                all_list.append(list2[0])
    outfile1.close( )
```

使用 BLAST+IM-GVR 实现对病毒序列的物种分类注释结果文件见图 17-1。

```
k141_75299     Duplodnaviria;Heunggongvirae;Uroviricota;Caudoviricetes;Caudovirales;;;
k141_87188     Varidnaviria;Bamfordvirae;Nucleocytoviricota;Pokkesviricetes;Chitovirales;Poxviridae;;BeAn 58058 virus
k141_63411     Varidnaviria;Bamfordvirae;Nucleocytoviricota;Pokkesviricetes;Chitovirales;Poxviridae;;BeAn 58058 virus
k141_27749     Duplodnaviria;Heunggongvirae;Uroviricota;Caudoviricetes;Caudovirales;;;
k141_154556    Duplodnaviria;Heunggongvirae;Uroviricota;Caudoviricetes;Caudovirales;;;
k141_134744    Duplodnaviria;Heunggongvirae;Uroviricota;Caudoviricetes;Caudovirales;Myoviridae;;
k141_39637     ;;;;;;;
k141_103038    ;;;;;;;
k141_118905    Varidnaviria;Bamfordvirae;Nucleocytoviricota;Pokkesviricetes;Chitovirales;Poxviridae;;BeAn 58058 virus
k141_99086     Varidnaviria;Bamfordvirae;Nucleocytoviricota;Pokkesviricetes;Chitovirales;Poxviridae;;BeAn 58058 virus
k141_162480    ;;;;;;;
k141_67385     Duplodnaviria;Heunggongvirae;Uroviricota;Caudoviricetes;Caudovirales;;;
k141_122859    Varidnaviria;Bamfordvirae;Nucleocytoviricota;Pokkesviricetes;Chitovirales;Poxviridae;;BeAn 58058 virus
k141_67387     Duplodnaviria;Heunggongvirae;Uroviricota;Caudoviricetes;Caudovirales;Podoviridae;;
k141_107026    Duplodnaviria;Heunggongvirae;Uroviricota;Caudoviricetes;Caudovirales;;;
k141_134747    Varidnaviria;Bamfordvirae;Nucleocytoviricota;Pokkesviricetes;Chitovirales;Poxviridae;;BeAn 58058 virus
```

图 17-1　使用 BLAST+IM-GVR 流程并对结果匹配得到的病毒序列分析物种注释结果

（2）geNomad

```
#geNomad 的安装。
$ mamba create -n genomad -c conda-forge -c bioconda genomad
# 激活 geNomad 环境。
$ mamba activate genomad
# 下载 geNomad 所需的数据库。
$ genomad download-database ./ # 这个数据库会下载到 genomad_db 的文件夹中。
# 运行示例。
$ genomad end-to-end --cleanup --splits 8 sample_virus.fa sample_genomad_output /path/genomad_db
```

参数说明：end-to-end，运行 geNomad 的全部工作流程；--cleanup，删除中间运行文件；--splits，为了更快地完成，进行任务分割；sample_genomad_output，输出结果到文件夹中；genomad_db，数据库的位置。

geNomad 运行得到的病毒序列注释结果文件及 sample_virus_summary.tsv 查看，如图 17-2 所示。

图 17-2　使用 geNomad 分析得到的病毒序列分类注释结果文件

（3）vConTACT2（https：//github.com/Hocnonsense/vcontact2）

```
#vConTACT2 需要 Python 的版本≥3.7。
# 安装。
$ conda create --name vContact2 python=3.7
$ source activate vContact2
$ conda install -y -c bioconda vcontact2 mcl blast diamond
# 根据 Prodigal 预测的蛋白质文件，运行生成 csv 文件。
$ vcontact2_gene2genome --proteins Sample.proteins.faa --output Ssample_map.csv --source-type Prodigal-FAA
# 运行 vcontact2 生成 c1.tre 等文件。
$ vcontact2 --rel-mode 'Diamond' --pcs-mode MCL --vcs-mode ClusterONE --db 'ProkaryoticViralRefSeq94-Merged' --verbose --threads 4 --raw-proteins sample.proteins.faa --proteins-fp Sample_map.csv --output-dir ./Sample/
```

至此，使用 vConTACT2 就完成了对病毒组序列的注释，结果文件见图 17-3。使用 Cytoscape 等网络可视化软件对 c1.tre 进行可视化，如图 17-4 所示。Viral_cluster_overview.csv 显示所有形成 VCs（Viral clusters）中的 contigs 成员，如果一个 VC 中既包括 RefSeq 的 contigs 也包括样本鉴定得到的 contigs，那么这个 VC 中的所有成员就能得到物种注释（注释文件在 genome_by_genome_overview.csv 中）。

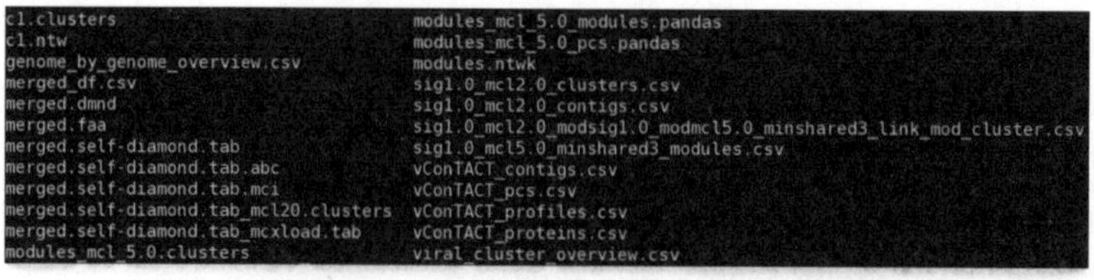

图 17-3　使用 vConTACT2 分析得到的病毒结果文件

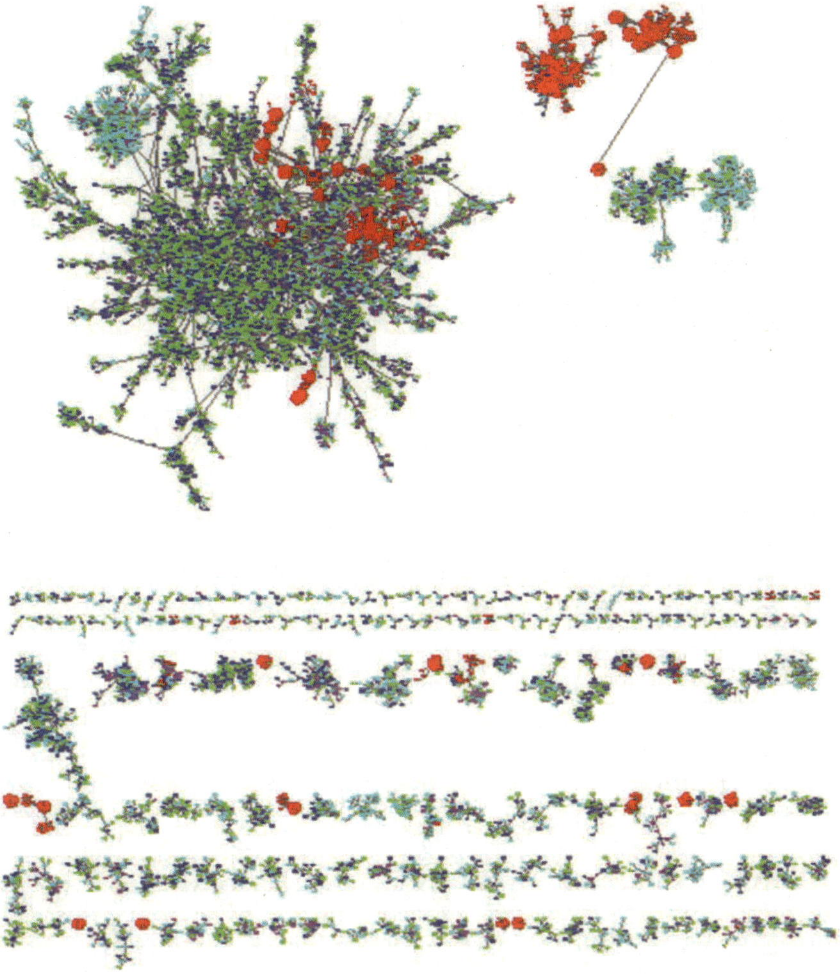

图 17-4　使用 Cytoscape 对 c1.tre 文件进行可视化进而对病毒序列进行分类注释

示例二　病毒代谢辅助基因和生活史的识别

最新的研究表明，病毒可通过影响宿主及其他微生物的营养循环、生物多样性和遗传信息的传递等，病毒还可控制微生物群落的物种组成和关键代谢等，在生物地球化学循环过程中发挥重要作用。这些都依赖病毒的代谢辅助基因（Auxiliary Metabolic Genes，AMGs）。AMGs 是指病毒基因组中携带的一系列与宿主代谢相关的同源基因，其包括一些能调控宿主的代谢和生命过程的基因。为了深入研究病毒 AMGs 的作用和生态学意义，鉴定病毒序列中的 AMGs 是十分必要的。

除此之外，病毒的重要成员——噬菌体，可分为温和噬菌体和烈性噬菌体，而如何快速识别病毒序列中这两种生活史也十分重要。

当前，VIBRANT 可实现鉴定病毒 AMGs 和解析病毒的生活史。VIBRANT

（Viruses Identified by a Recursively Translated Hidden Markov Model）是一种用于识别病毒代谢辅助基因的工具。VIBRANT利用递归翻译隐藏马尔可夫模型（transcriptome-based Recursively translated HMM）来检测病毒基因组中潜在的代谢相关基因。

VIBRANT的工作流程通常包括以下4个步骤：①序列预处理。将原始的病毒序列数据进行处理，包括去除低质量序列、去除宿主DNA/RNA污染等。②递归翻译。使用递归翻译的方法将病毒序列转换为6种翻译框的蛋白质序列。③隐藏马尔可夫模型匹配。将转化后的蛋白质序列与隐藏马尔可夫模型进行匹配，识别潜在的病毒代谢相关基因。④结果分析。对匹配到的病毒代谢辅助基因进行进一步的功能注释和分析。

使用VIBRANT可以帮助研究人员识别病毒基因组中的代谢相关基因，揭示病毒的生命活动过程和影响宿主细胞的方式。其Github网址为https：//github.com/AnantharamanLab/VIBRANT。

```
# 安装 VIBRANT（version：1.2.0）。
$ conda create --name vibrant -c bioconda  python=3.5 prodigal hmmer vibrant==1.2.0
# 使用 VIBRANT。
$ VIBRANT_run.py -i sample_virus.fa
```

命令运行结束后，结果会保存至一个新的文件夹中（文件夹命名为VIBRANT_文件名），包括4个文件和5个文件夹，如图17-5所示。用户打开VIBRANT_results_NS01_virus_final文件夹，就可以看到关于该样本的AMGs信息；用户打开VIBRANT_phages_NS01_virus_final文件夹就可看到关于噬菌体生活史的分类文件。用户可根据相关信息进一步分析和可视化。

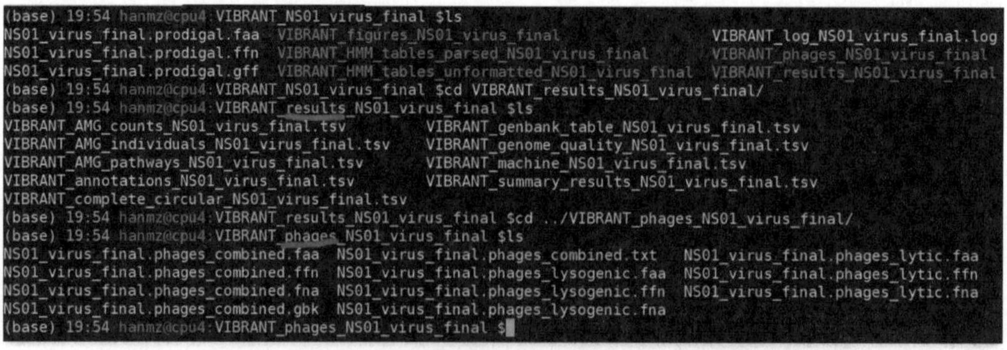

图17-5 使用VIBRANT鉴定病毒序列中的AMGs和可对病毒生活史进行预测

示例三　病毒宿主的预测。

病毒的宿主预测方法包括 VHM-net、WIsH、PHP、HoPhage、RaFAH、vHULK 和 VPF-Class 等工具。科研人员也用 CRISPR recognition tool 软件搜索细菌序列中的 CRISPR spacers 和 blastn 比对 crispr 序列与病毒 contig 以及 tRNA 匹配的 3 种方法联合使用预测病毒的宿主。对于病毒宿主的预测，香港城市大学的孙燕妮课题组开发了一系列的工具，包括 HostG（半监督学习模型，用于对新原核病毒进行宿主预测）、线上服务工具 PhaBOX（提供噬菌体鉴定、分类注释、生活方式和宿主预测），以及 CHERRY（可用于预测新发现病毒的宿主以及识别感染目标细菌的病毒）。此处我们主要介绍一下新发表的工具 CHERRY 的安装使用，让用户能更快、更准确地实现病毒宿主的预测。CHERRY 的 Github 地址为 https：//github.com/KennthShang/CHERRY。

```
# 安装 CHERRY。
$ git clone https://github.com/KennthShang/CHERRY.git
$ conda env create –f CHERRY.yaml –n cherry
$ conda activate cherry
$ cd dataset
$ bzip2 –d protein.fasta.bz2
$ bzip2 –d nucl.fasta.bz2
$ cd ../prokaryote
$ gunzip *
$ cd ..
$ conda deactivate # 安装完成，下次使用只需激活环境。
# 使用 CHERRY 鉴定病毒宿主。
$ python run_Speed_up.py --contigs all.fa --len 1000 --model pretrain --topk 1 # 长度建议是 1000bp 以上
$ python run_Taxonomy_tree.py [--k TOPK_PRED]
```

参数说明：--contigs 为输入文件；--len 为进行预测的最短序列的长度；--model 为使用的模型；--topk 为预测给的分数。

预测结果 final_prediction.csv 和 Top_1_prediction_taxonomy.csv 文件如图 17-6 所示。

```
contig_name,Top_1_label,Score_1
NS01_k141_13281,Cutibacterium acnes,1.0
NS01_k141_16821,Escherichia coli,0.62
NS01_k141_7972,Bacteroidaceae bacterium,1.0
NS01_k141_33637,Flavobacterium succinicans,1.0
NS01_k141_14166,Rhodococcus erythropolis,1.0
NS01_k141_11511,Mesorhizobium loti,1.0
NS01_k141_1772,Synechococcus sp. WH 7805,1.0
NS01_k141_7086,Rhodococcus erythropolis,1.0
```

（a）final_prediction.csv

```
Contig_name,Superkingdom,Phylum,Class,Order,Family,Genus,Species,Name
NS01_k141_13281,Bacteria,Actinobacteria,Actinobacteria,Propionibacteriales,Propionibacteriaceae,Cutibacterium,Cutibacterium acnes
,Cutibacterium acnes
NS01_k141_16821,Bacteria,Proteobacteria,Gammaproteobacteria,Enterobacterales,Enterobacteriaceae,Escherichia,Escherichia coli,Esch
erichia coli CFT073
NS01_k141_7972,Bacteria,Bacteroidetes,Bacteroidia,Bacteroidales,Bacteroidaceae,NAmissing,Bacteroidaceae bacterium,Bacteroidaceae
bacterium
NS01_k141_33637,Bacteria,Bacteroidetes,Flavobacteriia,Flavobacteriales,Flavobacteriaceae,Flavobacterium,Flavobacterium succinican
s,Flavobacterium succinicans LMG 10402
NS01_k141_14166,Bacteria,Actinobacteria,Actinobacteria,Corynebacteriales,Nocardiaceae,Rhodococcus,Rhodococcus erythropolis,Rhodoc
occus erythropolis PR4
NS01_k141_11511,Bacteria,Proteobacteria,Alphaproteobacteria,Rhizobiales,Phyllobacteriaceae,Mesorhizobium,Mesorhizobium loti,Mesor
hizobium loti
```

（b）Top_1_prediction_taxonomy.csv

图 17-6　使用 CHERRY 对病毒宿主预测的结果

练习与作业

1. 熟练掌握宏病毒组测序的原理。
2. 熟练掌握宏病毒组数据分析的流程。
3. 熟练宏病毒组分析的质量控制软件的使用。
4. 思考如何获得宏病毒组组装的最优结果?
5. 掌握宏病毒组中病毒序列的识别，还有哪些方法?
6. 如何对病毒序列进行物种分类注释?
7. 掌握病毒中 AMGs 和其生活史的鉴定方法。
8. 使用其他软件进行病毒宿主的预测。
9. 如何对宏病毒组进行功能注释?

实验十八

单细胞组学数据分析

单细胞组学数据分析是基因组学研究前沿的领域，旨在深入了解单个细胞的基因表达和功能。该分析方法从单个细胞中提取 RNA 或 DNA，通过高通量测序技术获取大量数据。首先，对这些数据进行质量控制，包括去除低质量序列、检测和处理异常值等，以确保后续分析的准确性。其次，利用聚类算法将细胞分为不同的群体或亚型，揭示其在细胞类型和功能上的差异。再次，对不同细胞类型的基因表达进行分析，识别特异性基因和信号通路，从而深入理解细胞的功能和特性。此外，还可以通过细胞轨迹分析探索细胞发育和分化的动态过程，以及细胞间相互作用分析研究不同细胞类型之间的相互作用关系。最后，通过数据可视化手段，将复杂的单细胞数据呈现为直观、可解释的图形，帮助研究人员发现新的生物学模式和关联。这种细胞水平的研究方法有助于帮助理解生物体内细胞的多样性、功能和相互作用，在生物医学研究、药物研发和个性化医学的应用中具有重要意义。

实验原理

单细胞组学生物信息学分析主要涉及数据预处理、细胞识别和质量控制、细胞聚类、基因表达分析、细胞亚型鉴定、细胞轨迹分析、细胞间相互作用分析以及数据可视化和解释等步骤。这些步骤帮助揭示单个细胞的基因表达、细胞类型、状态和相互作用，从而为了解生物体内单个细胞的多样性和功能提供了重要的方法和工具。

实验目的

本实验旨在让学生通过运用生物信息学方法，初步掌握基础的单细胞数据的分析流程，培养学生的编程和数据探索能力。学生将通过识别不同细胞类型、发现关键基因和信号通路、推断细胞发育轨迹以及探究细胞间相互作用关系，从而获得实践经验，并为未来的生物学研究和临床医学提供重要的数据支持和生物学见解。

设备与软件

配置 Windows 系统的个人电脑，网络，网络浏览器，R 及 Rstudio、R-Seurat、Python。

实验内容与步骤

内容一 R-Seurat 单细胞数据分析流程

一、准备工作

利用互联网工具检索国内外生物信息学相关网站和资源，如 NGDC、NCBI、EMBL-EBI、MG-RAST、KEGG、TCGA 等网站，获得相关数据和研究论文，进行相关数据和文献的下载。此处我们使用 Seurat 提供的数据进行演示。

下载安装 R-Seurat 单细胞数据分析相关的 R 包。

```
# 获取单细胞组学数据，教材示例数据集。
# 下载地址：https://cf.10xgenomics.com/samples/cell/pbmc3k/pbmc3k_filtered_gene_bc_matrices.tar.gz。
# 安装并加载相关程序包，R 版本需要 4.0 以后的版本。
install.packages('Seurat')
library(Seurat)
library(dplyr)
library(patchwork)
```

二、创建 Seurat 对象

导入获得的单细胞数据，并运用 Seurat 创建包含细胞信息和 counts 信息的对象。

```
# 导入 PBMC 数据组。
pbmc.data<-Read10X(data.dir = "./pbmc3k_filtered_gene_bc_matrices/filtered_gene_bc_matrices/hg19/")。
# 初始化 Seurat 对象。
pbmc<-CreateSeuratObject(counts = pbmc.data, project = "pbmc3k", min.cells = 3, min.features = 200)
pbmc
## An object of class Seurat
## 13714 features across 2700 samples within 1 assay
## Active assay: RNA(13714 features, 0 variable features)
##  1 layer present: counts
```

三、数据质控

一般情况下，用户需要对要分析的单细胞数据进行质控来保证后续分析采用数据的有效性。例如，一些低质量或空液泡往往只能检测到少量的基因、而双液泡或多液泡则会具有异常多的基因数目、一些低质量或死亡细胞会具有异常高的线粒体基因表达等。这些异常数据会对分析结果造成较大的干扰，所以我们需要通过数据质控来排除这些低质量数据对分析产生的影响，单细胞数据质控前后比较见图 18-1。

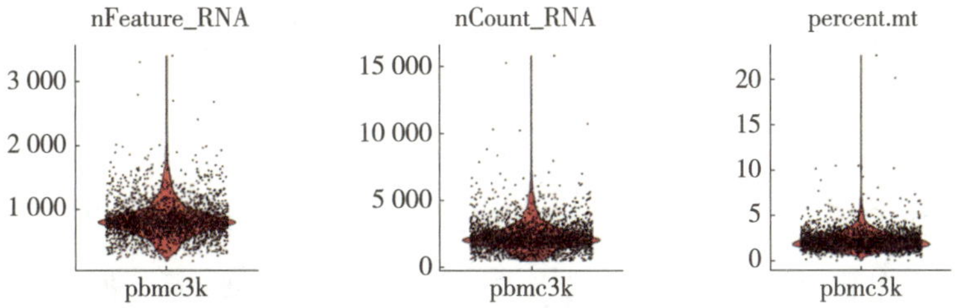

（a）质控前

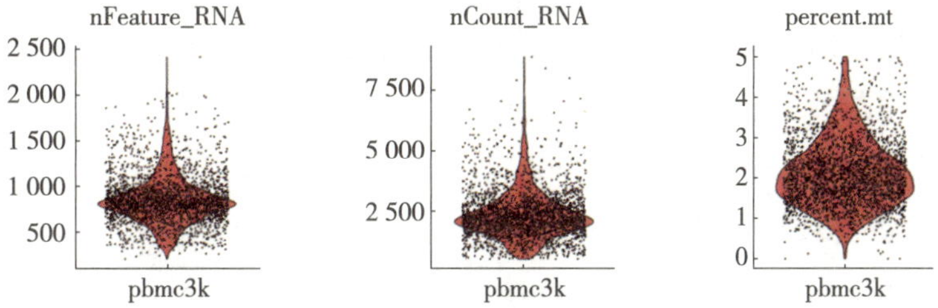

（b）质控后

图 18-1 示例中的单细胞数据质控前后的比较

```
#Seurat 将细胞相关的元数据存储在 pbmc@meta.data。
# 在 pbmc@meta.date 中创建新列数据，数据 "^MT-" 为线粒体基因比例。
pbmc[["percent.mt"]]<-PercentageFeatureSet(pbmc, pattern = "^MT-")
# 查看 pbmc@meta.date 中前五个细胞数据。
head(pbmc@meta.data, 5)
# 绘制 nFeature、nCount、percent.mt 的小提琴图。
VlnPlot(pbmc, features = c("nFeature_RNA", "nCount_RNA", "percent.mt"), ncol = 3)
# 分别设置 nFeature、nCount、percent.mt 的质控阈值，不同细胞类型阈值可能不相同。
# 我们过滤掉基因数（nFeature_RNA）大于 2 500 或小于 200 的细胞，以及线粒体基因
组比例大于 5% 的细胞。
pbmc<-subset(pbmc, subset = nFeature_RNA > 200 & nFeature_RNA < 2 500 & percent.mt < 5)
# 质控后的可视化。
VlnPlot(pbmc, features = c("nFeature_RNA", "nCount_RNA", "percent.mt"), ncol = 3)
```

四、数据标准化

在质控后，我们进行 counts 的 normalization，将原始数据转化为表达量数据。

```
# 默认使用 "LogNormalize" 的方法，即将每个基因的 counts 除以细胞总的 counts 数，乘以 10 000，再进行对数转换。
pbmc<-NormalizeData(pbmc, normalization.method = "LogNormalize", scale.factor = 10 000)
# 或者下面命令。
pbmc<-NormalizeData(pbmc)
```

五、识别高变基因

Seurat 选择在细胞之间具有高度变异性的基因（如某些细胞高表达，而其他细胞不表达）进行后续分析，这是由于这些基因可以代表细胞与细胞间的主要生物学差异。

```
# 提取前 2 000 个高变基因。
pbmc<-FindVariableFeatures(pbmc, selection.method = "vst", nfeatures = 2 000)
# 识别前十个高变基因。
top10<-head(VariableFeatures(pbmc), 10)
# 绘制不带标签的变量特征。
plot1<-VariableFeaturePlot(pbmc)
# 绘制带标签的变量特征。
plot2<-LabelPoints(plot = plot1, points = top10, repel = TRUE)
# 查看所绘制的图像。
plot1+plot2
```

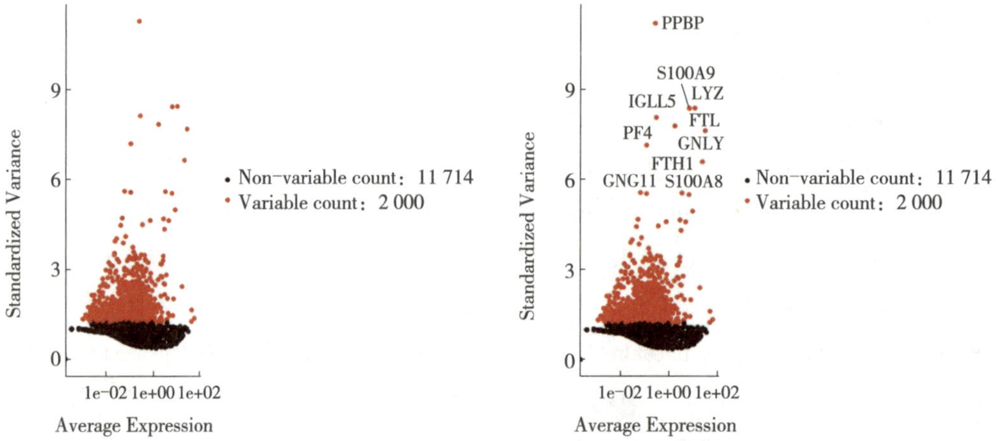

图 18-2　示例中的单细胞数据的 2 000 个高变基因的可视化

六、数据缩放

使用 ScaleData 函数对数据进行线性变换，完成基因表达在细胞中的标准化，即移动每个基因的表达，使各基因的跨细胞平均表达为 0，缩放每个基因的表达，使细胞之间的方差为 1。这样可以使各基因在下游分析中获得相同的权重，避免高表达基因占据主导地位。

```
# 提取前 2 000 个高变基因。
# 移动每个基因的表达，使各基因的跨细胞的平均表达量为 0，缩放每个基因的表达，使细胞之间的方差为 1。
all.genes<-rownames(pbmc)
pbmc<-ScaleData(pbmc, features = all.genes)
#scaled data 存放在 pbmc[["RNA"]]@scale.data。
pbmc[["RNA"]]@scale.data[c("CD3D", "TCL1A", "MS4A1"), 1：10]
pbmc<-FindVariableFeatures(pbmc, selection.method = "vst", nfeatures = 2 000)
```

七、线性降维

主成分分析（PCA）是一种使用最广泛的数据降维算法，主要思想是将 n 维特征映射到 k 维上，这里 k 维是全新的正交特征也被称为主成分。PCA 从原始的 n 维数据空间中顺序地找一组相互正交的坐标轴，其中第一个新坐标轴选择是原始数据中方差最大的方向，第二个新坐标轴选取是与第一个坐标轴正交的平面中使得方差最大的，第三个轴是与第 1、2 个轴正交的平面中方差最大的……依次类推。大部分方差都包含在前面 k 个坐标轴中，后面的坐标轴所含的方差几乎为 0。只保留前面 k 个含有绝大部分方差的坐标轴，忽略余下的坐标轴，以此来实现对数据特征的降维处理。

```
# 使用 PCA( 主成分分析 ) 进行降维，这里只对 FindVariableFeatures 挑选出的高变基因进行分析。
pbmc<-RunPCA(pbmc，features = VariableFeatures(object = pbmc))
DimPlot(pbmc, reduction = "pca")
# 显示 PCA 处理后的热图。
DimHeatmap(pbmc，dims = 1:6, cells = 500, balanced = TRUE)
# 维度选择。
#JackStraw( ) 函数可以计算出每个主成分中各基因的 p 值，用于判断哪些主成分更具有统计学意义。
pbmc<-JackStraw(pbmc, num.replicate = 100)
```

```
#ScoreJackStraw( ) 用于量化主成分的显著性强度，富含低 p 值基因较多的主成分更有统计学意义。
pbmc<-ScoreJackStraw(pbmc, dims = 1 : 20)
#JackStrawPlot( ) 函数可视化比较每个主成分的 p 值分布和均匀分布（虚线）。
JackStrawPlot(pbmc, dims = 1 : 15)
# 弯头图可以看出每个 PC 对变异的贡献，逐渐趋于稳定后主要是由噪声主导。
ElbowPlot(pbmc)
```

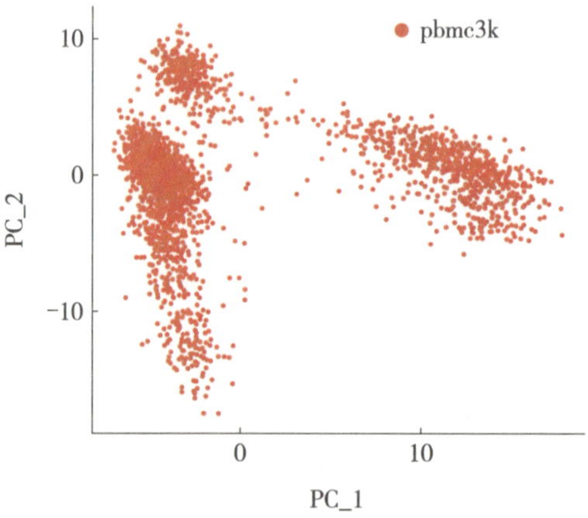

图 18-3　示例中的单细胞数据进行主成分分析后的二维散点图

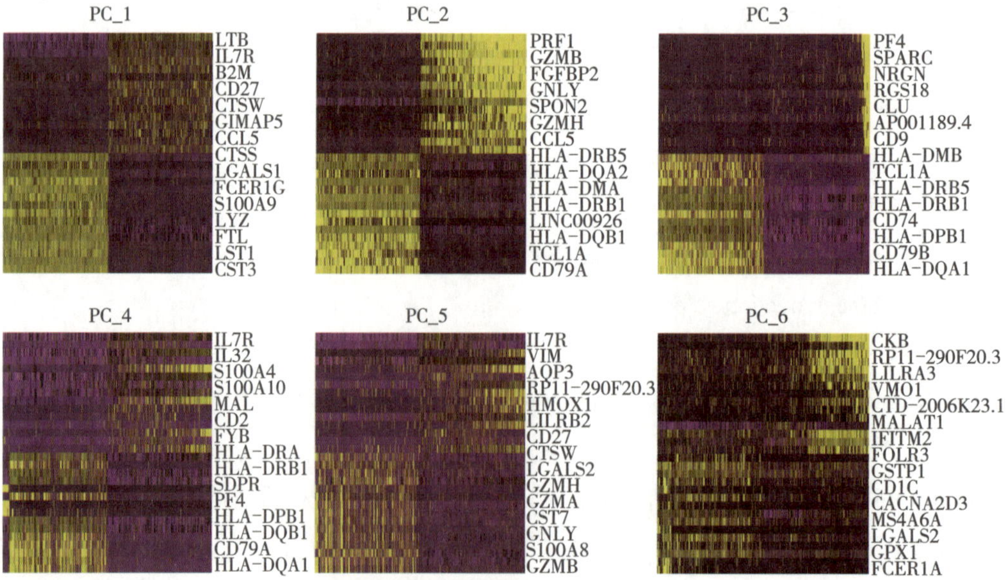

图 18-4　示例中的单细胞数据进行主成分分析后的热图

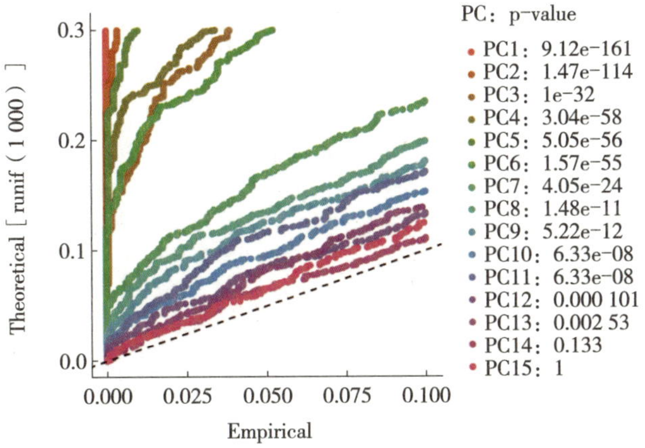

图 18-5　示例中的单细胞数据降维处理后各基因的 p 值分布图

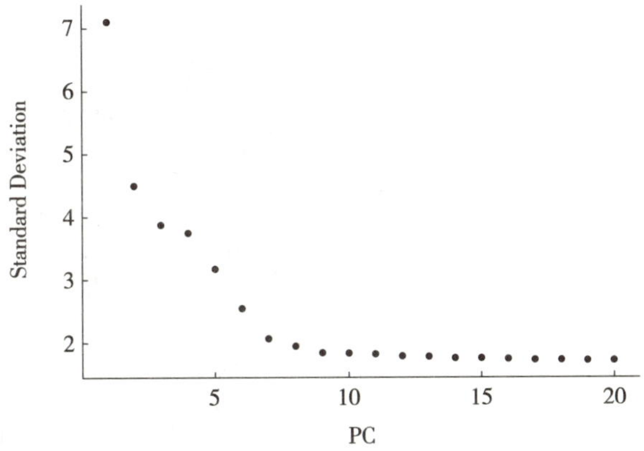

图 18-6　示例中的单细胞数据降维处理后弯头图显示每个 PC 对变异的贡献

八、细胞聚类

Seurat 使用基于图的聚类算法对细胞进行聚类，在表达相似特征的细胞之间绘制边缘，并尝试将其划分为高度相连的群体。FindNeighbors 中的 dims 参数指定聚类使用的维度，FindClusters 中的 resolution 参数指定类别的精度。

```
#FindNeighbors 中的 dims 参数指定聚类使用的维度。
pbmc<-FindNeighbors(pbmc, dims = 1 : 10)
#FindClusters 中的 resolution 参数指定类别的精度。
pbmc<-FindClusters(pbmc, resolution = 0.5)
table(Idents(pbmc))
```

九、非线性降维（UMAP/tSNE）

tSNE 与 UMAP 可以将高维空间的结构特征投影至低维空间，在低维空间得到分布的具体特征后，再计算降维过程中空间位置的信息缺失，优化低维分布的位置信息，保留高维特征信息。

```
#UMAP 将高维数据样本均匀分布在拓扑空间中，从这些有限数据样本中近似并映射到低维空间。
pbmc<-RunUMAP(pbmc, dims = 1：10)
# 在二维或三维的低维空间中表示高维数据集，从而使其可视化。
pbmc<-RunTSNE(pbmc, dims = 1：10)
DimPlot(pbmc, reduction = "umap", label = TRUE)
DimPlot(pbmc, reduction = "tsne", label = TRUE)
saveRDS(pbmc, file = "./pbmc_tutorial.rds")
```

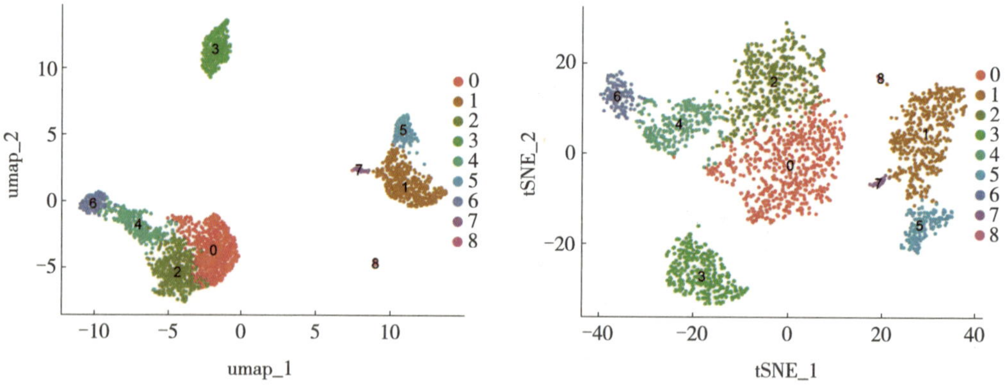

（a）　　（b）

图 18-7　示例中的单细胞数据处理后得到的 UMAP 和 tSNE 图

十、鉴定差异表达特征

Seurat 支持对 cluster 之间进行差异表达分析，主要有 FindMarkers 和 FindAllMarkers 两种方法。FindAllMarkers（）函数会将 cluster 中的某一类和剩下所有的 cluster 进行比较来寻找差异基因。FindMarkers（）函数则可以指定哪两个 cluster 对比。

```
#FindMarkers 鉴定 cluster 5 和 cluster 0、3 之间的差异基因；min.pct 指定差异基因需要在 cluster 中的表达占比。
cluster5.markers<-FindMarkers(pbmc, ident.1 = 5, ident.2 = c(0, 3), min.pct = 0.25)
# 显示前五个 cluster 5 中的差异基因。
head(cluster5.markers, n = 5)
#FindAllMarkers 可以一次寻找所有 clusters 的 markers，但只返回上调的 markers。
pbmc.markers<-FindAllMarkers(pbmc, only.pos = TRUE, min.pct = 0.25, logfc.threshold = 0.25)
```

```
#寻找出不同cluster区别于其他全部cluster的marker，每个cluster有2个特异性marker。
pbmc.markers %>%
    group_by(cluster) %>%
slice_max(n = 2, order_by = avg_log2FC)
```

十一、可视化

Seurat提供多种基因表达量可视化方法，如小提琴图、细胞降维图、热图等。

```
#小提琴图。
VlnPlot(pbmc, features = c("MS4A1", "CD79A"))
#细胞降维图。
FeaturePlot(pbmc, features = c("MS4A1", "GNLY", "CD3E", "CD14", "FCER1A",
"FCGR3A", "LYZ", "PPBP", "CD8A"))
#热图。
pbmc.markers %>%
    group_by(cluster) %>%
    top_n(n = 10, wt = avg_log2FC) -> top10
DoHeatmap(pbmc, features = top10$gene) + NoLegend()
```

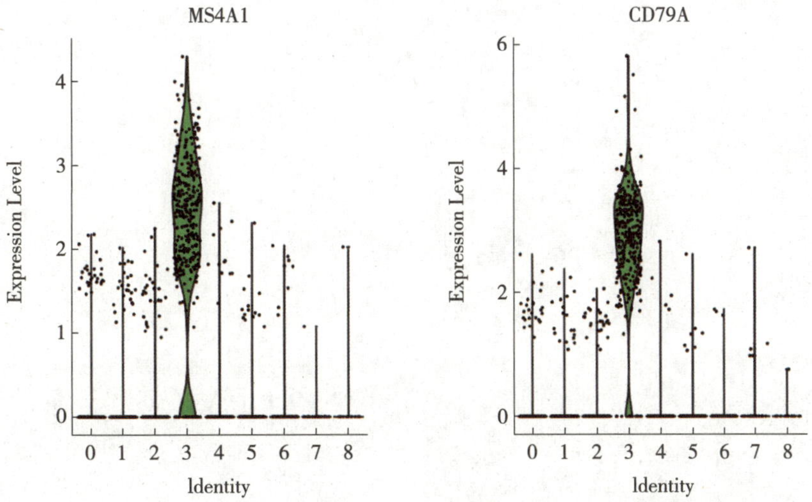

图18-8　示例中的单细胞数据处理后基因在不同clusters的表达量

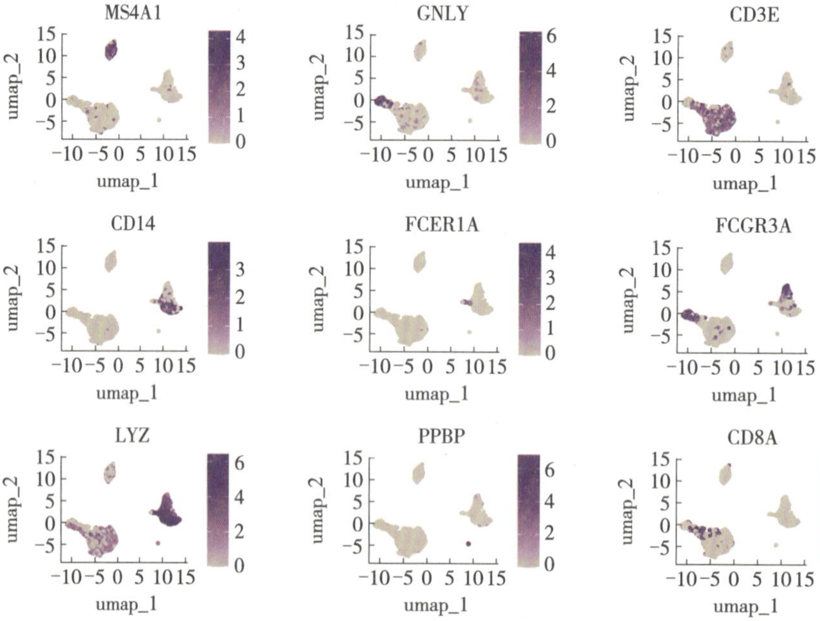

图 18-9　示例中的单细胞数据处理后的细胞降维图

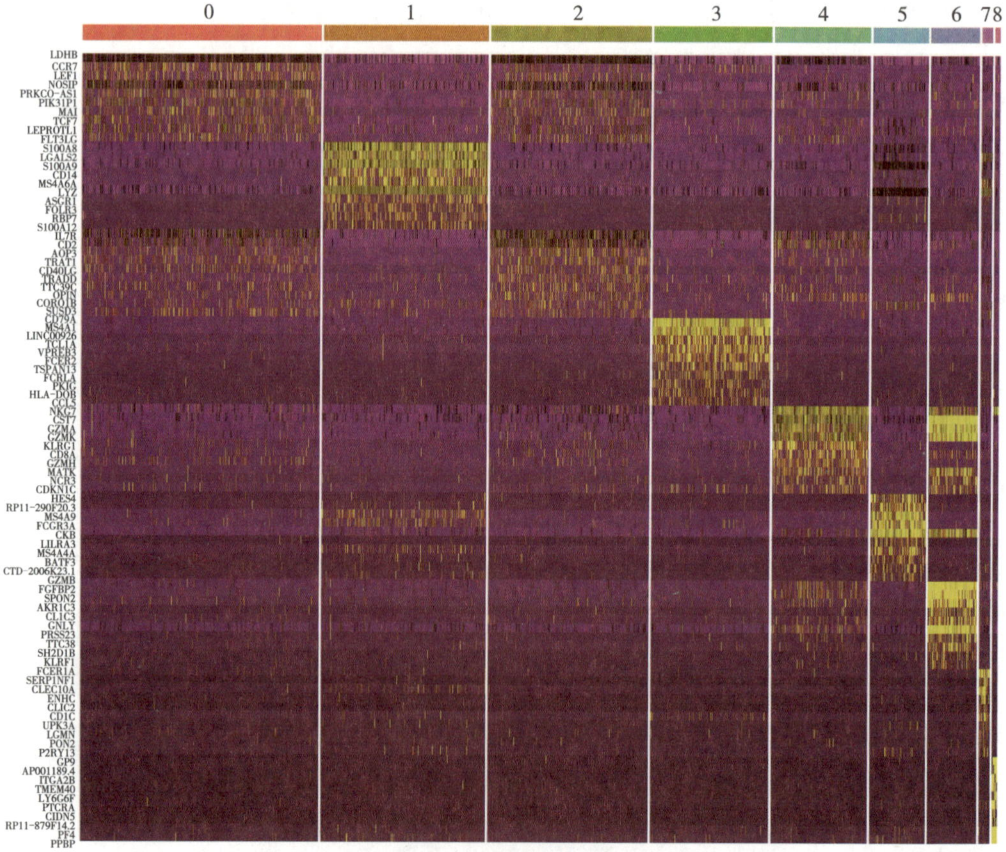

图 18-10　热图显示示例中的单细胞数据处理后的基因表达量

十二、细胞注释

根据细胞 marker 基因的表达对不同细胞群进行注释，如图 18-11 所示。

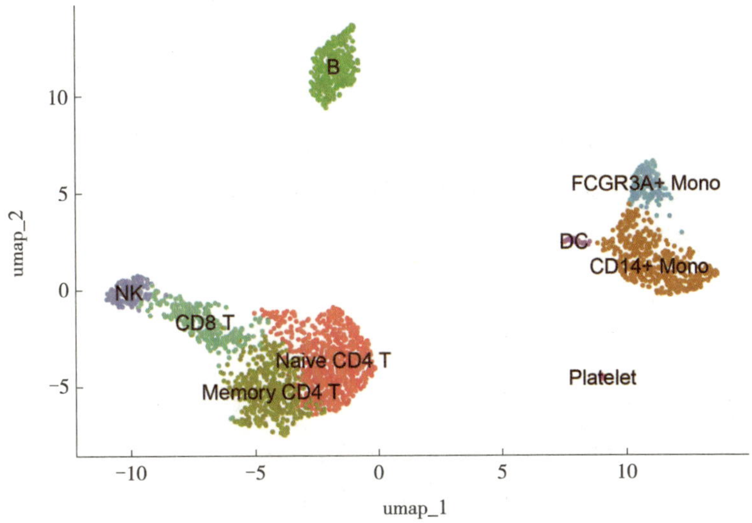

图 18-11　示例中的单细胞数据处理后的细胞群注释

```
# 根据细胞 marker 基因的表达对细胞进行注释。
new.cluster.ids<-c("Naive CD4 T", "CD14+ Mono", "Memory CD4 T", "B", "CD8 T",
"FCGR3A+ Mono", "NK", "DC", "Platelet")
names(new.cluster.ids)<-levels(pbmc)
pbmc<-RenameIdents(pbmc, new.cluster.ids)
# 显示细胞注释后的二维散点图。
DimPlot(pbmc, reduction = "umap", label = TRUE, pt.size = 0.5) + NoLegend()
```

十三、其他分析

单细胞数据分析除了上面介绍的分析内容，还可作其他高级分析，包括细胞通讯分析、伪时间分析、转录因子调控网络分析等。细胞通讯分析是单细胞转录组数据分析中的重要部分，旨在揭示细胞间相互作用的模式和机制。这种分析可以帮助我们理解不同细胞群体之间的相互影响，以及细胞间信号传递的网络。伪时间分析是一种用于单细胞转录组数据的分析方法，旨在推断细胞在发育或生物过程中的时间顺序，而不依赖于真实时间信息。这种分析可以帮助研究者理解细胞发育、分化以及其他动态生物过程的时序性。单细胞转录因子（TF）调控网络分析旨在揭示单细胞转录组数据中的转录因子与基因之间的调控关系，并构建细胞类型或状态特异性的转录因子调控网络。这种分析可以帮助理解不同细胞类型之间的转录调控差异，以及在细胞发育、分化、疾病等过程中的重要调控机制。

内容二 使用 Python 进行单细胞数据分析

内容一讲述的是使用R语言进行单细胞数据分析，而在实际分析中，当单细胞数据过多时，Seurat 和 monocle 会产生内存不足的问题，尤其是 monocle2，单细胞数据大于 50 k 时，往往会出现内存不足的情况，即使是在服务器上运行。而基于 python 的单细胞转录分析包 scanpy，能很好地解决内存不足的问题，根据官网说明，scanpy 可以解决超过 1 000 000 个单细胞的数据集，这是基于 R 分析包不敢想象的。以下是简单的使用步骤和功能：

```
# 一、数据加载和预处理。
import scanpy as sc
# 读取单细胞数据。
adata = sc.read_h5ad("./single_cell_data.h5ad")
# 数据预处理。
sc.pp.filter_cells(adata，min_genes=200)# 过滤掉基因数目过少的细胞。
sc.pp.filter_genes(adata，min_cells=3)# 过滤掉表达基因数目过少的基因。
sc.pp.normalize_total(adata)# 总数归一化。
sc.pp.log1p(adata)# 对数据进行对数转换。
# 二、细胞识别和聚类。
# 细胞聚类。
sc.pp.pca(adata)# PCA 降维。
sc.pp.neighbors(adata)# 计算近邻关系。
sc.tl.louvain(adata)# 使用 Louvain 算法进行聚类。
# 三、可视化。
# 绘制聚类结果的 UMAP 图。
sc.pl.umap(adata, color=["louvain"])
# 绘制表达基因的 dotplot 图。
sc.pl.dotplot(adata, var_names=["gene1"，"gene2"], groupby="louvain")
# 四、差异表达分析。
# 计算差异基因。
sc.tl.rank_genes_groups(adata, groupby="louvain", method="wilcoxon")
# 绘制差异基因分析结果的箱线图。
sc.pl.rank_genes_groups(adata, groupby="louvain")
```

```
# 五、细胞轨迹分析。
# 计算伪时间。
sc.tl.pca(adata)
sc.tl.draw_graph(adata)
sc.tl.pseudotime(adata)
# 绘制伪时间轨迹图。
sc.pl.pseudotime(adata, color="louvain" )
```

练习与作业

1. 了解并掌握单细胞测序的原理。
2. 熟练掌握单细胞测序数据分析的流程。
3. 熟练使用 R 语言的 Seurat 包进行单细胞数据处理。
4. 掌握 Python 处理单细胞测序数据的流程。
5. 试比较 R 语言 Seurat 包版本的不同对单细胞组学数据分析结果的差异。

实验十九

生物网络的构建

网络分析（network analysis）是指通过连接法寻找变量之间的联系，以网络图或者连接模型（connection model）来展示数据的内部结构，从而简化复杂系统并提取有用信息的一种定量分析方式。在生态学中常利用相关性来构建网络模型，可以使用一个数据集例如物种群落数据进行分析，这时候展现物种之间的共出现模式（co-occurance pattern）；也可以结合多个数据集进行分析，如分析环境因子对物种的影响等。近年来，网络分析已成为一种微生物群落结构研究的主流方法，被大量应用于探索复杂多样群落中微生物类群之间的相互作用（共现模式）。通过对大量环境样品中的微生物类群信息进行网络分析，可以帮助研究人员预测关键物种、优势物种、稀有物种和其他物种之间的联系与相互作用，进而辅助鉴定微生物的演替状态和生态位；此外，结合微生物丰度数据与环境因子数据，可以预测微生物物种与环境因子的相互作用关系。因此，掌握生物网络的构建对于研究微生物组（当然也包括其他组学数据）具有重要意义。

实验原理

生物网络的构建可以基于多种数据源，包括物种组成数据、基因表达数据、蛋白质互作数据、代谢途径数据、理化因素数据以及多种类型组合的数据等。根据不同的数据源和分析方法，构建的生物网络可以是物种相互作用网络、基因调控网络、蛋白质互作网络、代谢途径网络等。

构建生物网络的实验原理和步骤可以简述如下：①数据收集。收集与研究对象相关的数据，如物种组成数据、功能组成数据、基因表达数据、蛋白质互作数据等。②数据预处理。对收集到的数据进行质量控制和预处理，包括数据清洗、标准化、去除噪声等。③相互作用关系推断。根据数据进行相互作用关系推断的分析，根据数据之间的关联性或者其他性质，推断分子、细胞或物种等之间的相互作用关系，建立连接关系。④网络构建。将推断得到的相互作用关系以图的形式表示出来，构建生物网络（节点代表分子、细胞或生物体，边代表相互作用关系）。⑤网络分析。对构建得到的生物网络进行分析，包括网络特性分析、模块发现、关键节点鉴定等，揭示生物系统的结构和功能。

实验目的

本实验旨在对常见的生物网络进行构建，使学生能够熟练掌握网络构建的方法和可视化的软件的使用，并掌握对网络分析的能力。通过学习，让学生从网络水平理解生物学过程，学习生物网络的构建与分析，理解生物系统的结构和功能，发现生物体内分子、基因和细胞之间的相互作用关系，揭示潜在的调控机制和生物学过程。通过生物网络的构建，可以提供新的研究思路和策略，帮助解释复杂的生物现象，为疾病诊断、药物研发等领域提供理论和方法支持。

设备与软件

配置 Windows 系统的个人电脑，网络，网络浏览器、R 与 RStudio，Excel，Cytoscape 软件和 Gephi 软件等。

实验内容与步骤

内容一　相关性的计算

构建生物相关性网络，首先需要计算不同变量之间的相关系数矩阵，之后进行相关性分析。相关分析是指对两个或多个具备相关性的变量元素进行分析，从而衡量两个因素的相关密切程度。相关性的元素之间需要存在一定的联系或者概率才可以进行相关性分析。相关系数（Correlation Coefficient）是反映变量之间关系密切程度的统计指标，度量两要素之间的线性关系。相关系数的取值区间在 1 到 −1 之间。常见的相关系数有 Pearson 相关系数、Spearman 相关系数和 Kendall 相关系数等。

示例一　微生物群落中物种—物种相关性的计算

（1）准备样本的微生物群落物种组成数据

计算微生物群落的物种—物种相关性需要准备样本的微生物群落数据，这个数据可以是根据 16S rRNA 扩增子数据或者宏基因组数据得到的物种组成数据，第一列是样本名称，后面的具体每个物种在样本中的含量，如图 19-1 所示的 abundance.txt。

genus	unclassifiec	g__[Eubact	g__[Eubact	g__[Eubact	g__[Eubact	g__[Eubact	g__[Eubact	g__A2	g__Acetati	g__Akkerm	g__Alistipe	g__Anaero	g__Anaero	g__Anaero	g__Atopos	g__Bacterc	g__Bifidob	g__Bilophil	g__Blautia	g__Butyrici	g__Candid	g__Candid	g__Christer	g__Clostri
CD1	0.04346	0	0.033738	0.005504	0	0.031022	0.00822	0	0	0.045461	0.014367	0.012509	0.014153	0	0	0.183774	0	0	0	0	0.046605	0	0	0.009364
CD2	0.095601	0	0	0	0.023532	0.019813	0	0	0	0.023468	0.00949	0.00872	0	0	0	0.136317	0	0	0	0	0.049628	0	0	0.031354
CD3	0.422135	0	0	0	0	0	0	0	0	0	0.002859	0	0	0	0	0.038839	0	0	0.07134	0	0	0	0	0.034427
CD4	0.065929	0	0.007919	0.005629	0.03721	0	0	0	0	0	0.016792	0.010877	0	0	0	0.098559	0	0	0	0	0.091785	0	0	0.009541
CD5	0.207367	0.002287	0	0	0.037545	0	0.027212	0	0	0	0.014987	0.018063	0	0.004733	0	0.07864	0	0	0	0	0.019404	0	0	0.02106
HFD+Rutin	0.305111	0.002402	0	0	0	0	0	0.068428	0.028829	0.00845	0.011929	0	0	0.038605	0	0	0	0.028001	0.029244	0	0.038522	0	0	0
HFD+PA1	0.125133	0	0	0	0	0	0	0	0.005411	0	0.044734	0	0	0	0	0.095946	0	0	0.006935	0.005639	0.041	0	0	0.078875
HFD1	0.240227	0	0	0	0	0	0	0	0	0.01378	0	0	0	0	0.001857	0.105747	0	0	0.050137	0	0	0	0	0
HFD+Rutin	0.207573	0	0.077023	0	0	0	0	0.051407	0.028265	0.012425	0	0	0	0.004888	0	0.067012	0	0.023731	0.033388	0.006713	0	0	0	0.006065
HFD+PA2	0.383169	0	0	0	0	0	0	0	0	0.007688	0	0	0	0	0	0.025143	0	0	0.023377	0	0	0	0	0
HFD+Rutin	0.239027	0	0	0	0	0	0	0	0.005081	0.041676	0.009243	0	0	0.008757	0	0.024757	0	0.024541	0	0.004919	0	0.002324	0	0.060054
HFD2	0.180981	0	0	0	0	0	0	0	0	0	0.049794	0	0	0.00629	0	0.07076	0	0	0	0	0.051142	0	0	0.080869
HFD3	0.377147	0	0	0	0	0	0	0	0	0	0.042765	0	0	0	0	0.015133	0	0	0.00136	0	0.035028	0	0	0.066485
HFD4	0.291979	0	0	0	0	0	0	0	0	0	0.022114	0	0	0.006278	0	0.113287	0	0	0.017991	0	0	0	0	0.060439
HFD+Rutin	0.173321	0	0	0	0	0	0	0.073806	0.038989	0	0.024432	0	0	0.024262	0	0.093386	0	0.026049	0.091257	0	0.010301	0	0	0.058398
HFD+PA3	0.347708	0	0	0	0	0	0	0	0	0	0	0	0	0	0	0.059583	0	0	0.118854	0	0	0	0	0
HFD+PA4	0.115979	0	0.038629	0	0	0	0	0	0	0.038448	0.008907	0	0	0	0	0.138248	0	0	0	0	0.042901	0	0	0
HFD+PA5	0.268671	0	0	0	0	0	0	0	0.025237	0	0	0	0	0	0	0.086076	0	0	0	0	0.017009	0	0	0.044066
HFD5	0.15505	0	0	0	0	0	0	0	0.010971	0	0.020598	0	0	0.00597	0	0.085511	0	0	0	0	0	0	0.002474	0.054695
HFD+Rutin	0.289247	0.002671	0	0	0	0	0	0	0.032206	0	0.006563	0.006182	0	0	0	0	0.009845	0.029383	0.037167	0	0.025643	0	0	0.039151

图 19-1　输入物种信息文件

（2）在 R 语言中进行相关性计算

使用 R 语言中的 psych 包进行物种间相关性的计算。

```
# 安装并加载 psych 包。
install.packages("psych", dependencies = c("Depends", "Suggests"))
install.packages('mnormt')
library(psych)
# 读取物种丰度 -sample 矩阵 , 行为 sample, 列为物种。
setwd("./")
abundance=read.table("abundance.txt", head=T, row.names=1)
# 计算变量两两间的相关系数矩阵，数据量小时可以用 psych 包 corr.test 求相关性矩阵，Spearman。
occor =corr.test(abundance,use="pairwise", method="spearman", adjust="fdr", alpha=0.05)
occor.r = occor$r # 取相关性矩阵 R 值。
occor.p = occor$p # 取相关性矩阵 p 值。
# 确定物种间存在相互作用关系的阈值，将相关性 R 矩阵内不符合的数据转换为 0。在这里取 p 值大于 0.05 的或者 r 小于 0.6 为阈值。
occor.r[occor.p＞0.05|abs(occor.r)＜0.6] = 0
# 将结果保存为 csv 文件。
write.csv(occor.r, file="network_p0.05_r0.6_occor.csv")
```

生成的结果文件 network_p0.05_r0.6_occor.csv，如图 19-2 所示。

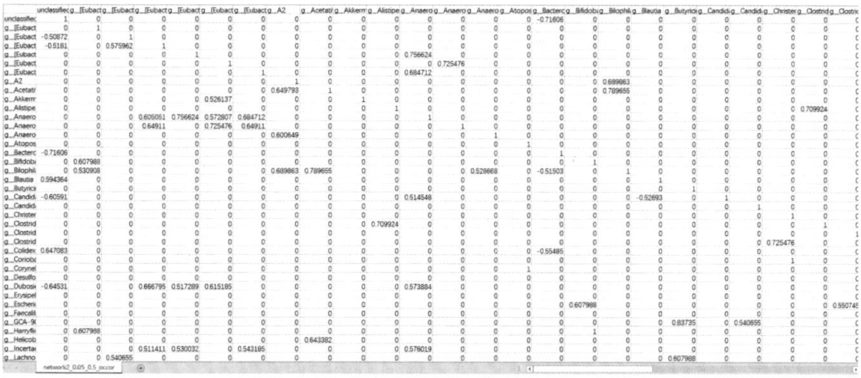

	unclassifiec	g__[Eubact	g__[Eubact	g__[Eubact	g__[Eubact	g__[Eubact	g__[Eubact	g__A2	g__Acetati	g__Akkerm	g__Alistipe	g__Anaero	g__Anaero	g__Anaero	g__Atopos	g__Bacterc	g__Bifidob	g__Bilophil	g__Blautia	g__Butyrici	g__Candid	g__Candid	g__Christer	g__Clostrid	g__Clostri
unclassifiec	1	0	0	0	0	0	0	0	0	0	0	0	0	0	0	-0.71606	0	0	0	0	0	0	0	0	0
g__[Eubact	0	1	0	0	0	0	0	0	0	0	0	0	0	0	0	0	0	0	0	0	0	0	0	0	0
g__[Eubact	-0.50872	0	1	0	0	0	0	0	0	0	0	0	0	0	0	0	0	0	0	0	0	0	0	0	0
g__[Eubact	-0.5181	0	0.575962	1	0	0	0	0	0	0	0	0	0	0	0	0	0	0	0	0	0	0	0	0	0
g__[Eubact	0	0	0	0	1	0	0	0	0	0	0	0.756624	0	0	0	0	0	0	0	0	0	0	0	0	0
g__[Eubact	0	0	0	0	0	1	0	0	0	0	0	0	0.725476	0	0	0	0	0	0	0	0	0	0	0	0
g__[Eubact	0	0	0	0	0	0	1	0	0	0	0	0.684712	0	0	0	0	0	0	0	0	0	0	0	0	0
g__A2	0	0	0	0	0	0	0	1	0	0	0	0	0	0	0	0	0	0.689863	0	0	0	0	0	0	0
g__Acetati	0	0	0	0	0	0	0	0.649793	1	0	0	0	0	0	0	0	0	0.789655	0	0	0	0	0	0	0
g__Akkerm	0	0	0	0	0	0.526137	0	0	0	1	0	0	0	0	0	0	0	0	0	0	0	0	0	0	0
g__Alistipe	0	0	0	0	0	0	0	0	0	0	1	0	0	0	0	0	0	0	0	0	0	0	0	0.709924	0
g__Anaero	0	0	0	0.605051	0.756624	0.572807	0.684712	0	0	0	0	1	0	0	0	0	0	0	0	0	0	0	0	0	0
g__Anaero	0	0	0	0.64911	0	0.725476	0.64911	0	0	0	0	0	1	0	0	0	0	0	0	0	0	0	0	0	0
g__Anaero	0	0	0	0	0	0	0	0.600649	0	0	0	0	0	1	0	0	0	0	0	0	0	0	0	0	0
g__Atopos	0	0	0	0	0	0	0	0	0	0	0	0	0	0	1	0	0	0	0	0	0	0	0	0	0
g__Bacterc	-0.71606	0	0	0	0	0	0	0	0	0	0	0	0	0	0	1	0	0	0	0	0	0	0	0	0
g__Bifidob	0	0.607988	0	0	0	0	0	0	0	0	0	0	0	0	0	0	1	0	0	0	0	0	0	0	0
g__Bilophil	0	0.530908	0	0	0	0	0	0.689863	0.789655	0	0	0	0	0.528668	0	-0.51503	0	1	0	0	0	0	0	0	0
g__Blautia	0.594364	0	0	0	0	0	0	0	0	0	0	0	0	0	0	0	0	0	1	0	0	0	0	0	0
g__Butyrici	0	0	0	0	0	0	0	0	0	0	0	0	0	0	0	0	0	0	0	1	0	0	0	0	0
g__Candid	-0.60591	0	0	0	0	0	0	0	0	0	0	0.514548	0	0	0	0	0	0	-0.52693	0	1	0	0	0	0
g__Candid	0	0	0	0	0	0	0	0	0	0	0	0	0	0	0	0	0	0	0	0	0	1	0	0	0
g__Christer	0	0	0	0	0	0	0	0	0	0	0	0	0	0	0	0	0	0	0	0	0	0	1	0	0
g__Clostrid	0	0	0	0	0	0	0	0	0	0	0.709924	0	0	0	0	0	0	0	0	0	0	0	0	1	0
g__Clostrid	0	0	0	0	0	0	0	0	0	0	0	0	0	0	0	0	0	0	0	0	0	0	0	0	1
g__Clostrid	0	0	0	0	0	0	0	0	0	0	0	0	0	0	0	0	0	0	0	0	0	0	0.725476	0	0
g__Colidex	0.647083	0	0	0	0	0	0	0	0	0	0	0	0	0	0	-0.55485	0	0	0	0	0	0	0	0	0
g__Coriob	0	0	0	0	0	0	0	0	0	0	0	0	0	0	0	0	0	0	0	0	0	0	1	0	0
g__Corynel	0	0	0	0	0	0	0	0	0	0	0	0	0	0	1	0	0	0	0	0	0	0	0	0	0
g__Desulfo	0	0	0	0	0	0	0	0	0	0	0	0	0	0	0	0	0	0	0	0	0	0	0	0	0
g__Dubosi	-0.64531	0	0	0.666795	0.517289	0.615185	0	0	0	0	0	0.573884	0	0	0	0	0	0	0	0	0	0	0	0	0
g__Erysipel	0	0	0	0	0	0	0	0	0	0	0	0	0	0	0	0	0	0	0	0	0	0	0	0	0
g__Escheri	0	0	0	0	0	0	0	0	0	0	0	0	0	0	0	0	0.607988	0	0	0	0	0	0	0	0.550745
g__Faecalit	0	0	0	0	0	0	0	0	0	0	0	0	0	0	0	0	0	0	0	0	0	0	0	0	0
g__GCA-9(	0	0	0	0	0	0	0	0	0	0	0	0	0	0	0	0	0	0	0	0.83735	0	0.540655	0	0	0
g__Harryfl	0	0.607988	0	0	0	0	0	0	0	0	0	0	0	0	0	0	1	0	0	0	0	0	0	0	0
g__Helicob	0	0	0	0	0	0	0	0	0.643382	0	0	0	0	0	0	0	0	0	0	0	0	0	0	0	0
g__Incertae	0	0	0	0.511411	0.530032	0	0.543185	0	0	0	0	0.576019	0	0	0	0	0	0	0	0	0	0	0	0	0
g__Lachno	0	0	0.540655	0	0	0	0	0	0	0	0	0	0	0	0	0	0	0	0	0.607988	0	0	0	0	0

network2_0.05_0.5_occor

图 19-2　物种—物种间（属—属）的相关性

示例二　抗生素抗性基因的相关性计算

抗生素抗性基因的相关性计算与之前的物种间相关性计算比较类似，只是所使用的文件变为了抗生素抗性基因的组成文件，此处进行简要介绍。

（1）准备样本的抗生素抗性基因组成数据

抗生素抗性基因组成数据如图 19-3 所示，ARG_subtypes.txt。

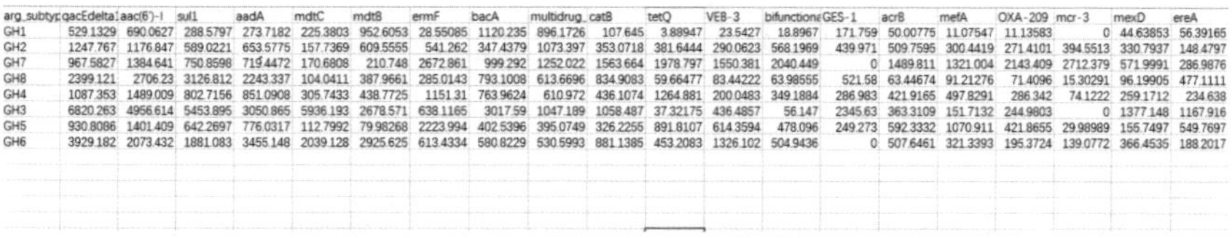

arg_subtyp	qacEdelta1	aac(6')-I	sul1	aadA	mdtC	mdtB	ermF	bacA	multidrug_	catB	tetQ	VEB-3	bifunctiona	GES-1	acrB	mefA	OXA-209	mcr-3	mexD	ereA
GH1	529.1329	690.0627	288.5797	273.7182	225.3803	952.6053	28.55085	1120.235	896.1726	107.645	3.88947	23.5427	18.8967	171.759	50.00775	11.07547	11.13583	0	44.63853	56.39165
GH2	1247.767	1176.847	589.0221	653.5775	157.7369	609.5555	541.262	347.4379	1073.397	353.0718	381.6444	290.0623	568.1969	439.971	509.7595	300.4419	271.4101	394.5513	330.7937	148.4797
GH7	967.5827	1384.641	750.8598	719.4472	170.6808	210.748	2672.861	999.292	1252.022	1563.664	1978.797	1550.381	2040.449	0	1489.811	1321.004	2143.409	2712.379	571.9991	286.9876
GH8	2399.121	2706.23	3126.812	2243.337	104.0411	387.9661	285.0143	793.1008	613.6696	834.9083	59.66477	83.44222	63.98555	521.58	63.44674	91.21276	71.4096	15.30291	96.19905	477.1111
GH4	1087.353	1489.009	802.7156	851.0908	305.7433	438.7725	1151.31	763.9624	610.972	436.1074	1264.881	200.0483	349.1884	286.983	421.9165	497.8291	286.342	74.1222	259.1712	234.638
GH3	6820.263	4956.614	5453.895	3050.865	5936.193	2678.571	638.1165	3017.59	1047.189	1058.487	37.32175	436.4857	56.147	2345.63	363.3109	151.7132	244.9803	0	1377.148	1167.916
GH5	930.8086	1401.409	642.2697	776.0317	112.7992	79.98268	2223.994	402.5396	395.0749	326.2255	891.8107	614.3594	478.096	249.273	592.3332	1070.911	421.8655	29.98989	155.7497	549.7697
GH6	3929.182	2073.432	1881.083	3455.148	2039.128	2925.625	613.4334	580.8229	530.5993	881.1385	453.2083	1326.102	504.9436	0	507.6461	321.3393	195.3724	139.0772	366.4535	188.2017

图 19-3　输入的抗生素抗性基因组成数据

（2）在 R 语言中进行相关性计算

```
library(psych)
# 读取抗生素抗性基因数据，行为 sample，列为抗生素抗性基因。
setwd("./")
ARG_abundance=read.table("ARG_subtypes.txt", head=T, row.names=1)
occor =corr.test(ARG_abundance,use="pairwise",method="spearman",adjust="fdr",alpha=0.05)
occor.r = occor$r # 取相关性矩阵 R 值。
occor.p = occor$p # 取相关性矩阵 p 值。
# 确定 ARGs 间存在相互作用关系的阈值，将相关性 R 矩阵内不符合的数据转换为 0。在这里取 p 值大于 0.05 的或者 r 小于 0.8 为阈值。
occor.r[occor.p＞0.05|abs(occor.r)＜0.8] = 0
# 将结果保存为 csv 文件。
write.csv(occor.r,file="network_ARG_p0.05_r0.8_occor.csv")
```

生成的结果文件 network_ARG_p0.05_r0.8_occor.csv 如图 19-4 所示。

	qacEdelta1	aac.6..I	sul1	aadA	mdtC	mdtB	ermF	bacA	multidrug_	catB	tetQ	VEB.3	bifunctiona	GES.1	acrB	mefA	OXA.209	mcr.3	mexD	ereA
qacEdelta1	1	0	0	0	0	0	0	0	0	0	0	0	0	0	0	0	0	0	0	0
aac.6..I	0.809524	1	0.97619	0.928571	0	0	0	0	0	0	0	0	0	0	0	0	0	0	0	0
sul1	0.833333	0.97619	1	0.904762	0	0	0	0	0	0	0	0	0	0	0	0	0	0	0	0
aadA	0.809524	0.928571	0.904762	1	0	0	0	0	0	0	0	0	0	0	0	0	0	0	0	0
mdtC	0	0	0	0	1	0	0	0	0	0	0	0	0	0	0	0	0	0	0	0
mdtB	0	0	0	0	0.761905	1	0	0	0	0	0	0	0	0	0	0	0	0	0	0
ermF	0	0	0	0	0	0	1	0	0	0	0	0	0	0	0	0.928571	0.928571	0	0	0
bacA	0	0	0	0	0	0	0	1	0	0	0	0	0	0	0	0	0	0	0	0
multidrug_	0	0	0	0	0	0	0	0	1	0	0	0	0	0	0	0	0	0	0	0
catB	0	0	0.714286	0	0	0	0	0	0	1	0	0	0	0	0	0	0	0	0	0
tetQ	0	0	0	0	0	0	0.833333	0	0	0	1	0	0	0	0	0.952381	0	0	0	0
VEB.3	0	0	0	0	0	0	0.761905	0	0	0	0	1	0	0	0	0	0	0	0	0
bifunctiona	0	0	0	0	0	0	0	0	0	0	0.761905	0.738095	1	0	0.904762	0	0	0.970077	0	0
GES.1	0	0	0	0	0	0	0	0	0	0	0	0	0	1	0	0	0	0	0	0
acrB	0	0	0	0	0	0	0.785714	0	0	0	0.809524	0.833333	0.904762	0	1	0.904762	0	0	0	0
mefA	0	0	0	0	0	0	0.928571	0	0	0	0.952381	0.785714	0.761905	0	0.904762	1	0.928571	0	0	0
OXA.209	0	0	0	0	0	0	0.928571	0	0	0	0.857143	0	0	0	0.880952	0.928571	1	0	0	0
mcr.3	0	0	0	0	0	0	0	0	0	0	0.778457	0	0.970077	0	0.814386	0.718576	0	1	0	0
mexD	0	0	0	0	0	0	0	0	0	0.809524	0	0.738095	0	0	0	0	0	0	1	0
ereA	0	0.714286	0	0	0	0	0	0	0	0	0	0	0	0	0	0	0	0	0	1

图 19-4　抗生素抗性基因相关性结果

示例三　物种—抗生素抗性基因—理化因素相关性计算

（1）准备样本的物种—抗生素抗性基因—理化因素组成数据

在微生物组学的研究中，研究人员通常会将微生物群落的物种组成、抗生素抗性基因组成和理化因素数据两两进行组合或者三者组合在一起进行分析以解释环境因素对微生物群落的组成或抗生素抗性基因组成的影响等问题。这就需要我们能快速计算它们之间的相关性。此处我们以它们三者之间的组合进行合并计算。

用户可以将每个样本的物种组成和抗生素抗性基因组成以及理化因素整合成一个文档，这样当作一个整体进行计算，如图 19-5 所示（taxonomic_ARG_env.txt）。

group	NH4-N	NO-3-N	HNO2	pH	Temperatu	DO(mg/L)	TN	TP	PO4-	CODMn	SAL	SPC	C	Pseudomo	Rhodocycl	Arcobacte	Trichococc	Cloacibact	Acinetoba	Sulfurospir
GH1	5.6809	2.707651	0.086434	6.58	23.5	4.29	34.26286	4.545879	3.215172	9.6	0.32	667	649	89.89334	0.00617	0.27447	0.34764	0.15056	0.01831	0.06913
GH2	17.4058	1.033681	0.046163	7.26	21	0.59	29.15782	3.493212	2.256674	13.44	0.56	1124	1038	0	3.8152	15.07142	1.27012	6.59702	15.63914	7.00871
GH3	17.6913	0.495499	0.043381	7.54	26.1	1.65	35.67358	2.590926	1.408507	11.52	0.83	1652	1685	0	95.09302	0.20196	0.31992	0.03275	0.01387	0.71076
GH4	3.3969	0.612319	0.002128	6.93	23.1	3.2	8.958072	0.743388	0.319117	24.96	0.13	264.4	254.6	5.39797	0.16336	4.44841	13.49209	2.29092	0.38549	2.38468
GH5	17.6913	4.151694	0.051074	7.26	18.2	3.94	29.89845	8.412819	7.700938	49.92	0.76	1497	1304	0	0.10181	11.2858	4.15939	1.77528	0.08928	8.34236
GH6	18.07197	1.747769	0.051402	7.52	18	4.88	39.71177	4.180668	2.897971	36.48	0.5	999	866	0	14.79614	8.26553	2.12144	9.47764	6.08567	1.93834
GH7	18.70007	1.100195	0.019644	7.36	20.3	0.36	43.26943	5.297784	3.584225	30.72	0.69	1368	1244	0	0.00026	17.35489	10.65546	9.90112	1.5941	1.18844
GH8	17.93873	2.222477	0.144547	7.39	23.5	2.92	37.48107	3.364314	2.594562	21.12	0.56	1127	1094	64.88593	0.74525	1.28362	7.19757	1.08349	0.12539	1.30748

图 19-5　物种—抗生素抗性基因—理化因素文件示例

（2）在 R 语言中进行三者之间的相关性计算

```
library(psych)
# 读取物种—抗生素抗性基因—理化因素数据组成，行为 sample，列为物种 / 抗生素抗性基因 / 理化因素。
setwd("./")
data1=read.table("taxonomic_ARG_env.txt", head=T, row.names=1)
occor =corr.test(data1, use="pairwise", method="spearman", adjust="fdr", alpha=0.05)
occor.r = occor$r # 取相关性矩阵 R 值
```

```
occor.p = occor$p  # 取相关性矩阵 p 值
# 确定相互作用关系的阈值，将相关性 R 矩阵内不符合的数据转换为 0。在这里取 p 值大于 0.05 的或者 r 小于 0.8 为阈值。
occor.r[occor.p>0.05|abs(occor.r)<0.8] = 0
# 将结果保存为 csv 文件。
write.csv(occor.r, file="network_tax_ARG_env_p0.05_r0.8_occor.csv")
```

生成的结果文件 network_tax_ARG_env_p0.05_r0.8_occor.csv，如图 19-6 所示。此处，计算物种、抗生素抗性基因、理化因素间的相关性时，也将物种间、抗生素抗性基因间、理化因素间的相关性进行了计算。如果不需要后者内部之间的相关性时，用户可以在 R 语言中写循环进行彼此间的计算，也可将生成的文件（network_tax_ARG_env_p0.05_r0.8_occor.csv）中的对应的相关性删除，再进行可视化即可。

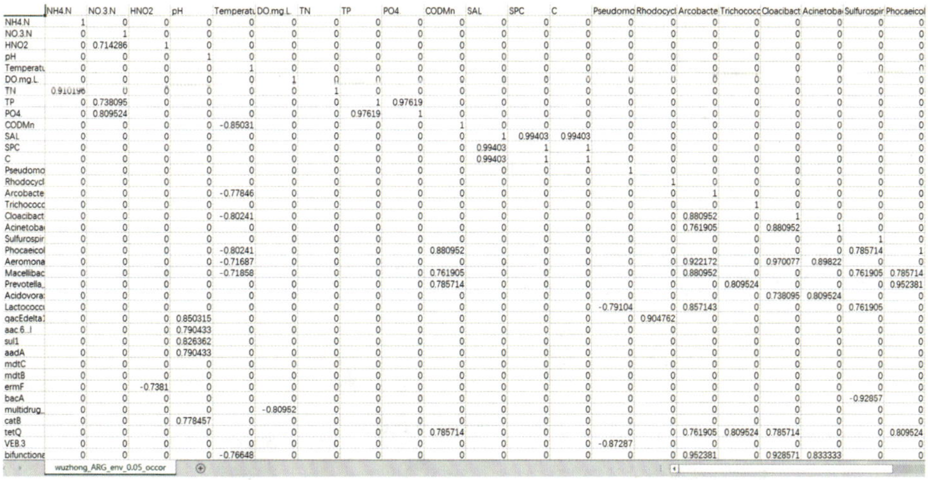

	NH4.N	NO.3.N	HNO2	pH	Temperatu	DO.mg.L	TN	TP	PO4	CODMn	SAL	SPC	C	Pseudomo	Rhodocycl	Arcobacte	Trichococc	Cloacibact	Acinetoba	Sulfurospir	Phocaeicol
NH4.N	1	0	0	0	0	0	0	0	0	0	0	0	0	0	0	0	0	0	0	0	0
NO.3.N	0	1	0	0	0	0	0	0	0	0	0	0	0	0	0	0	0	0	0	0	0
HNO2	0	0.714286	1	0	0	0	0	0	0	0	0	0	0	0	0	0	0	0	0	0	0
pH	0	0	0	1	0	0	0	0	0	0	0	0	0	0	0	0	0	0	0	0	0
Temperatu	0	0	0	0	1	0	0	0	0	0	0	0	0	0	0	0	0	0	0	0	0
DO.mg.L	0	0	0	0	0	1	0	0	0	0	0	0	0	0	0	0	0	0	0	0	0
TN	0.910196	0	0	0	0	0	1	0	0	0	0	0	0	0	0	0	0	0	0	0	0
TP	0	0.738095	0	0	0	0	0	1	0.97619	0	0	0	0	0	0	0	0	0	0	0	0
PO4	0	0.809524	0	0	0	0	0	0.97619	1	0	0	0	0	0	0	0	0	0	0	0	0
CODMn	0	0	0	0	-0.85031	0	0	0	0	1	0	0	0	0	0	0	0	0	0	0	0
SAL	0	0	0	0	0	0	0	0	0	0	1	0.99403	0.99403	0	0	0	0	0	0	0	0
SPC	0	0	0	0	0	0	0	0	0	0	0.99403	1	1	0	0	0	0	0	0	0	0
C	0	0	0	0	0	0	0	0	0	0	0.99403	1	1	0	0	0	0	0	0	0	0
Pseudomo	0	0	0	0	0	0	0	0	0	0	0	0	0	1	0	0	0	0	0	0	0
Rhodocycl	0	0	0	0	0	0	0	0	0	0	0	0	0	0	1	0	0	0	0	0	0
Arcobacte	0	0	0	0	-0.77846	0	0	0	0	0	0	0	0	0	0	1	0	0	0	0	0
Trichococc	0	0	0	0	0	0	0	0	0	0	0	0	0	0	0	0	1	0	0	0	0
Cloacibact	0	0	0	0	-0.80241	0	0	0	0	0	0	0	0	0	0	0.880952	0	1	0	0	0
Acinetoba	0	0	0	0	0	0	0	0	0	0	0	0	0	0	0	0.761905	0	0.880952	1	0	0
Sulfurospir	0	0	0	0	0	0	0	0	0	0	0	0	0	0	0	0	0	0	0	1	0
Phocaeicol	0	0	0	0	-0.80241	0	0	0	0	0.880952	0	0	0	0	0	0	0	0	0	0.785714	1
Aeromona	0	0	0	0	-0.71687	0	0	0	0	0	0	0	0	0	0	0.922172	0	0.970077	0.89822	0	0
Macellibac	0	0	0	0	-0.71858	0	0	0	0	0.761905	0	0	0	0	0	0.880952	0	0	0	0.761905	0.785714
Prevotella_	0	0	0	0	0	0	0	0	0	0.785714	0	0	0	0	0	0	0.809524	0	0	0	0.952381
Acidovora	0	0	0	0	0	0	0	0	0	0	0	0	0	0	0	0	0	0.738095	0.809524	0	0
Lactococcu	0	0	0	0	0	0	0	0	0	0	0	0	0	-0.79104	0	0.857143	0	0	0	0.761905	0
qacEdelta1	0	0	0	0.850315	0	0	0	0	0	0	0	0	0	0	0.904762	0	0	0	0	0	0
aac.6..I	0	0	0	0.790433	0	0	0	0	0	0	0	0	0	0	0	0	0	0	0	0	0
sul1	0	0	0	0.826362	0	0	0	0	0	0	0	0	0	0	0	0	0	0	0	0	0
aadA	0	0	0	0.790433	0	0	0	0	0	0	0	0	0	0	0	0	0	0	0	0	0
mdtC	0	0	0	0	0	0	0	0	0	0	0	0	0	0	0	0	0	0	0	0	0
mdtB	0	0	0	0	0	0	0	0	0	0	0	0	0	0	0	0	0	0	0	0	0
ermF	0	0	-0.7381	0	0	0	0	0	0	0	0	0	0	0	0	0	0	0	0	0	0
bacA	0	0	0	0	0	0	0	0	0	0	0	0	0	0	0	0	0	0	0	-0.92857	0
multidrug_	0	0	0	0	0	-0.80952	0	0	0	0	0	0	0	0	0	0	0	0	0	0	0
catB	0	0	0	0.778457	0	0	0	0	0	0	0	0	0	0	0	0	0	0	0	0	0
tetQ	0	0	0	0	0	0	0	0	0	0.785714	0	0	0	0	0	0.761905	0.809524	0.785714	0	0	0.809524
VEB.3	0	0	0	0	0	0	0	0	0	0	0	0	0	-0.87287	0	0	0	0	0	0	0
bifunctiona	0	0	0	0	-0.76648	0	0	0	0	0	0	0	0	0	0	0.952381	0	0.928571	0.833333	0	0

wuzhong_ARG_env_0.05_occor

图 19-6　物种—抗生素抗性基因—理化因素间的相关性指数

内容二　生物网络的可视化

生物网络可视化是将生物学数据中的复杂关系以图形方式展示出来的一种方法。它可以帮助科研人员理解生物网络中的相互作用和模式，并从中提取有用的信息。可视化生物网络的目的是通过图形化的方式显示节点（如基因或蛋白质）和边（表示它们之间的相互作用）之间的关系，从而揭示生物系统的复杂性。常用的生物网络可视化工具包括 Cytoscape、Gephi、R 语言等。这些工具通常提供丰富的功能，可以根据用户的需要进行网络布局、颜色编码、筛选和交互等操作，以便于更好地理解和分析生物网络。

示例一　Cytoscape

Cytoscape 是一个专注于开源网络可视化和分析的软件。它的核心是提供基础的功能布局和查询网络，并依据基本的数据结合成可视化网络。通过 Cytoscape，可以在可视化的环境下将这些生物网络与基因表达、基因型等各种分子状态信息整合在一起，还能将这些网络与功能注释数据库连接在一起。Cytoscape 的核心是网络，简单的网络图包括节点（node）和边（edge），每个节点可以是基因、miNRA 或蛋白质等；节点与节点之间的连接（edge）代表这些节点之间的相互作用。现介绍 Cytoscape 的安装和使用。

（1）Cytoscape 的安装

在安装 Cytoscape 前需要确保 Windows 系统中已经安装了 Java 环境（Java17），且需确保满足 Cytoscape 的版本要求。Cytoscape 的安装可以登录 Cytoscape 网站（https：//cytoscape.org/），点击“Downlod”按钮下载并安装，当前版本为 3.10.1。下载在本地中，点击安装包即可进行安装。

（2）Cytoscape 的简要使用说明

打开 Cytoscape 软件，可见其主窗口由以下部分组成：菜单栏、工具栏、处理面板、可视化区域（图 19-7）。下面进行简要介绍。

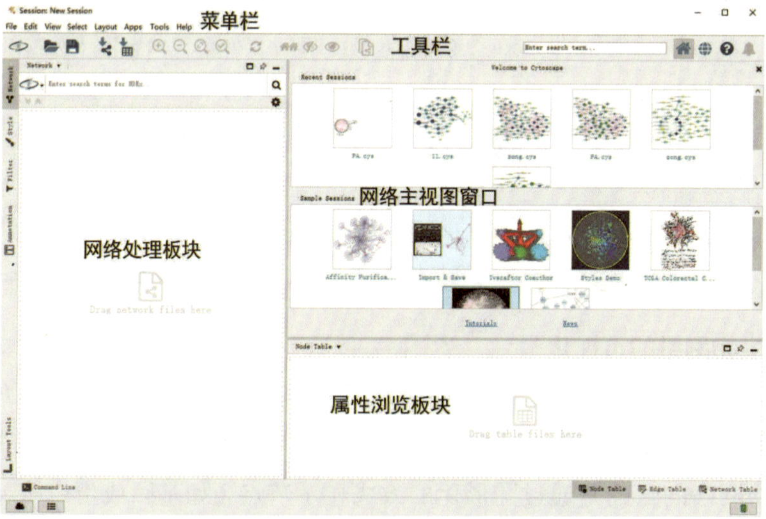

图 19-7　Cytoscape 软件的界面展示

①菜单栏

File 菜单：Open（打开一个 Cytoscape 文件）；New（建立一个新的网络、空的或已经存在的网络）；Import（导入网络数据和属性）；Export（输出数据和图）等。

Eidt 菜单：Undo（撤销）；Redo（重做）；Create/Destory View（创建 / 撤销视图）等。

View 菜单：Hide/Show Control Panel（打开或隐藏网络处理板块）；Show Results Panel（网络浏览）等。

Select 菜单：不同点和边选择选项；过滤器等。

Layout 菜单：输出的可视化网络的排版格式。

Plugins 菜单：管理插件（install/update/delete）和添加已经安装的插件。

②工具栏

主要为菜单栏 file 的快捷键：打开、保存、导入（本地、数据库、表格）/ 导出（网络、表格、图片）以及网络主视图窗口中网络大小调整等。

③网络处理板块

network：包括所有创建的网络，可以选择相应的网络进行操作。

style：样式（node/edge/network）。

Node：对点进行设置，包括点的形状、颜色、大小；点边界线的类型、颜色、宽度；点标签的颜色、大小；点背景色的透明度等。

Edge：对边进行设置，包括边的类型、颜色、宽度；目标处箭头类型等。

Network：对网络整体属性进行设置，包括背景标题等。

Select：面板用于筛选符合特定标准的边。

④属性浏览板块

查看 node、edge、network 属性。

（3）Cytoscape 的使用示例

在本实验的内容一中，我们已经计算了 3 种相关性矩阵，如物种—物种间相关性系数（m×m）的矩阵。在将这个矩阵导入 Cytoscape 时，我们需要将其转换成（n×3）的矩阵，第一列和第二列是变量，第三列是第一列和第二列变量的相关性系数。在本示例中我们使用的是 Cytoscape_corr.txt。这个文件中包含物种和小鼠的体征数据（包括体重、空腹血糖、肝脏重量等）。此外，为了将物种含量的多少也在网络中显示，我们还需要准备相应的注释文件，如 Cytoscape_note.txt。至此，我们可以开始利用 Cytoscape 进行网络的构建。

①导入文件

打开 Cytoscape 软件，依次点击“File” → “Import” → “Network Form File”，打开 Cytoscape_corr.txt 文件，导入文件。在弹出的窗口中，将第一列数据选定为 source，数据类型为字符串；第二列数据设定为 target，数据类型也为字符串；第三列数据为相关性系数，点击“OK”即可，如图 19-8 所示。

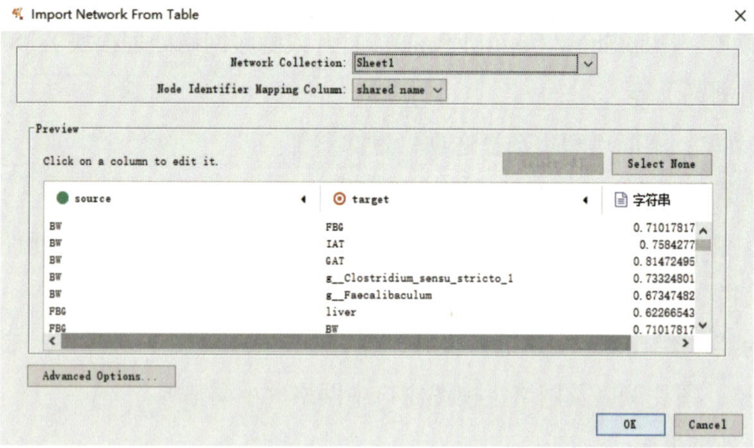

图 19-8　Cytoscape 导入文件时节点属性的设置

②布局设置

单击工具栏“Layout”，会弹出多种布局设置，从中选择一种布局，如图 19-9 所示。用户可根据自己的喜好和文献中常见的网络布局进行选择。

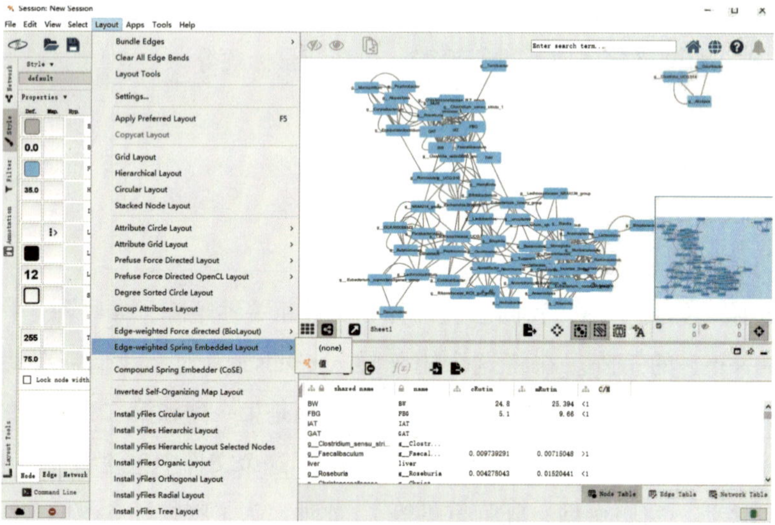

图 19-9　Cytoscape 软件中网络布局的设定

③利用注释文件对网络进行修饰

在 Cytoscape 软件中，点击“File”→“Import”→“Network Form File”将文件 Cytoscape_note.txt 导入，即可对网络中的节点大小进行修改以及颜色的设定，如图 19-10 所示。在这个步骤中主要用到的是 Cytoscape 软件中的网络处理模块，用户可多多练习。

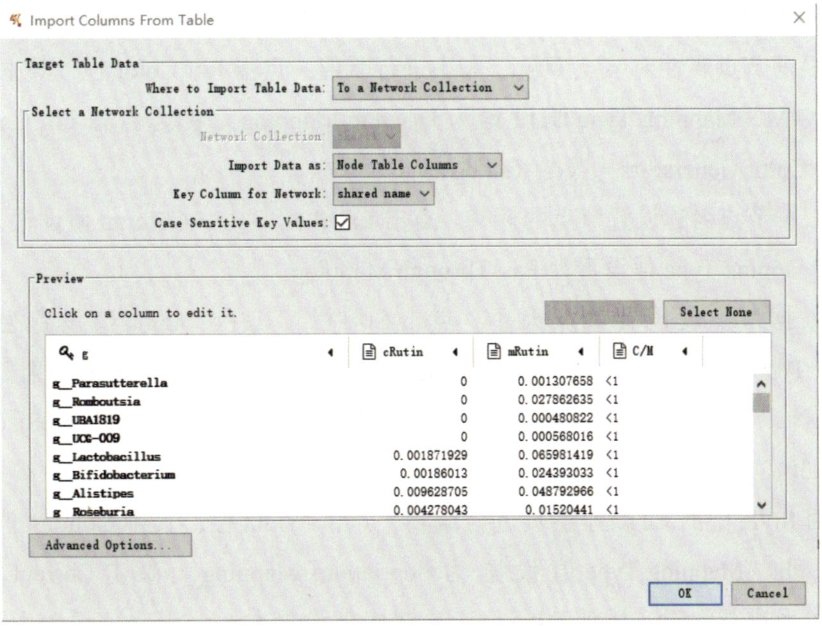

图 19-10　Cytoscape 中将注释文件进行导入并设定

④网络特性分析

使用 Cytoscape 自带的分析工具进行网络分析，点击工具栏中 Tools-Analyze Network，在 Set Parameters 界面中取消勾选 Analyze as Directed Graph，点击“OK”开始分析。在可视化区域右侧将得到分析结果的概要（图 19-11），用户可逐个点击，以便更清楚地了解网络特性。

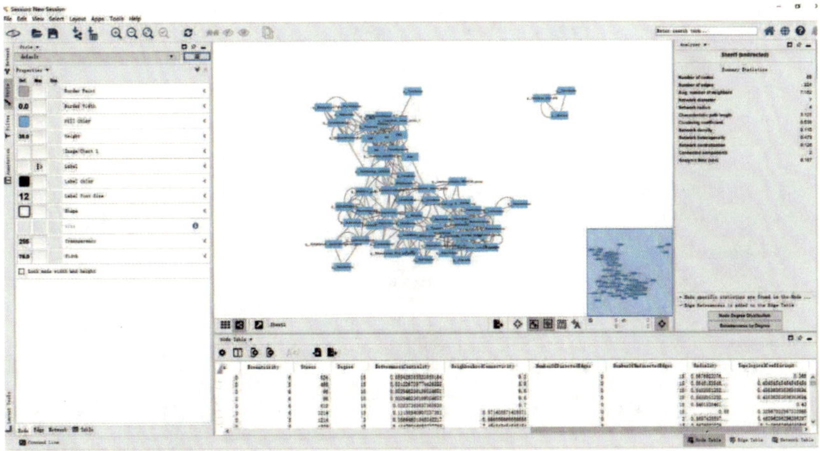

图 19-11　Cytoscape 对网络特性的分析结果

⑤网络属性设定，美化网络

A. 点击处理板块中 Style 选项对网络属性进行编辑。首先对 Style 中 Node 标签页进行编辑。

B. 根据节点属性对节点颜色、大小进行赋值。点击 Fill Color 栏，其中 Column 值设置 C/M，Mapping Type 值设置为 Diserete Mapping，右键点击 Fill Color 点击 Mapping Color Generators－点击 Rainbow。

C. 根据节点名称设置节点的标签。点击 Label 栏，其中 Column 值设置为 Node_Name，Mapping Type 值设置为 PassThrough Mapping。

D. 根据节点度设置节点大小。点击 Size 栏，其中 Column 值设置为 degree，Mapping Type 值设置为 Continuous Mapping，双击 Current Mapping 对映射关系进行编辑：横轴 Node_degree 最大值设置为 50，最小值设置为 0；纵轴 NodeSize 最大值设置为 130，最小值设置为 0。

E. 对 Style 中的 Edge 标签页进行编辑，点击 Width 栏，其中 Column 值设置为 Edge_weight，Mapping Type 值设置为 Continuous Mapping，双击 Current Mapping 对映射关系进行编辑：横轴 Edge_weight 最大值设置为 14，最小值设置为 0；纵轴 Edge_width 最大值设置为 14，最小值设置为 0。

F. 用户可以自行调整，在可视化区域中显示编辑后的网络（图 19-12）。

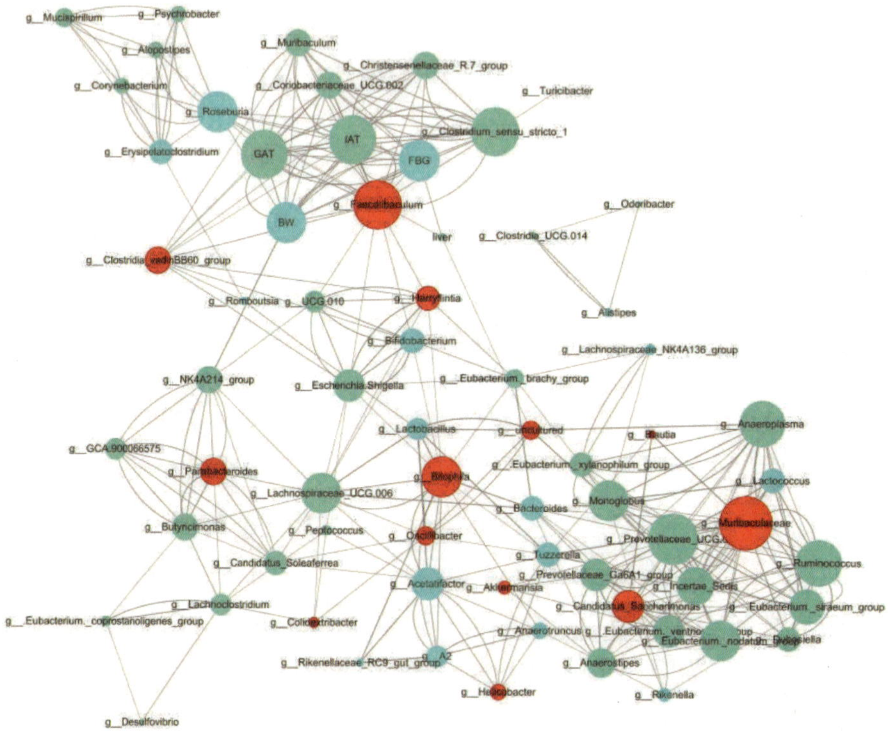

图 19-12　Cytoscape 的可视化效果

示例二　使用 Gephi 进行生物网络的可视化

Gephi 是一款用于网络分析的常用软件，广泛用于环境领域的相关研究，其专长就是把网络抽象成节点和边的关系。Gephi 提供的分析主要分为两种，一种是通过不同的布局算法按照一定的方式排列节点在图中的位置，并从节点的角度对网络作出解读，也就是直接把关系转换为图。另一种是通过不同的统计算法根据节点与边的不同连接关系，用不同的方式进行计算，计算的内容包括网络的总体特征、网络的模块化、节点的中心度、节点的路径特征、节点的动态度等。这些统计得出的值会存储到节点或边的数据中，并在外观中作用于节点与边，最终也是显示在图形上，供研究发现网络的特性。

（1）Gephi 的安装

登录 Gephi 网站（https：//gephi.org/），点击“Downlod”按钮下载到 Windows 中，双击启动并安装，需要更改相应的设置用户才可使用。

（2）Gephi 的简要使用说明

Gephi 的界面如图 19-13 所示，Gephi 的操作界面是非常友好的，主要分为五部分：画布主要用于生成图形，可视化网络；工具栏，类似 Photoshop 的工具栏，可以手动调整数据；外观栏，用于调整网络中节点和边的大小、颜色、样式等；布局栏，用于调整网络的输出形状，调整点的分布状态，选择模型，如重力模型等；计算栏，用来筛选和统计网络的特性。

图 19-13　Gephi 软件的界面展示

（3）Gephi 的使用示例

①导入文件

本示例中使用的文件为根据内容一计算得到的相关性网络数据，文件为 network_tax_ARG_env_p0.05_r0.8_occor.csv。该文件是物种、抗生素抗性基因以及理化因素间的相关性表格（46 × 46）。

打开 Gephi 软件，点击“文件” - “导入电子表格”，选择相关性文件，点击下一步 - 完成按钮，“图的类型”选择“无向的”，选择新的工作区，点击确定，如图 19-14 所示。

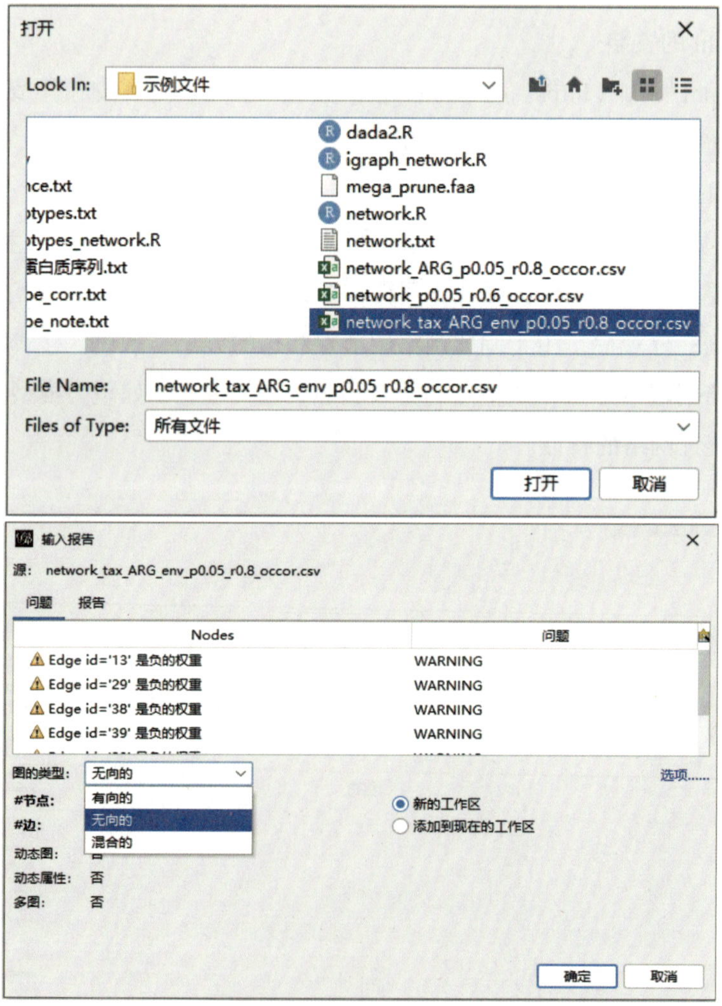

图 19-14　Gephi 软件中进行文件导入时的设置演示

打开数据资料界面，在“节点”栏点击输出表格，命名为“nodes.csv”（图 19-15）；同理点击“边”栏点击输出表格，命名为“edges.csv”。

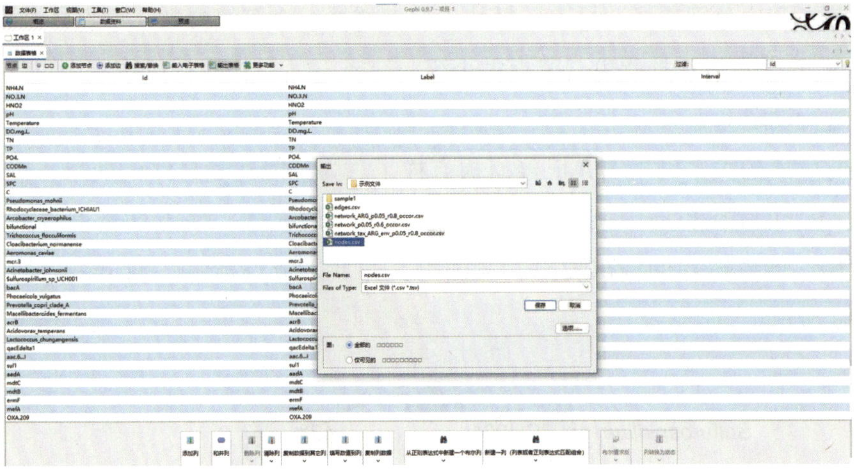

图 19-15　Gephi 软件输出节点文件

关闭 Gephi 软件，弹框选择不保存。打开 edges.csv 边文件，将 Weight=1 的行全部删除，这些行是变量自己与自己的相关性，不删除会在后面图片的显示中，节点有个自己连自己的线（显示成圈）。在这一步中，用户也可对 nodes.csv 文件进行添加相应注释（列），如哪些变量是物种且属于哪个门，哪些变量是 ARG 且抗什么抗生素等。

重新打开 Gephi 软件，按照之前输入数据的步骤依次导入修改后的 nodes.csv 和 edges.csv，先导入 nodes.csv 这个文件。在导入 edges.csv 文件时注意要勾选“添加到现在的工作区”。

在布局选择时，用户可选择“Fruchterman Reingold”布局点击运行，这样就可将网络图显示为圆形（图 19-16）。

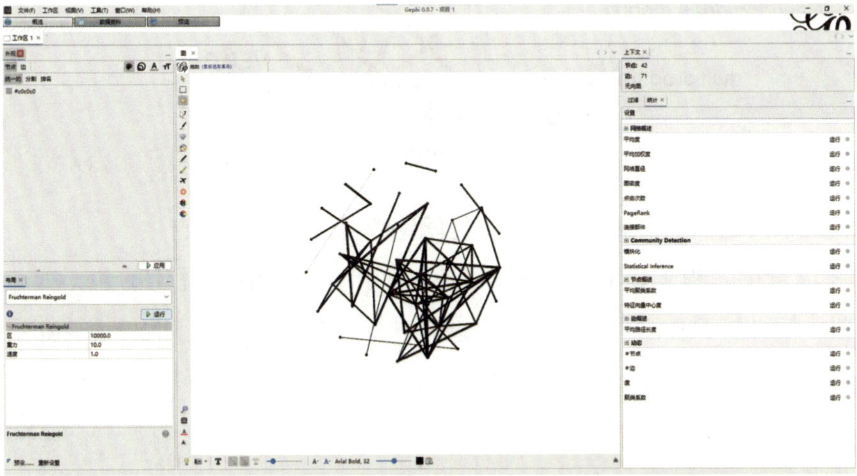

图 19-16　Gephi 软件中的 Fruchterman Reingold 布局

在节点和边分别选择“排名”模块，在“选择一个等级参数”中选择“度”，点击“运行”，并可以选择颜色，节点大小统一选择 30（具体数据可按照用户自己的网络实际进行设定）。

此时生成的关系网络图，已经有模有样了。为了能达到最终的效果，接下来可进行微调。继续在布局中，通过扩展可以调整扩展系数，使点的密度更高。在预览设置中，调整图片的输出要点，弯曲等，并加入节点标签。输出最后的结果如图 19-17 所示。

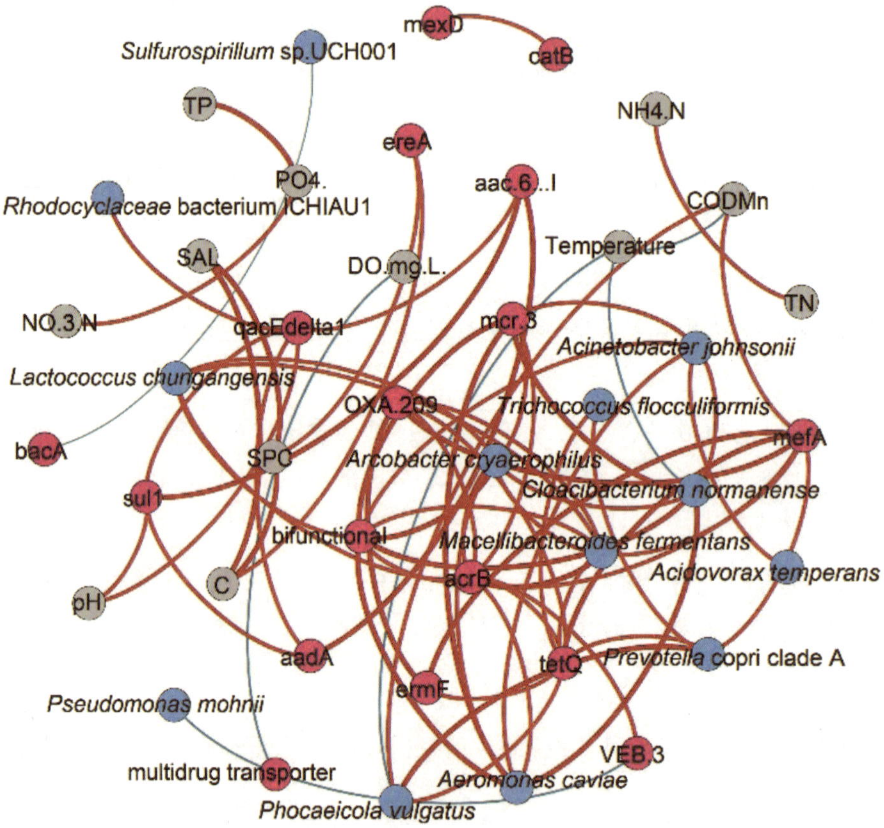

图 19-17　Gephi 软件的可视化效果

示例三　R 语言的 ggraph 用于生物网络的可视化

在 R 语言中，相关作者也开发了许多用于生物网络可视化的包，如 igraph 和 ggraph 包，使得基于 R 语言也可对生物网络进行可视化和分析。此处简要介绍 ggraph 包的使用。ggraph 作为 ggplot2 的扩展，主要用于创建网络图等（图 19-18）。

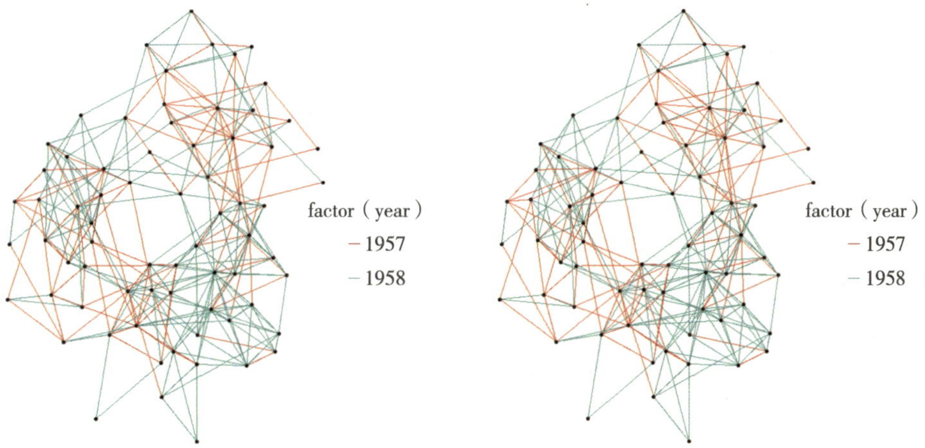

图 19-18 使用 ggraph 包可视化基础网络的结果

（1）ggraph 包的安装

```
# 从 CRAN 源下载安装。
install.packages('ggraph')
# 从 Github 中下载安装。
library(devtools)
install_github("thomasp85/ggraph")
```

（2）R 包加载和数据准备

本示例中使用的数据为官方内置的数据集 highschool。

```
# 加载包。
library(ggraph)
library(tidygraph)
library(patchwork)
# 清空环境变量。
rm(list=ls())
# 设置你的工作目录。
setwd("./")
# 数据准备（官方内置的数据集 highschool)。
View(highschool)
```

（3）ggraph 包的基础用法，生成网络图

```
set_graph_style(plot_margin = margin(1, 1, 1, 1))
# 数据类型转换为 ggraph 支持的类型。
graph<-as_tbl_graph(highschool)
# 基础使用：直线 + 点 +kk 布局。
layout<-create_layout(graph, layout = 'kk')
p1<-ggraph(layout) +
    geom_edge_link(aes(colour = factor(year))) +
    geom_node_point()
```

```
# 或者 "graph" 也可以直接作为参数传递给 "ggraph()" 函数。
p2<-ggraph(graph, layout = 'kk') +
    geom_edge_link(aes(colour = factor(year))) +
    geom_node_point()
p1 + p2 # 如图 19-18 所示。
```

练习与作业

1. 熟练掌握相关性的计算方法。

2. 了解计算相关性时的相关性算法的区别。

3. 熟练掌握在 Windows 系统中使用 Cytoscape、Gephi 和 R 语言对网络进行可视化的步骤。

4. 熟练掌握 Cytoscape、Gephi 和 R 语言中对网络进行美化的方法。

5. 思考还有哪些软件可以实现生物网络的构建和可视化?

6. 试着对网络进行后续分析，包括鉴定网络中的关键物种、优势物种等。